通信方式【第2版】

滑川 敏彦／奥井 重彦／衣斐 信介 共著

森北出版株式会社

● 本書のサポート情報を当社Webサイトに掲載する場合があります．下記のURLにアクセスし，サポートの案内をご覧ください．

https://www.morikita.co.jp/support/

● 本書の内容に関するご質問は，森北出版 出版部「(書名を明記)」係宛に書面にて，もしくは下記のe-mailアドレスまでお願いします．なお，電話でのご質問には応じかねますので，あらかじめご了承ください．

editor@morikita.co.jp

● 本書により得られた情報の使用から生じるいかなる損害についても，当社および本書の著者は責任を負わないものとします．

■ 本書に記載している製品名，商標および登録商標は，各権利者に帰属します．

■ 本書を無断で複写複製（電子化を含む）することは，著作権法上での例外を除き，禁じられています．複写される場合は，そのつど事前に(一社)出版者著作権管理機構（電話03-5244-5088, FAX03-5244-5089, e-mail：info@jcopy.or.jp）の許諾を得てください．また本書を代行業者等の第三者に依頼してスキャンやデジタル化することは，たとえ個人や家庭内での利用であっても一切認められておりません．

第2版 まえがき

　本書を出版してから二十年余を経過し，この間，通信方式の技術はディジタル方式を中心に急速な進歩を遂げてきた．本書は主に大学や高専のテキストとして使われており，これまでにも重版発行の際には若干の修正や変更を加えてきたが，このたび，出版社の計らいで，内容と記述を全面的に見直し，加筆訂正を行って改訂版を発行する運びになった．

　第2版では，できる限り平易な表現を心がけ，用語についても見直すとともに，とくに章末の演習問題の充実につとめた．巻末に付けた演習問題の解答はこれまで一部の問題にとどめていたが，今般の改訂にあたり，全問について解答あるいはヒントを付し，自習の助けとなるように心がけた．また，読者が本書の知識に加えて，進歩を続ける通信方式の技術にいっそう関心を持つことができるように，新しく各章末すべてにコラム欄を設けた．コラムは，基本事項の補足のほか，興味深いと思われるトピックス，実用化の進む最近の通信技術をいくつか紹介した．

　第2版発行にあたり，これまで寄せられた読者のご厚情に感謝するとともに，編集を担当していただいた森北出版(株)出版部の方々に深くお礼申し上げる次第である．

2012年5月

著　者

まえがき

　エレクトロニクスとコンピュータ技術の急速な発達に支えられて，通信技術は近年著しく進歩してきた．従来の固定通信はむろん，最近ではとりわけ移動体通信，衛星通信，光通信などの分野において，新しい通信方式がつぎつぎと研究，開発され，実用化が活発に進められている．技術者を養成する工業教育の場においても，通信系統工学分野の科目が今後ますます重要視されることになろう．本書は主に工学系大学や短大，工業高専向けの教科書，参考書として，またこれから通信方式を学ぼうとする技術者のための入門書としてまとめたもので，通信方式に関する主要な基礎理論を系統的に，またできるだけ丁寧に解説したものである．

　本書では，まず通信方式の理論を理解するための数学的基礎となるフーリエ解析と雑音理論について要約したのち，基本的なアナログ通信方式である振幅変調と角度変調について述べている．周知のように，最近では通信方式はアナログ方式からディジタル方式へ移行しつつあり，この傾向は今後もいっそう進むであろう．本書の後半は主にディジタル通信方式についての説明である．無線通信においては，雑音のほか伝搬路に生じるフェージングの影響が重要であり，無線回線の設計には，フェージングの統計的性質を把握し，これを軽減するための対策を立てておかなければならない．本書ではフェージングの統計的取り扱い，ディジタル通信方式における符号誤り率への影響，軽減対策としてのダイバーシティ技術についても解説している．本書で学ばれた読者が通信方式の技術に興味を覚え，さらに深い学問への意欲を持たれるならば著者として望外の喜びである．

　本書の内容については，大阪大学工学部通信工学科の森永規彦教授，岡山理科大学工学部電子工学科の宮垣嘉也教授より貴重な助言を頂いた．また，森北出版編集部の森崎満氏，石田昇司氏には編集全般にわたり大変お世話になった．ここに深く感謝の意を表する次第である．

1990 年 5 月

著　者

目　次

第 1 章　信号の表現と伝送　　1
- 1.1　フーリエ級数 ……………………………………………… 1
- 1.2　標本化関数とデルタ関数 ……………………………………… 5
- 1.3　線形系の伝達関数 ……………………………………………… 8
- 1.4　フーリエ変換 …………………………………………………… 12
- 1.5　相関関数 ………………………………………………………… 21
- 演習問題 ……………………………………………………………… 26

第 2 章　雑音解析　　29
- 2.1　確率分布関数と確率密度関数 ………………………………… 29
- 2.2　モーメントと特性関数 ………………………………………… 34
- 2.3　2 変数および多変数の確率密度関数 ………………………… 38
- 2.4　正領域ランダム変数の解析 …………………………………… 43
- 2.5　相関関数と電力スペクトル密度 ……………………………… 47
- 2.6　狭帯域ガウス雑音 ……………………………………………… 51
- 演習問題 ……………………………………………………………… 57

第 3 章　振幅変調　　60
- 3.1　両側波帯変調 …………………………………………………… 60
- 3.2　通常の振幅変調 ………………………………………………… 64
- 3.3　単側波帯変調 …………………………………………………… 69
- 3.4　その他の振幅変調 ……………………………………………… 71
- 3.5　復調出力における SN 比 ……………………………………… 73
- 3.6　周波数分割多重伝送 …………………………………………… 78
- 演習問題 ……………………………………………………………… 80

第 4 章　角度変調　　82
- 4.1　周波数変調と位相変調 ………………………………………… 82
- 4.2　狭帯域 FM ……………………………………………………… 86
- 4.3　広帯域 FM ……………………………………………………… 88

iv 目次

- 4.4 FM 波の発生と復調 ……………………………………………………… 93
- 4.5 FM 復調における SN 比 ……………………………………………… 97
- 4.6 プレエンファシスとディエンファシス ………………………………… 102
- 4.7 クリック雑音 …………………………………………………………… 105
- 演習問題 …………………………………………………………………… 106

第 5 章　パルス変調　109

- 5.1 標本化定理 ……………………………………………………………… 109
- 5.2 パルス振幅変調 ………………………………………………………… 114
- 5.3 パルス符号変調 ………………………………………………………… 120
- 5.4 量子化雑音 ……………………………………………………………… 123
- 5.5 時分割多重伝送 ………………………………………………………… 125
- 演習問題 …………………………………………………………………… 129

第 6 章　ディジタル変調方式　132

- 6.1 振幅シフトキーイング ………………………………………………… 132
- 6.2 周波数シフトキーイング ……………………………………………… 140
- 6.3 位相シフトキーイング ………………………………………………… 144
- 6.4 差動位相シフトキーイング …………………………………………… 147
- 6.5 ビット誤り率特性の比較 ……………………………………………… 150
- 6.6 M 進信号 ……………………………………………………………… 151
- 6.7 直交振幅変調 …………………………………………………………… 159
- 演習問題 …………………………………………………………………… 163

第 7 章　最適信号検出の理論　166

- 7.1 準最適フィルタと出力 SN 比 ………………………………………… 166
- 7.2 最適フィルタ …………………………………………………………… 172
- 7.3 積分放電整合フィルタおよび相関受信機 …………………………… 176
- 7.4 最適受信機 ……………………………………………………………… 181
- 演習問題 …………………………………………………………………… 185

第 8 章　無線通信とフェージング　187

- 8.1 フェージング通信路と時変線形フィルタ …………………………… 187
- 8.2 フェージングを受けた信号の統計的性質 …………………………… 191
- 8.3 フェージング通信路におけるビット誤り率 ………………………… 195
- 8.4 ダイバーシティ受信によるビット誤り率特性の改善 ……………… 199

8.5　多重無線回線における周波数切替ダイバーシティ …………………209
演習問題 ……………………………………………………………………211

演習問題解答とヒント　213

参 考 文 献　229

付　　録　232

索　　引　236

```
■■ コラム　目次
・離散フーリエ変換 ……………………………………………… 28
・フェージングの統計学 ………………………………………… 59
・ペットボトルAMラジオ ……………………………………… 81
・ステレオFMラジオ放送 ……………………………………… 108
・多元接続 ………………………………………………………… 130
・通信路符号化 …………………………………………………… 164
・コグニティブセンシング ……………………………………… 186
・MIMO通信路 …………………………………………………… 212
```

第 1 章

信号の表現と伝送

　音声，映像，データなどの情報を担った信号や，これらで変調された波形は一義的に定まるもので，確定過程とよばれる．通信方式の理論を理解するためには，まず第一に確定信号の性質を知らなければならない．この章では，確定信号の時間域ならびに周波数域における表現と，線形フィルタの伝送特性を明らかにするための数学的準備として，フーリエ級数，フーリエ変換，線形系の応答，電力スペクトルとエネルギースペクトル密度，相関関数などの基本概念を説明する．

1.1　フーリエ級数

　一定時間 T ごとに繰り返される時間波形

$$v(t) = v(t + nT), \quad n = 0, \pm 1, \pm 2, \cdots \tag{1.1}$$

を**周期波形** (periodic waveform)，T を**周期** (period) という．正弦波や規則正しいパルス列は典型的な周期波形の例である．周期波形は一般に次のような三角関数の無限級数

$$v(t) = A_0 + \sum_{n=1}^{\infty} A_n \cos \frac{2n\pi t}{T} + \sum_{n=1}^{\infty} B_n \sin \frac{2n\pi t}{T} \tag{1.2}$$

を用いて表すことができる．この級数を**フーリエ級数** (Fourier series) とよんでいる．

　係数 A_0 は式 (1.2) の両辺を $(-T/2, T/2)$ の範囲で積分することによって，

$$A_0 = \frac{1}{T} \int_{-T/2}^{T/2} v(t)\, dt \tag{1.3}$$

のように求められ，$v(t)$ の 1 周期における平均値を表す．また，係数 A_n，B_n を求めるには，式 (1.2) の両辺にそれぞれ $\cos(2\pi nt/T)$ あるいは $\sin(2\pi nt/T)$ を乗じ，1 周期にわたって積分を行えばよい．三角関数の直交性に注意すると，係数 A_n，$B_n(n = 1, 2, \cdots)$ は次のように表される．

$$\left.\begin{aligned} A_n &= \frac{2}{T}\int_{-T/2}^{T/2} v(t)\cos\frac{2\pi nt}{T}\,dt \\ B_n &= \frac{2}{T}\int_{-T/2}^{T/2} v(t)\sin\frac{2\pi nt}{T}\,dt \end{aligned}\right\} \tag{1.4}$$

係数 A_n, B_n を**フーリエ係数** (Fourier coefficient) とよんでいる．とくに $v(t)$ が偶関数，すなわち $v(t)=v(-t)$ ならば

$$\left.\begin{aligned} A_0 &= \frac{2}{T}\int_0^{T/2} v(t)\,dt \\ A_n &= \frac{4}{T}\int_0^{T/2} v(t)\cos\frac{2\pi nt}{T}\,dt, \quad B_n = 0 \end{aligned}\right\} \tag{1.5}$$

となり，また $v(t)$ が奇関数ならば，$v(t)=-v(-t)$ であるから

$$\left.\begin{aligned} A_0 &= A_n = 0 \\ B_n &= \frac{4}{T}\int_0^{T/2} v(t)\sin\frac{2\pi nt}{T}\,dt \end{aligned}\right\} \tag{1.6}$$

のように表される．

式 (1.2) は，位相の異なる正弦波の和にまとめて，

$$v(t) = C_0 + \sum_{n=1}^{\infty} C_n \cos\left(\frac{2n\pi t}{T} + \phi_n\right) \tag{1.7}$$

のように表現することもできる．式 (1.2) と式 (1.7) のフーリエ係数の関係は

$$\left.\begin{aligned} C_0 &= A_0, \quad C_n = \sqrt{A_n{}^2 + B_n{}^2} \\ \phi_n &= -\tan^{-1}\frac{B_n}{A_n} \end{aligned}\right\} \tag{1.8}$$

である．

このように，周期波形はフーリエ級数によって，周波数 $f_0 = 1/T$ の基本正弦波とその整数倍の周波数をもつ高調波の和として表される．係数 C_n は周波数 nf_0 のスペクトル成分 $C_n\cos(2\pi nt/T + \phi_n)$ の振幅であり，ϕ_n は位相である．C_n を**振幅スペクトル** (amplitude spectrum)，ϕ_n を**位相スペクトル** (phase spectrum) という．

通信方式の理論では，三角関数形のフーリエ級数よりむしろ複素形のフーリエ級数がよく用いられる．**複素形のフーリエ級数** (complex Fourier series) は

$$v(t) = \sum_{n=-\infty}^{\infty} V_n \exp\left(j\frac{2\pi nt}{T}\right) \tag{1.9}$$

であり，フーリエ係数 V_n は

$$V_n = \frac{1}{T} \int_{-T/2}^{T/2} v(t) \exp\left(-j\frac{2\pi nt}{T}\right) dt \tag{1.10}$$

と表される．ただし，j は虚数単位で $j = \sqrt{-1}$ である．

式 (1.9) は，式 (1.2) を公式

$$\cos x = \frac{e^{jx} + e^{-jx}}{2}, \quad \sin x = \frac{e^{jx} - e^{-jx}}{2j} \tag{1.11}$$

を用いて書き直し，さらに

$$\left.\begin{aligned} A_0 &= V_0 \\ \frac{A_n - jB_n}{2} &= V_n, \quad \frac{A_n + jB_n}{2} = V_{-n} \end{aligned}\right\} \tag{1.12}$$

とおきかえれば得られる．また，複素形のフーリエ係数 V_n と式 (1.7) の C_n との関係は次のようになる．

$$\left.\begin{aligned} V_0 &= C_0 \\ V_n &= \frac{C_n}{2}\exp(j\phi_n), \quad V_{-n} = \frac{C_n}{2}\exp(-j\phi_n) \end{aligned}\right\} \tag{1.13}$$

複素形のフーリエ級数において，スペクトル成分は $V_n \exp(j2\pi nt/T)$ である．係数 V_n は一般に複素数であるから，

$$V_n = |V_n|\exp(j\phi_n) \tag{1.14}$$

のように表すことができ，振幅と位相を含んだものになる．V_n を**周波数スペクトル** (frequency spectrum) という．

$v(t)$ を実信号とすると，式 (1.10) の両辺の複素共役をとればわかるように

$$V_n = V_{-n}{}^*, \quad V_{-n} = V_n{}^* \tag{1.15}$$

である．同様に，式 (1.10) から，周期波形 $v(t)$ が偶関数ならば V_n は実数，$v(t)$ が奇関数ならば V_n は純虚数になることがわかる．

重要なのは，三角関数表示によるフーリエ級数のスペクトルが，正の周波数帯のみに存在する片側スペクトルであるのに対し，複素形の周波数スペクトルは，正負の周波数帯にわたる両側スペクトルになることである．この場合，周波数 nf_0 における片側スペクトル成分には，周波数 nf_0, $-nf_0$ における一対の両側スペクトル成分が対応する．式 (1.15) はまた

$$|V_n| = |V_{-n}|, \quad \phi_n = -\phi_{-n} \tag{1.16}$$

を意味するから，振幅 $|V_n|$ のスペクトル分布は左右対称 (偶関数) であり，片側振幅スペクトルとの関係は

$$V_0 = C_0, \quad |V_n| = |V_{-n}| = \frac{C_n}{2}, \quad n = 1, 2, \cdots \tag{1.17}$$

である．位相 ϕ_n の両側スペクトルは原点対称 (奇関数) である．

これまで，フーリエ係数はすべて時間区間 $(-T/2, T/2)$ における $v(t)$ から計算してきたが，一般に時間幅 T の任意の区間 (t_0, t_0+T) の値を用いても，同じ形のフーリエ級数に展開することができる．式 (1.10) の複素形のフーリエ係数は

$$V_n = \frac{1}{T}\int_{t_0}^{t_0+T} v(t)\exp\left(-j\frac{2\pi nt}{T}\right)dt \tag{1.18}$$

と計算してもよい．波形 $v(t)$ が周期波形でない場合であっても，少なくとも上述の区間 (t_0, t_0+T) においては，V_n を係数にもつフーリエ級数を用いて表すことができる．$v(t)$ が周期 T の周期関数であるときには，すべての時間域 $(-\infty, \infty)$ において同一の表現を用いることができるのである．

例題 1.1 図 1.1 に示すような振幅 A，時間幅 τ，周期 T $(0 < \tau < T)$ の方形パルス列がある．この周期波形を三角関数および複素形のフーリエ級数で表せ．

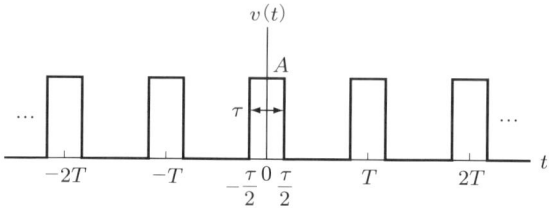

図 1.1 周期方形パルスの波形

解 この方形パルス列は偶関数であるから，フーリエ係数 B_n は 0 になる．フーリエ係数 A_0，A_n は式 (1.5) を用いて求められる．積分は区間 $(0, \tau/2)$ で行えばよいので，

$$A_0 = \frac{2}{T}\int_0^{\tau/2} A\,dt = \frac{A\tau}{T} \tag{1.19}$$

$$A_n = \frac{4}{T}\int_0^{\tau/2} A\cos\frac{2\pi nt}{T}\,dt = \frac{2A\tau}{T}\left[\frac{\sin(n\pi\tau/T)}{n\pi\tau/T}\right] \tag{1.20}$$

のように計算される．また，式 (1.8) の関係より

$$\left.\begin{array}{l} C_0 = A_0, \quad C_n = A_n \\ \phi_n = 0 \end{array}\right\} \tag{1.21}$$

である．したがって，三角関数によるフーリエ級数は次式で表せる．

$$v(t) = \frac{A\tau}{T} + \frac{2A\tau}{T}\sum_{n=1}^{\infty}\left[\frac{\sin(n\pi\tau/T)}{n\pi\tau/T}\right]\cos\frac{2\pi nt}{T} \tag{1.22}$$

複素形のフーリエ係数は，式 (1.10) から直接に計算するか，式 (1.12) または式 (1.13) の関係から

$$V_n = \frac{A\tau}{T}\left[\frac{\sin(n\pi\tau/T)}{n\pi\tau/T}\right], \quad V_0 = \frac{A\tau}{T} \tag{1.23}$$

のように求められる．$v(t)$ は偶関数であるから，V_n は実数になり，複素形のフーリエ級数は次の表現になる．

$$v(t) = \frac{A\tau}{T}\sum_{n=-\infty}^{\infty}\left[\frac{\sin(n\pi\tau/T)}{n\pi\tau/T}\right]\exp\left(j\frac{2\pi nt}{T}\right) \tag{1.24}$$

式 (1.22) と式 (1.24) の比較から明らかなように，直流のスペクトル成分は変わらないが，複素形フーリエ級数の基本波と高調波の (両側) スペクトル成分は，三角関数形フーリエ級数の (片側) スペクトル成分に比べていずれも半分になっている．図 1.2 に $\tau/T = 1/4$ の場合の周波数スペクトル V_n を示す．

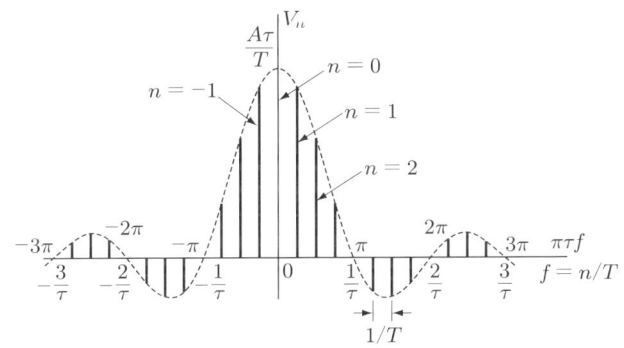

図 **1.2** 周期方形パルスの周波数スペクトル ($\tau/T = 1/4$)

1.2 標本化関数とデルタ関数

例題 1.1 のフーリエ係数に現れた関数を

$$S_a(x) = \frac{\sin x}{x} \tag{1.25}$$

で表し，**標本化関数** (sampling function) とよぶ．標本化関数は通信理論において重要である．この関数の変化の様子を図 1.3 に示す．標本化関数は偶関数で

$$S_a(0) = 1, \quad S_a(\pm n\pi) = 0, \quad n = 1, 2, \cdots \tag{1.26}$$

であり，$|x|$ の増加とともに振幅を縮めながら振動する．

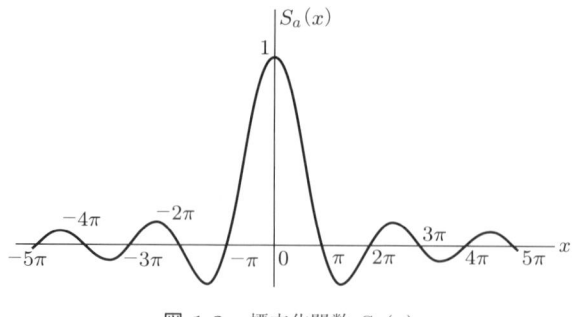

図 1.3　標本化関数 $S_a(x)$

　時間幅がきわめて狭いインパルス状の波形を表すのに，**ディラックのデルタ関数**(Dirac's delta function) が用いられる．デルタ関数は図 1.4 のように，幅 ε，高さ $1/\varepsilon$ で面積 1 の方形波を考え，時間幅を 0，高さを無限大に近づけた極限の関数である．したがって，デルタ関数は次の性質をもつ．

$$\delta(x) = \begin{cases} 0, & x \neq 0 \\ \infty, & x = 0 \end{cases} \tag{1.27}$$

$$\int_{-\infty}^{\infty} \delta(x)\,dx = 1 \tag{1.28}$$

　デルタ関数は，上のように方形波から得られるものとは限らない．たとえば，ガウス分布の確率密度関数の分散 σ^2 が 0 に近づいた極限

$$\delta(x) = \lim_{\sigma \to 0} \frac{1}{\sqrt{2\pi}\sigma} \exp\left(-\frac{x^2}{2\sigma^2}\right) \tag{1.29}$$

や，標本化関数の極限

$$\delta(x) = \lim_{k \to \infty} \frac{k}{\pi} S_a(kx) \tag{1.30}$$

などもデルタ関数になる．

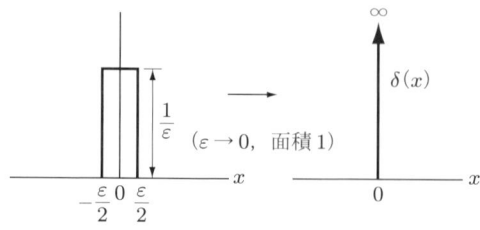

図 1.4　デルタ関数

点 a に位置するデルタ関数は $\delta(x-a)$ と表されるが,この関数と $x=a$ で連続な関数 $f(x)$ との積の積分は

$$\int_{-\infty}^{\infty} f(x)\delta(x-a)\,dx = f(a) \tag{1.31}$$

となる.また,図 1.5 に示すように,デルタ関数と**単位ステップ関数** (unit step function) とは極限的に微分,積分の関係にある.

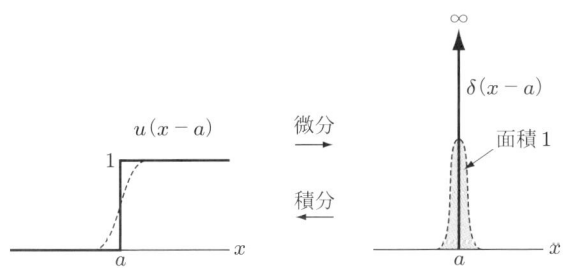

図 **1.5** 単位ステップ関数とデルタ関数

例題 1.2 例題 1.1 において,$A\tau = I$ のように方形の面積を一定値に保ちながら τ を 0 に近づけた波形は,図 1.6 に示す周期的インパルス列になる.インパルスの面積 I は**強度** (intensity) とよばれる.このインパルス列はフーリエ級数を用いるとどのように表されるか.

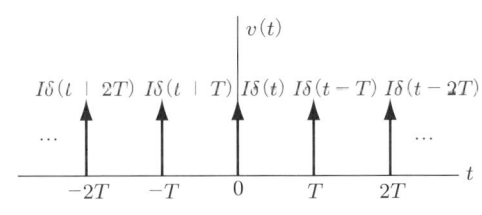

図 **1.6** 周期インパルス列

解 例題 1.1 で求められた方形パルス列のフーリエ級数において,$\tau \to 0$ の極限は

$$\frac{\sin(n\pi\tau/T)}{n\pi\tau/T} = S_a\left(\frac{n\pi\tau}{T}\right) \to 1 \tag{1.32}$$

になる.したがって,インパルス列のフーリエ級数は,

$$v(t) = \frac{I}{T} + \frac{2I}{T}\sum_{n=1}^{\infty} \cos\frac{2\pi nt}{T} \tag{1.33}$$

または

$$v(t) = \frac{I}{T} \sum_{n=-\infty}^{\infty} \exp\left(j\frac{2\pi n t}{T}\right) \tag{1.34}$$

と表される．このように，周期インパルス列の周波数スペクトルは強度一定の周期的な線スペクトル列になる．

1.3 線形系の伝達関数

通信システムにおいて広く用いられる**線形系** (linear system) の特徴は，入力にある周波数の正弦波を加えたとき，出力には入力と同一周波数の正弦波のみを生じ，それ以外の周波数の波形を発生しないことである．したがって，線形系の動作はさまざまな周波数の入力正弦波に対し，それぞれに加わる振幅と位相変化の特性によって完全に決定される．このように，線形系においては，複数個の正弦波形の和を入力したとき，出力は各波形の出力を単に重ね合わせることによって求められる．周期関数に対する直交級数展開の方法はフーリエ級数以外にもあるが，とくにフーリエ級数が線形系の解析に役立つのは，上のような理由によるのである．

線形系の特性は**伝達関数** (transfer function) によって表される．入力信号を周期関数とすると，その複素フーリエ展開の成分は

$$V_n \exp(j2\pi f_n t), \quad n = 0, \pm 1, \pm 2, \cdots \tag{1.35}$$

である．線形系の伝達関数は，入力の正弦波に与える振幅と位相変化の特性を示すもので，次式によって表される．

$$H(f_n) = |H(f_n)| \exp[j\theta(f_n)] \tag{1.36}$$

ただし，$f_n = n/T = nf_0$ (T は基本周期，f_0 は基本周波数) である．

したがって，出力成分は次のように表せる．

$$H(f_n) V_n \exp(j2\pi f_n t) \tag{1.37}$$

上に述べた線形の性質によって，複素フーリエ級数で表された入力

$$v_i(t) = \sum_{n=-\infty}^{\infty} V_n \exp(j2\pi f_n t) \tag{1.38}$$

に対する系の出力は

$$v_o(t) = \sum_{n=-\infty}^{\infty} H(f_n) V_n \exp(j2\pi f_n t) \tag{1.39}$$

となる．

また，三角関数形のフーリエ級数を用いると，出力は

$$v_o(t) = H(0)C_0 + \sum_{n=1}^{\infty} |H(f_n)|C_n \cos[2\pi f_n t + \phi_n + \theta(f_n)] \qquad (1.40)$$

のように表される．

複素フーリエ級数において，実際に物理的意味のある入力成分は実数であり，式 (1.35) と複素共役にある成分との和

$$V_n \exp(j2\pi f_n t) + V_n^* \exp(-j2\pi f_n t)$$
$$= 2\operatorname{Re}[V_n \exp(j2\pi f_n t)] \qquad (1.41)$$

である．同様にして，出力成分は

$$H(f_n)V_n \exp(j2\pi f_n t) + H(-f_n)V_n^* \exp(-j2\pi f_n t) \qquad (1.42)$$

と表せる．

入力が実数のときには，出力もまた実数であるから，式 (1.42) より次の関係が成り立つことがわかる．

$$H(f_n) = H^*(-f_n) \qquad (1.43)$$

それゆえ，

$$|H(f_n)| = |H(-f_n)|, \quad \theta(f_n) = -\theta(-f_n) \qquad (1.44)$$

が得られる．このように，振幅特性 $|H(f_n)|$ は偶関数であり，位相特性 $\theta(f_n)$ は奇関数になる．

図 1.7 (a) は **RC 低域フィルタ** (RC low-pass filter)，同図 (b) は **RC 高域フィルタ** (RC high-pass filter) とよばれる線形フィルタで，ステップ入力に対する応答は図に示すとおりである．入力に周波数 f の複素成分 $V \exp(j2\pi ft)$ が加わったときの出力を求め，出力と入力の比をとれば伝達関数が得られる（ただし，添字を省略し，$f = n/T$ と表す）．したがって，低域（通過）フィルタの伝達関数は

$$H(f) = \frac{1}{1 + jf/f_1}, \quad f_1 = \frac{1}{2\pi RC} \qquad (1.45)$$

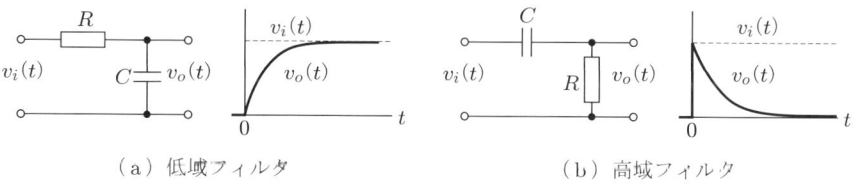

（a）低域フィルタ　　　　　　　　　（b）高域フィルタ

図 1.7　RC フィルタとステップ入力に対する応答

となる．ここで，f_1 は $|H(f)|$ の値が $|H(0)|$ より 3[dB] 低下する点での周波数であり，**高域カットオフ周波数** (high-frequency cutoff) とよばれる．

また，高域 (通過) フィルタならば

$$H(f) = \frac{1}{1 - jf_2/f}, \quad f_2 = \frac{1}{2\pi RC} \tag{1.46}$$

のように表される．f_2 は $|H(f)|$ の値が，$|H(\pm\infty)|$ より 3[dB] 低下する点での周波数にあたり，**低域カットオフ周波数** (low-frequency cutoff) とよばれる．伝達関数の振幅特性 $|H(f)|$ を図 1.8 に示す．

周期波形 (電圧または電流) $v(t)$ の 1 周期における平均電力は

$$P = \frac{1}{T}\int_{-T/2}^{T/2} [v(t)]^2\, dt \tag{1.47}$$

と表される．ここでは，抵抗を 1 [Ω] と仮定している．P は**正規化電力** (normalized power) とよばれる．

$v(t)$ をフーリエ級数に展開すれば，平均電力 P はフーリエ係数の二乗の和として求められる．$v(t)$ が式 (1.7) のフーリエ級数で表される場合には，直交性に注意して積分することにより，

$$P = C_0^2 + \sum_{n=1}^{\infty} \frac{C_n^2}{2} \tag{1.48}$$

が得られる．また，式 (1.40) より，伝達関数 $H(f)$ の線形系出力における平均電力は次の級数で表される．

$$P_o = H^2(0)C_0^2 + \frac{1}{2}\sum_{n=1}^{\infty} |H(f_n)|^2 C_n^2 \tag{1.49}$$

次に，$v(t)$ が複素形のフーリエ級数によって表されている場合の平均電力について考える．入力の周期波形を表す式 (1.38) を式 (1.47) に代入して平方した項のなかで，積分して 0 にならずに残るのは，V_0^2 および共役関係にある項

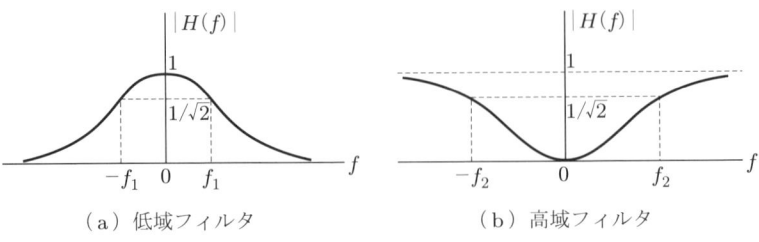

(a) 低域フィルタ　　　　　　(b) 高域フィルタ

図 **1.8**　RC フィルタの伝達関数

$$V_n \exp(j2\pi f_n t) \cdot V_{-n} \exp(-j2\pi f_n t), \quad n = \pm 1, \pm 2, \cdots \tag{1.50}$$

だけである．$V_n = V_{-n}{}^*$ であるから，平均電力は

$$P = \sum_{n=-\infty}^{\infty} |V_n|^2 = V_0{}^2 + 2\sum_{n=1}^{\infty} |V_n|^2 \tag{1.51}$$

と表される．$|V_n|^2$ は周波数 $f_n = nf_0 = n/T$ のスペクトル成分の有する電力であり，**電力スペクトル** (power spectrum) とよばれる．

また，線形系出力の平均電力は次のように表される．

$$\begin{aligned} P_o &= \sum_{n=-\infty}^{\infty} |H(f_n)|^2 |V_n|^2 \\ &= H^2(0)V_0{}^2 + 2\sum_{n=1}^{\infty} |H(f_n)|^2 |V_n|^2 \end{aligned} \tag{1.52}$$

例題 1.3　入力を時間 T にわたり積分する積分器の出力は

$$v_o(t) = \int_{t-T}^{t} v_i(t)\, dt \tag{1.53}$$

で表される．この積分器の伝達関数を求めよ．

解　入力正弦波を

$$v_i(t) = V \exp(j2\pi f t) \tag{1.54}$$

とすれば，積分器の出力は

$$\begin{aligned} v_o(t) &= \int_{t-T}^{t} V \exp(j2\pi f t)\, dt \\ &= \left[\frac{1 - \exp(-j2\pi fT)}{j2\pi f}\right] V \exp(j2\pi f t) \end{aligned} \tag{1.55}$$

となる．

したがって，伝達関数は次のように表される．

$$\begin{aligned} H(f) &= \frac{v_o(t)}{v_i(t)} = \frac{1 - \exp(-j2\pi fT)}{j2\pi f} \\ &= T\left(\frac{\sin \pi fT}{\pi fT}\right) \exp(-j\pi fT) \\ &= T S_a(\pi fT) \exp(-j\pi fT) \end{aligned} \tag{1.56}$$

1.4 フーリエ変換

周期関数はフーリエ級数によって表され，振幅や位相，電力などのスペクトルは不連続な離散形であることを知った．それでは，周期的でなく，ただ一度しか現れないような，孤立した波形の周波数スペクトルを求めるにはどのような方法によればよいであろうか．このような場合に用いられる手法がフーリエ変換である．孤立波形は，仮にこの波形が周期 T で反復されるものとし，T が無限大に近づいた極限と考えればよい．周期波形のスペクトル間隔は $1/T$ であるから，$T \to \infty$ によって間隔は 0 になり，スペクトルは連続的になる．

周期波形 $v(t)$ を複素フーリエ級数で表した式を，$1/T = \Delta f$ とおいて変形すると

$$v(t) = \sum_{n=-\infty}^{\infty} V_n \exp\left(j\frac{2\pi nt}{T}\right)$$

$$= \sum_{n=-\infty}^{\infty} \left(\frac{V_n}{\Delta f}\right) \exp(j2\pi n\Delta ft)\Delta f \tag{1.57}$$

となる．この式で $T \to \infty$, $\Delta f \to 0$ の極限をとり，$n\Delta f$ を連続変数 f でおきかえると，$v(t)$ は次の無限積分によって表すことができる．

$$v(t) = \int_{-\infty}^{\infty} V(f) \exp(j2\pi ft)\,df \tag{1.58}$$

ここに，$V(f)$ は

$$V(f) = \lim_{\Delta f \to 0} \frac{V_n}{\Delta f} \tag{1.59}$$

であって，**周波数スペクトル密度** (frequency spectral density) とよばれる．

また，周期波形の複素フーリエ係数の式を

$$V_n = \frac{1}{T} \int_{-T/2}^{T/2} v(t) \exp\left(-j\frac{2\pi nt}{T}\right) dt$$

$$= \Delta f \int_{-1/2\Delta f}^{1/2\Delta f} v(t) \exp(-j2\pi n\Delta ft)\,dt \tag{1.60}$$

と変形して，上と同様に $T \to \infty, \Delta f \to 0$ とすれば，非周期波形の周波数スペクトル密度 $V(f)$ は，無限積分

$$V(f) = \int_{-\infty}^{\infty} v(t) \exp(-j2\pi ft)\,dt \tag{1.61}$$

によって表現できる．式 (1.58), (1.61) の積分を**フーリエ変換対** (Fourier transform pair) とよび，$V(f)$ を $v(t)$ の**フーリエ変換** (Fourier transform)，また，$v(t)$ を $V(f)$ の**逆フーリエ変換** (inverse Fourier transform) という．

周波数スペクトル密度 $V_i(f)$ をもつ非周期の入力波形が，伝達関数 $H(f)$ の線形系を通過した場合の出力は，式 (1.39) との対応からわかるように

$$v_o(t) = \int_{-\infty}^{\infty} H(f)V_i(f) \exp(j2\pi ft) \, df \tag{1.62}$$

となる．この関係から，線形系出力における周波数スペクトル密度は

$$V_o(f) = H(f)V_i(f) \tag{1.63}$$

と表される．

表 1.1 時間波形と周波数スペクトル密度

	時 間 波 形	周波数スペクトル密度
単位インパルス	$v(t) = \delta(t)$	$V(f) = 1$
単位ステップパルス	$v(t) = u(t)$	$V(f) = \dfrac{1}{2}\delta(f) + \dfrac{1}{j2\pi f}$
方形パルス	$v(t) = \begin{cases} A, & |t| \leqq \tau/2 \\ 0, & |t| > \tau/2 \end{cases}$	$V(f) = A\tau S_a(\pi f \tau)$
三角パルス	$v(t) = \begin{cases} A(1-2|t|/\tau), & |t| \leqq \tau/2 \\ 0, & |t| > \tau/2 \end{cases}$	$V(f) = \dfrac{A\tau}{2} S_a^2\left(\dfrac{\pi f \tau}{2}\right)$

表 1.1 時間波形と周波数スペクトル密度 (続き)

時 間 波 形	周波数スペクトル密度
余弦パルス $v(t)=\begin{cases} A\cos\dfrac{\pi}{\tau}t, & |t|\leq\tau/2 \\ 0, & |t|>\tau/2 \end{cases}$	$V(f)=\dfrac{2A\tau}{\pi}\cdot\dfrac{\cos\pi f\tau}{1-(2\tau f)^2}$
二乗余弦パルス $v(t)=\begin{cases} A\cos^2\dfrac{\pi t}{\tau}, & |t|\leq\dfrac{\tau}{2} \\ 0, & |t|>\dfrac{\tau}{2} \end{cases}$	$V(f)=\dfrac{A\tau}{2}\cdot\dfrac{\sin\pi f\tau}{\pi f\tau[1-(f\tau)^2]}$
片側指数パルス $v(t)=\begin{cases} A\exp(-t/\tau), & t\geq 0 \\ 0, & t<0 \end{cases}$	$V(f)=\dfrac{A\tau}{1+j2\pi f\tau}$
両側指数パルス $v(t)=A\exp(-|t|/\tau)$	$V(f)=\dfrac{2A\tau}{1+(2\pi f\tau)^2}$
ガウス形パルス $v(t)=A\exp(-t^2/2\sigma^2)$	$V(f)=A\sigma\sqrt{2\pi}\exp[-2(\pi f)^2\sigma^2]$

周波数 f の代わりに角周波数 $\omega\,(=2\pi f)$ を用いるならば，フーリエ変換対は次のように表すこともできる．

$$V(\omega) = \int_{-\infty}^{\infty} v(t)\exp(-j\omega t)\,dt \tag{1.64}$$

$$v(t) = \frac{1}{2\pi}\int_{-\infty}^{\infty} V(\omega)\exp(j\omega t)\,d\omega \tag{1.65}$$

このときには，逆フーリエ変換において係数 $1/2\pi$ が付くことに注意しなければならない．

表 1.1 は基本的な時間波形 $v(t)$ とそれらの周波数スペクトル密度 $V(f)$ を一覧にしたものである．$v(t)$ が偶関数ならば $V(f)$ は実数であり，$v(t)$ が奇関数ならば $V(f)$ は純虚数であるから，このような場合のスペクトル密度を図示することは簡単である．一般の波形の場合には，周波数スペクトルは振幅と位相に分けて描かなければならない．しかし，実用上はエネルギーに関係する振幅スペクトルが必要となることが多いので，ここでは振幅スペクトルだけをプロットしている．

例題 1.4 図 1.9 に示す非周期 (孤立) 方形波

$$v(t) = \begin{cases} A, & |t| \leqq \dfrac{\tau}{2} \\ 0, & |t| > \dfrac{\tau}{2} \end{cases} \tag{1.66}$$

について，次の問いに答えよ．

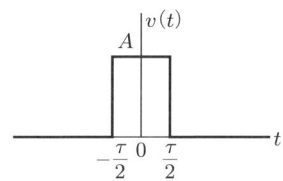

図 **1.9**　非周期 (孤立) 方形パルス

(1) 式 (1.61) を用いて非周期方形波 $v(t)$ のフーリエ変換 $V(f)$ を求め，図示せよ．

(2) この非周期方形波は，図 1.1 の方形パルス波形列の周期 T を無限大にしたものである．例題 1.1 で求められた V_n を式 (1.59) に代入して $V(f)$ を求め，前問の結果に一致することを確かめよ．

(3) この非周期方形波の面積を $A\tau = I$ (一定) に保ったまま，時間幅 τ を 0 に近づけた極限は，強さ I のデルタ関数 $v(t) = I\delta(t)$ で表される．このインパルス波形のフーリエ変換を求めよ．

解 (1) $v(t)$ のフーリエ変換 (周波数スペクトル密度) は,

$$V(f) = \int_{-\tau/2}^{\tau/2} A \exp(-j2\pi ft)\, dt$$
$$= A\tau \left(\frac{\sin \pi f\tau}{\pi f\tau} \right) = A\tau S_a(\pi f\tau) \tag{1.67}$$

のように求められる. $V(f)$ の曲線は図 1.10 になる. また

$$V(f) = |V(f)| \exp[j\theta(f)] \tag{1.68}$$

とおき, 振幅スペクトル密度 $|V(f)|$, 位相スペクトル密度 $\theta(f)$ のように分けて表すこともある. 図 1.11 にこれらのスペクトル密度を示す.

(2) 例題 1.1 の式 (1.23) で得られた複素フーリエ係数 V_n の表現において, $1/T = \Delta f$ とおくと,

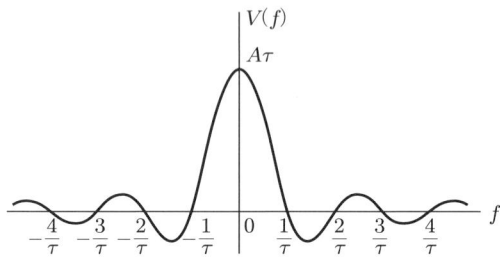

図 1.10 方形パルスの周波数スペクトル密度

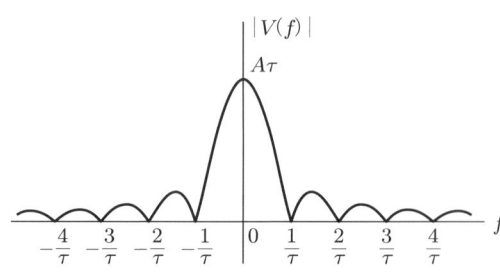

(a) 振幅スペクトル

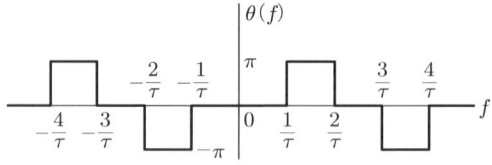

(b) 位相スペクトル

図 1.11 方形パルスの振幅スペクトル密度と位相スペクトル密度

$$V_n = A\tau \left(\frac{\sin \pi n \Delta f \tau}{\pi n \Delta f \tau} \right) \Delta f \tag{1.69}$$

になる．ここで，$n\Delta f = f$ として式 (1.59) の極限を計算すると

$$V(f) = \lim_{\Delta f \to 0} \frac{V_n}{\Delta f} = A\tau \left(\frac{\sin \pi f \tau}{\pi f \tau} \right) = A\tau S_a(\pi f \tau) \tag{1.70}$$

となり，式 (1.67) で得られた結果に一致する．

(3) 前問で導いた $V(f)$ の式において，$A\tau = I$, $\tau \to 0$ とすれば

$$V(f) = \lim_{\tau \to 0} A\tau S_a(\pi f \tau) = I \tag{1.71}$$

となる．このように，デルタ関数で表されるインパルス波形の周波数スペクトル密度は，すべての周波数にわたって平坦になる．図 1.12 に面積一定の方形波とフーリエ変換の関係を示す．

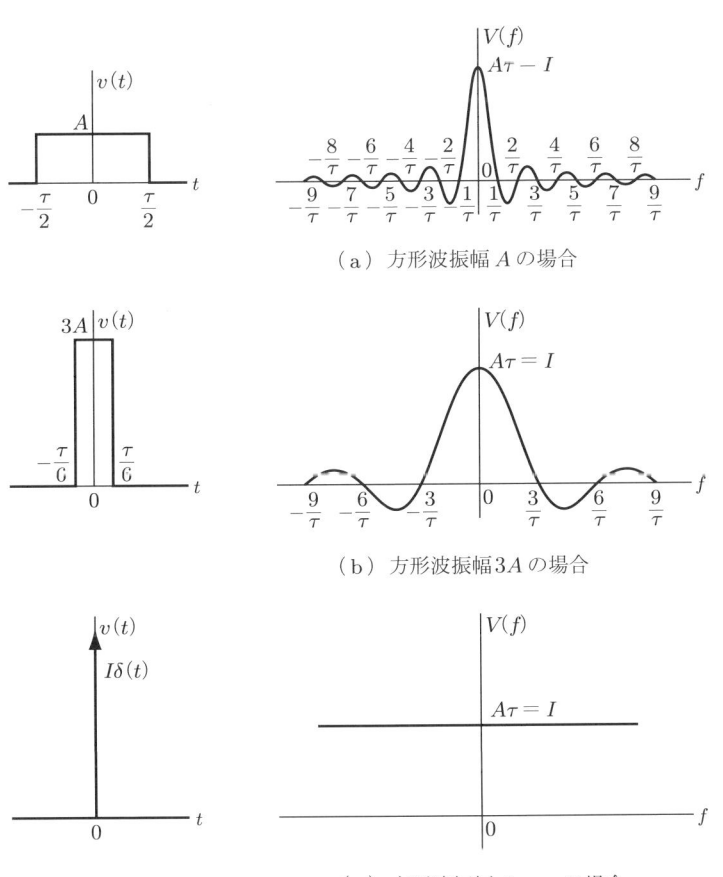

(a) 方形波振幅 A の場合

(b) 方形波振幅 $3A$ の場合

(c) 方形波振幅 $A \to \infty$ の場合

図 **1.12** 面積一定 ($A\tau = I$) の方形波とフーリエ変換 (周波数スペクトル密度) の関係

上に述べた結果から，デルタ関数のフーリエ変換については

$$\int_{-\infty}^{\infty} \delta(t) \exp(\pm j2\pi ft)\, dt = 1 \tag{1.72}$$

$$\int_{-\infty}^{\infty} \exp(\pm j2\pi ft)\, df = \delta(t) \tag{1.73}$$

の関係があることがわかる． ◀■

次にフーリエ変換の基本的な性質を要約する．フーリエ変換は記号的に

$$V(f) = \mathcal{F}[v(t)] \tag{1.74}$$

また，逆変換は

$$v(t) = \mathcal{F}^{-1}[V(f)] \tag{1.75}$$

のように表される．フーリエ変換対であることを，簡単に

$$v(t) \longleftrightarrow V(f) \tag{1.76}$$

と表現してもよい．

$v(t)$ が実関数ならば，そのフーリエ変換 $V(f)$ については

$$V^*(f) = V(-f) \tag{1.77}$$

の性質がある．この関係は，式 (1.61) の両辺の複素共役をとることによって導かれる．

$v(t)$ の時間移動，微分，積分のフーリエ変換は次のようになる．

時間移動： $v(t - t_0) \longleftrightarrow V(f) \exp(-j2\pi ft_0)$ (1.78)

微　　分： $\dfrac{d^n}{dt^n} v(t) \longleftrightarrow (j2\pi f)^n V(f)$ (1.79)

積　　分： $\displaystyle\int_{-\infty}^{t} v(t)\, dt \longleftrightarrow \dfrac{V(f)}{j2\pi f}$ (1.80)

二つの関数 $v_1(t)$ と $v_2(t)$ の時間移動した積の積分

$$v(t) = \int_{-\infty}^{\infty} v_1(\tau) v_2(t - \tau)\, d\tau \tag{1.81}$$

を，**畳み込み** (convolution) とよび，$v_1(t) \otimes v_2(t)$ のように表す．畳み込み積分はまた，被積分関数を交換して次のように表してもよい．

$$v(t) = \int_{-\infty}^{\infty} v_1(t - \tau) v_2(\tau)\, d\tau \tag{1.82}$$

フーリエ変換の関係が

$$v_1(t) \longleftrightarrow V_1(f), \quad v_2(t) \longleftrightarrow V_2(f) \tag{1.83}$$

であるとすると，畳み込み積分のフーリエ変換については，

$$v_1(t) \otimes v_2(t) \longleftrightarrow V_1(f)V_2(f) \tag{1.84}$$

となり，それぞれの関数のフーリエ変換の積になる．

フーリエ変換の定義から明らかなように，これらの関係は時間と周波数を交換してもまったく同様に導くことができる．例えば，式 (1.84) に対応する関係は

$$v_1(t)v_2(t) \longleftrightarrow V_1(f) \otimes V_2(f) \tag{1.85}$$

である．

畳み込みの性質を用いると，次のような重要な定理が導かれる．いま，式 (1.85) において，とくに二つの時間関数が同じで，いずれも $v(t)$ で表されるものとすれば，

$$\int_{-\infty}^{\infty} v^2(t) \exp(-j2\pi ft)\, dt = \int_{-\infty}^{\infty} V(\lambda)V(f-\lambda)\, d\lambda \tag{1.86}$$

と書ける．ここで $f=0$ とおけば

$$\int_{-\infty}^{\infty} v^2(t)\, dt = \int_{-\infty}^{\infty} |V(f)|^2\, df \tag{1.87}$$

と表せる．式 (1.87) は**パーシバルの定理** (Parseval's theorem) として知られている．

非周期波形の周期は無限大とみなせるから，平均の電力は 0 になってしまう．しかし，エネルギーは有限にとどまる．パーシバルの定理は，非周期波形 $v(t)$ のもつ全エネルギーを時間域および周波数域でそれぞれ表現したものといえる．また，

$$W(f) = |V(f)|^2 \tag{1.88}$$

は単位周波数あたりのエネルギーであり，これを**エネルギースペクトル密度** (energy spectral density) とよんでいる．

非周期波形にはフーリエ級数の代わりにフーリエ変換が用いられ，周波数域における振幅，位相，エネルギーなどの特性を表すことができることがわかった．では，周期波形はフーリエ変換ができないかというと，そうではない．次に周期波形のフーリエ変換について考える．非周期波形のスペクトルは連続スペクトルであるが，周期波形の場合は異なり，基本周波数 $f_0 = 1/T$ の整数倍の周波数位置にのみ存在する離散スペクトルである．このように，スペクトルの形状はまったく違っているが，離散スペクトルもまた連続スペクトルの極限であるとみなすならば，フーリエ変換を求めることができるのである．

周期波形の複素フーリエ級数は

$$v(t) = \sum_{n=-\infty}^{\infty} V_n \exp(j2\pi n f_0 t) \tag{1.89}$$

と表される．したがって，そのフーリエ変換は

$$V(f) = \int_{-\infty}^{\infty} \sum_{n=-\infty}^{\infty} V_n \exp[-j2\pi(f - nf_0)t] \, dt \tag{1.90}$$

となる．この積分は式 (1.73) を用いるとデルタ関数になるから

$$V(f) = \sum_{n=-\infty}^{\infty} V_n \delta(f - nf_0) \tag{1.91}$$

と表される．このように，周期波形のフーリエ変換 (周波数スペクトル密度) は，$v(t)$ の基本周波数の整数倍の位置に生ずる線スペクトルであり，複素フーリエ係数を強度 (スペクトルの面積) とするデルタ関数列で表される．

周期波形では電力が有限である．周期波形の場合，単位周波数あたりの電力を表す**電力スペクトル密度** (power spectral density) は，

$$S(f) = \sum_{n=-\infty}^{\infty} |V_n|^2 \delta(f - nf_0) \tag{1.92}$$

のように，やはりデルタ関数列で表される．電力スペクトル密度もまた，$v(t)$ の基本周波数とその高調波のところに生ずる線スペクトルであって，電力スペクトル密度の面積は各成分波の有する平均電力である．

無限に続く正弦波のフーリエ変換は，それぞれ次のように求められる．

$v(t) = A \cos 2\pi f_0 t$:

$$V(f) = \frac{A}{2}[\delta(f - f_0) + \delta(f + f_0)] \tag{1.93}$$

$v(t) = A \sin 2\pi f_0 t$:

$$V(f) = \frac{A}{2j}[\delta(f - f_0) - \delta(f + f_0)] \tag{1.94}$$

図 1.13 に正弦波形とそれらの周波数スペクトル密度を示す．

デルタ関数のフーリエ変換は

$$V(f) = \int_{-\infty}^{\infty} \delta(t) \exp(-j2\pi ft) \, dt = 1 \tag{1.95}$$

である．したがって，デルタ関数で表されるインパルスを線形系に加えることは，同一振幅をもつ，あらゆる周波数の正弦波を入力させることに相当するから，系の周波数特性を簡単に知ることができる．

線形系の伝達関数を $H(f)$ とすると，入力にインパルスを加えた場合の出力の周波数スペクトル密度は $1 \times H(f)$ となり，時間応答は

$$h(t) = \int_{-\infty}^{\infty} H(f) \exp(j2\pi ft) \, df \tag{1.96}$$

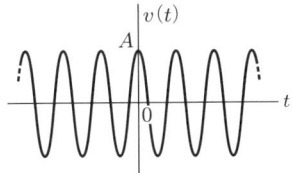
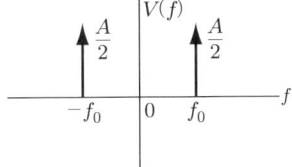

(a) $A\cos 2\pi f_0 t$

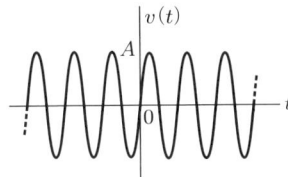
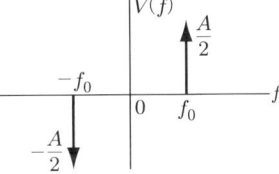

(b) $A\sin 2\pi f_0 t$

図 1.13 正弦波形とフーリエ変換

のように表される．$h(t)$ は伝達関数の逆フーリエ変換であり，**インパルス応答** (impulse response) とよばれる．また，伝達関数 $H(f)$ はインパルス応答 $h(t)$ のフーリエ変換であり，次の積分で表される．

$$H(f) = \int_{-\infty}^{\infty} h(t)\exp(-j2\pi ft)\,dt \tag{1.97}$$

入力の時間関数を $v_i(t)$，そのフーリエ変換を $V_i(f)$ とすると，系出力の時間関数 $v_o(t)$ は

$$v_o(t) = \int_{-\infty}^{\infty} V_i(f)H(f)\exp(j2\pi ft)\,df \tag{1.98}$$

と表される．フーリエ変換の性質から明らかなように，出力 $v_o(t)$ は入力 $v_i(t)$ とインパルス応答 $h(t)$ との畳み込みになり，

$$\begin{aligned}v_o(t) &= \int_{-\infty}^{\infty} v_i(\tau)h(t-\tau)\,d\tau \\ &= \int_{-\infty}^{\infty} v_i(t-\tau)h(\tau)\,d\tau\end{aligned} \tag{1.99}$$

のように表されることがわかる．

1.5 相関関数

相関関数は，任意の時間 τ だけ離れた同一波形あるいは異なった波形間の値について，類似の程度を表す尺度と考えられ，それぞれ自己相関関数，相互相関関数と

よばれる．これらの相関関数は，電力スペクトル密度またはエネルギースペクトル密度とフーリエ変換によって関係づけられ，信号解析の上で重要である．

自己相関関数 (autocorrelation function) は，ある時間波形 $v(t)$ の時間 τ 離れた2点の値について，積の平均をとったもので，

$$R(\tau) = \lim_{T \to \infty} \frac{1}{T} \int_{-T/2}^{T/2} v(t) v(t+\tau) \, dt \tag{1.100}$$

と定義される．自己相関関数は偶関数で，次の関係がある．

$$R(-\tau) = R(\tau) \tag{1.101}$$

とくに，$v(t)$ を基本周期 T の周期波形に限るならば，平均は1周期にわたってとればよく，式 (1.100) の代わりに

$$R(\tau) = \frac{1}{T} \int_{-T/2}^{T/2} v(t) v(t+\tau) \, dt \tag{1.102}$$

が用いられる．周期関数 $v(t)$ を複素形のフーリエ級数に展開した式 (1.9) を，式 (1.102) に代入して積分をすると，自己相関関数は

$$R(\tau) = \sum_{n=-\infty}^{\infty} |V_n|^2 \exp(j2\pi n f_0 \tau) \tag{1.103}$$

または，

$$R(\tau) = |V_0|^2 + 2 \sum_{n=1}^{\infty} |V_n|^2 \cos(2\pi n f_0 \tau) \tag{1.104}$$

のように表せる．ここに，$f_0 = 1/T$ である．

式 (1.102) の相関関数の定義からわかるように，$R(0)$ は波形 $v(t)$ の平均電力を表す．さらに，式 (1.104) より，$\tau = 0$ または基本周期の整数倍 $\tau = nT$ のとき自己相関関数は最大となり

$$|R(\tau)| \leqq R(0) = R(nT), \quad n = \pm 1, \pm 2, \cdots \tag{1.105}$$

が成り立つことがわかる．

次に，自己相関関数のフーリエ変換について考える．式 (1.103) をフーリエ変換すると

$$\mathcal{F}[R(\tau)] = \int_{-\infty}^{\infty} \left[\sum_{n=-\infty}^{\infty} |V_n|^2 \exp(j2\pi n f_0 \tau) \right] \exp(-j2\pi f \tau) \, d\tau$$

$$= \sum_{n=-\infty}^{\infty} |V_n|^2 \delta(f - n f_0) \tag{1.106}$$

となる．この結果は式 (1.92) に一致し，周期波形 $v(t)$ の**電力スペクトル密度** $S(f)$ を与える．すなわち，

$$S(f) = \sum_{n=-\infty}^{\infty} |V_n|^2 \delta(f - nf_0) = \mathcal{F}[R(\tau)] \tag{1.107}$$

が成り立つ．

このように，周期波形の自己相関関数と電力スペクトル密度とはフーリエ変換対

$$R(\tau) \longleftrightarrow S(f) \tag{1.108}$$

によって関係づけられている．

二つ波形を時間 τ 離して積をつくり，時間平均した関数は，**相互相関関数** (cross correlation function) とよばれる．相互相関関数は

$$R_{12}(\tau) = \lim_{T \to \infty} \frac{1}{T} \int_{-T/2}^{T/2} v_1(t) v_2(t+\tau) \, dt \tag{1.109}$$

で定義される．この場合，積の順序は重要であり，

$$R_{21}(\tau) = \lim_{T \to \infty} \frac{1}{T} \int_{-T/2}^{T/2} v_2(t) v_1(t+\tau) \, dt = R_{12}(-\tau) \tag{1.110}$$

となることがわかる．

$v_1(t)$ と $v_2(t)$ が周期関数で同じ周期 T をもつならば，相互相関関数は

$$R_{12}(\tau) = \frac{1}{T} \int_{-T/2}^{T/2} v_1(t) v_2(t+\tau) \, dt \tag{1.111}$$

と表せる．$R_{12}(\tau)$ のフーリエ変換は**相互電力スペクトル密度** (cross-power spectral density) とよばれる．

孤立したパルスのように，有限のエネルギーをもつ非周期波形 $v(t)$ の自己相関関数は

$$R(\tau) = \int_{-\infty}^{\infty} v(t) v(t+\tau) \, dt \tag{1.112}$$

によって定義される．また，

$$|R(\tau)| \leqq R(0) \tag{1.113}$$

が成り立つ．$R(0)$ はこの非周期波形の全エネルギーであり，自己相関関数の大きさはこの値を超えない．

周期波形の場合には，自己相関関数と電力スペクトル密度との間にフーリエ変換，逆変換の関係があった．非周期波形においては，自己相関関数とエネルギースペクトル密度とがフーリエ変換対をなす．式 (1.112) で定義される自己相関関数は，式 (1.81) の畳み込み積分において

$$v_1(t) = v(t), \quad v_2(t) = v(-t) \tag{1.114}$$

とおいたものであり，さらに $v(t)$ のフーリエ変換を $V(f)$ とするとき，

$$v(-t) \longleftrightarrow V^*(f) \tag{1.115}$$

であることに注意するならば，式 (1.84) の関係によって

$$R(\tau) \longleftrightarrow |V(f)|^2 = W(f) \tag{1.116}$$

が成り立つことが導かれる．すなわち，非周期波形の場合には，自己相関関数とエネルギースペクトル密度がフーリエ変換対をなす．明らかに，自己相関関数は $|V(f)|$ のみに関係し，位相とは無関係である．それゆえ，波形は異なっても自己相関関数は同じになる場合がある．

二つの異なった非周期波形 $v_1(t), v_2(t)$ の類似の程度を表す相互相関関数は，

$$R_{12}(\tau) = \int_{-\infty}^{\infty} v_1(t) v_2(t+\tau)\, dt \tag{1.117}$$

によって定義される．二つの波形のフーリエ変換を $V_1(f), V_2(f)$ とすれば，相互相関関数のフーリエ変換の関係

$$R_{12}(\tau) \longleftrightarrow V_1^*(f) V_2(f) \tag{1.118}$$

が導かれる．$V_1^*(f) V_2(f)$ は**相互エネルギースペクトル密度** (cross-energy spectral density) とよばれる．

例題 1.5　非周期波形 (片側指数パルス)

$$v(t) = \begin{cases} A\exp(-t), & t \geqq 0 \\ 0, & t < 0 \end{cases} \tag{1.119}$$

の自己相関関数，エネルギースペクトル密度，全エネルギーを求めよ．

■ **解**　$\tau \geqq 0$ とすると，$v(t+\tau)$ はもとの波形 $v(t)$ を時間軸で τ だけ左に移動したものである．それゆえ，自己相関関数は

$$R(\tau) = A^2 \int_0^{\infty} \exp(-t) \exp[-(t+\tau)]\, dt$$

$$= \frac{A^2}{2} \exp(-\tau), \quad \tau \geqq 0 \tag{1.120}$$

となる．同様にして $\tau < 0$ ならば，$v(t+\tau)$ は $v(t)$ を時間 $-\tau$ だけ右に移動したものであり，

$$R(\tau) = A^2 \int_{-\tau}^{\infty} \exp(-t) \exp[-(t+\tau)]\, dt$$

$$= \frac{A^2}{2} \exp(\tau), \quad \tau < 0 \tag{1.121}$$

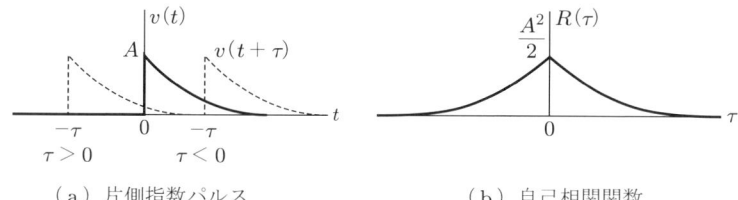

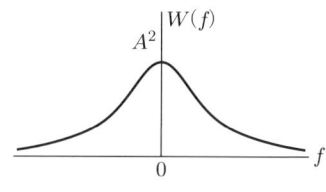

（a）片側指数パルス　　（b）自己相関関数

（c）エネルギースペクトル密度

図 **1.14**　非周期(孤立)片側指数パルスの自己相関

となる．上の二つの結果をまとめると，次のように表せる．

$$R(\tau) = \frac{A^2}{2}\exp(-|\tau|) \tag{1.122}$$

エネルギースペクトル密度を $W(f)$ とすれば，これは自己相関関数 $R(\tau)$ のフーリエ変換であるから，

$$\begin{aligned}W(f) &= \frac{A^2}{2}\int_{-\infty}^{\infty}\exp(-|\tau|-j2\pi f\tau)\,d\tau \\ &= A^2\int_0^{\infty}\exp(-\tau)\cos 2\pi f\tau\,d\tau \\ &= \frac{A^2}{1+(2\pi f)^2}\end{aligned} \tag{1.123}$$

となる(付録の積分公式(6)参照)．これらの関係を図1.14に示す．

片側指数パルスの全エネルギーは，自己相関関数からただちに

$$E = R(0) = \frac{A^2}{2} \tag{1.124}$$

と求められる．これはまた，時間波形の二乗を積分した値

$$E = A^2\int_0^{\infty}\exp(-2t)\,dt = \frac{A^2}{2} \tag{1.125}$$

と一致する．パーシバルの定理を用い，式(1.123)の結果を積分して E を導くこともできる．演算は読者にゆだねたい．

演習問題

1.1 次の周期波形 (周期 T) をフーリエ級数に展開せよ．また，複素フーリエ級数で表せ．

(1) $v(t) = \dfrac{2t}{T} \quad \left(|t| \leqq \dfrac{T}{2}\right)$

(2) $v(t) = 1 - \dfrac{2|t|}{T} \quad \left(|t| \leqq \dfrac{T}{2}\right)$

(3) $v(t) = \cos\dfrac{\pi t}{T} \quad \left(|t| \leqq \dfrac{T}{2}\right)$

(4) $v(t) = \exp\left(-\dfrac{t}{\tau}\right), \quad \tau > 0 \quad (0 \leqq t \leqq T)$

1.2 表 1.1 の非周期波形のフーリエ変換を導け．

1.3 図 1.15 に示す原点対称の指数関数 ($a > 0$)

$$v(t) = \begin{cases} \exp(-at), & t \geqq 0 \\ -\exp(at), & t < 0 \end{cases}$$

のフーリエ変換 $V(f)$ を求めよ．この関数を用いると，単位ステップ関数 $u(t)$ は極限的に

$$u(t) = \dfrac{1}{2}[1 + \lim_{a \to 0} v(t)]$$

と表せる．この関係を用いて，$u(t)$ のフーリエ変換 $U(f)$ を導け．

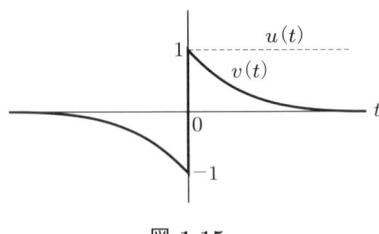

図 1.15

1.4 非周期時間関数 $v(t)$ のフーリエ変換を $V(f)$ とする．フーリエ変換が存在する条件より，$\lim\limits_{t \to \pm\infty} v(t) = 0$ が成り立つことに注意して，時間微分のフーリエ変換公式

$$\dfrac{d}{dt}v(t) \longleftrightarrow j2\pi f V(f)$$

を導け．また，時間積分のフーリエ変換公式

$$\int_{-\infty}^{t} v(t)\,dt \longleftrightarrow \dfrac{V(f)}{j2\pi f} + \dfrac{1}{2}V(0)\delta(f)$$

を証明せよ．この結果において，$v(t)$ の面積が 0 ならば $V(0) = 0$ であるから，フーリエ変換の右辺は第 1 項だけになる．

1.5 正弦波 $v(t) = A\cos(2\pi f_0 t + \phi)$ の自己相関関数と電力スペクトル密度を求めよ．

1.6 図 1.16 に示す周期方形パルス列 (周期 T) の基本周期における波形は

$$v(t) = \begin{cases} A, & |t| \leqq \dfrac{T}{4} \\ 0, & \dfrac{T}{4} < |t| < \dfrac{T}{2} \end{cases}$$

と表される．このパルス列の自己相関関数と電力スペクトル密度を求め，図示せよ．

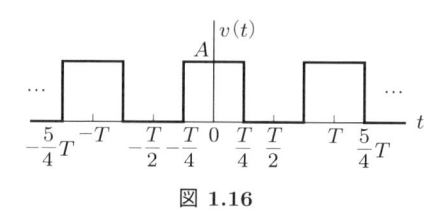

図 1.16

1.7 同一の周波数 f_0 をもつ二つの正弦波

$$v_1(t) = A\cos 2\pi f_0 t, \quad v_2(t) = B\sin 2\pi f_0 t$$

の相互相関関数を求めよ．

1.8 図 1.17 に示す二つの周期波形の相互相関関数を求めよ．

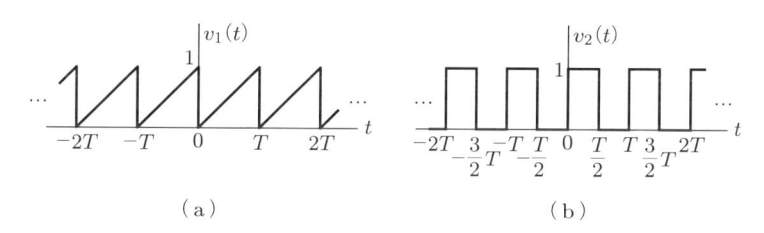

（a）　　　　　　　　　　（b）

図 1.17

1.9 非周期波形のフーリエ積分表示

$$v(t) = \int_{-\infty}^{\infty} V(f) \exp(j2\pi ft)\,df$$

を，自己相関関数の定義式である式 (1.112) に直接代入することにより，自己相関関数とエネルギースペクトル密度を結びつける式 (1.116) の関係を導け．

1.10 非周期方形パルス

$$v(t) = \begin{cases} A, & |t| \leqq \dfrac{T}{2} \\ 0, & |t| > \dfrac{T}{2} \end{cases}$$

の自己相関関数とエネルギースペクトル密度を求めよ

― コラム ―

離散フーリエ変換

フーリエ変換は,非周期波形や孤立波形など,一般的な信号に対するスペクトル解析の方法であることを述べたが,実用上,フーリエ変換の積分を数式的に行うのではなく,スペクトルの周波数成分の強度を複数のフィルタにより測定する(スーパーヘテロダイン方式)スペクトルアナライザという装置を用いてその解析が行われる.ある特定の周波数の信号成分をフィルタにより切り出すことで,信号にその周波数成分をどのくらい含んでいるかがわかる.それらを複数並べることで,信号全体のスペクトルを把握することができる.昨今のディジタル信号処理技術の発展と高速化に起因して,波形を直接スペクトルアナライザで観測するのではなく,一度,連続波形を離散化し,ディジタル値を用いて,数値計算的にスペクトルを求める手法も一般的となっている.その中心的な役割を担うものが,離散フーリエ変換 (discrete Fourier transform ; DFT) である.

DFT では,式 (1.61) のフーリエ変換における時間波形に対して,5.1 節で述べる標本化 (離散化) を行い,$v(k), k=0,1,\cdots,K-1$ が得られていることを前提とする.このような標本値 (離散値) に対する積分は,標本値の総和で与えられるため,式 (1.61) は次式に変換される.

$$V(n) = \sum_{k=0}^{K-1} v(k) \exp\left(-j\frac{2\pi kn}{K}\right), \quad n=0,1,\cdots,K-1$$

一方,式 (1.58) の逆フーリエ変換は次式で与えられる.

$$v(k) = \frac{1}{K}\sum_{n=0}^{K-1} V(n) \exp\left(j\frac{2\pi kn}{K}\right), \quad k=0,1,\cdots,K-1$$

この DFT 処理を数値計算で行う場合,ある $V(n)$ に対して,K 回の乗算と加算を必要とするため,全体では K^2 回の乗算と加算の演算を行わなければならない.例えば,$K=256$ の場合には,各々 65 536 回も必要となるため,実用的には問題を抱える.この問題の克服には,$K=2^\alpha$ (K が 2 のべき乗値) をとるという拘束条件が付与されるものの,バタフライ回路と呼ばれる特殊の演算を施すことで演算量を大幅に削減する高速フーリエ変換 (fast Fourier transform ; FFT) が有効である.FFT を活用することで,乗算数を $K\alpha$ 回,加算数を $K\alpha/2$ 回とすることができ,例えば $K=2^8=256$ の場合には,乗算数が 896 回,加算数が 448 回となり,DFT に比べて,演算量が大幅に削減可能である.

近年,著しい発展を遂げているディジタル無線通信システムの信号処理回路では,ディジタル信号が利用されているため,離散フーリエ変換を活用することで,スペクトルを回路内で把握することができ,そのスペクトルの特徴を活用した通信システムの開発が精力的に行われている.

(参考文献 [9])

第2章

雑音解析

　信号伝送の問題を考えるときに，通信路あるいは受信機において加わる雑音を無視することはできない．雑音の代表的なものは，抵抗体から発生する熱雑音，半導体素子や電子管中に生ずるショット雑音などの内部雑音，アンテナに入力する自然的，人工的な外部雑音などであるが，そのほか無線通信路に生じるフェージングも信号振幅や位相にランダムなひずみをもちこむ雑音である．通信方式は，これらの雑音の妨害に対抗し，誤りなく情報を伝送する技術であるといえる．雑音は不規則に変動するランダム過程であるから，任意時刻における値を予知することは不可能である．ランダム過程は，確率変数として記述され，平均値や分散などの統計量を用いて表される．本章では，このようなランダム過程の解析に必要な確率分布関数，確率密度関数，特性関数などの定義と性質について述べ，通信方式を理解するための基礎事項として，相関関数と電力スペクトル密度の関係，狭帯域ガウス雑音の表現，信号と雑音の和の統計的性質などを中心に説明する．

2.1　確率分布関数と確率密度関数

　同じ材料，同一工程で作られた多数の抵抗体から発生するランダムな雑音電圧(または電流)を観測してみると，動作条件が同じであっても，それらの波形(標本波形とよぶ)はすべて異なっており，図2.1のようになる．信号発生器から出る正弦波信号のような確定過程では，標本波形が完全に一致するのと対照的である．しかし，上の雑音電圧の標本波形の中にも共通した特徴が見出される．たとえば，観測時間を十分長くとった雑音電圧 $x(t)$ の**時間平均** (time average)

$$\tilde{x} = \lim_{T \to \infty} \frac{1}{T} \int_{-T/2}^{T/2} x(t)\, dt \tag{2.1}$$

がその一つであり，観測波形はすべて同じ平均値を有している．

　各抵抗体から出る雑音電圧を同じ時刻に観測し，測定値を平均したものは**集合平均** (ensemble average) とよばれる．測定値を x_i，測定標本数を N とし，N を十分大きくとれば，集合平均は

図 2.1 雑音波形の例

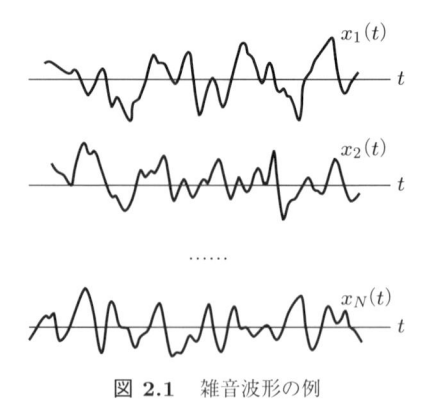

$$\overline{x} = \lim_{N \to \infty} \frac{1}{N} \sum_{i=1}^{N} x_i \tag{2.2}$$

と表される．統計学では集合平均のことを**期待値** (expected value) とよんでいる．

集合平均はある特定の時刻について計算したものであるが，このような統計量が時刻に関係しないようなプロセスを**定常過程** (stationary process) という．正確には，後述する確率分布関数や密度関数，およびこれらから導かれる平均値やモーメント，また，自己相関関数などの結合統計量が時刻に依存しないようなランダム過程を定常過程という．

抵抗体から発生する雑音電圧のような例では，時間平均と集合平均とが一致し，

$$\overline{x} = \tilde{x} \tag{2.3}$$

が成り立つ．電力を表す二乗平均についても同様である．一般に，ランダム過程において，$x(t)$ の任意の標本波形についてとった時間平均とその集合平均が一致するようなプロセスを**エルゴード過程** (ergodic process) とよぶ．実際上は，時間平均のほうが集合平均よりはるかに求めやすい．エルゴード過程の場合は，標本波形の一つを長時間観測することにより，集合全体の統計的性質を知ることができる．エルゴード過程はすべて定常過程であるが，定常過程は必ずしもエルゴード過程ではない．本書では，時間平均と集合平均の一致するエルゴード過程を対象にするので，いずれも記号は $\overline{x}$ を用いることにする．

ランダム過程を定量的に表現する上で重要な統計量は，確率分布関数と確率密度関数である．図 2.2 に示すような雑音電圧の場合，その値がある定められたレベル x 以下になる時間率 (確率) は次のように求められる．すなわち，十分長い観測時間を考えたとき，雑音電圧 $x(t)$ がレベル x 以下に存在する時間切片 τ_i の総和の，観測時間 T に対する比

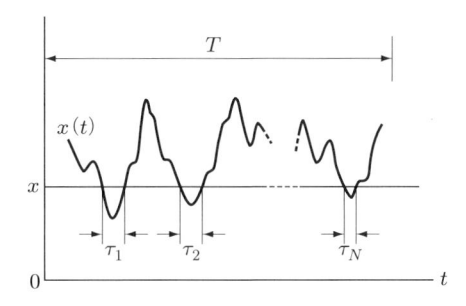

図 2.2 雑音波形とレベル x 以下になる時間 τ_i

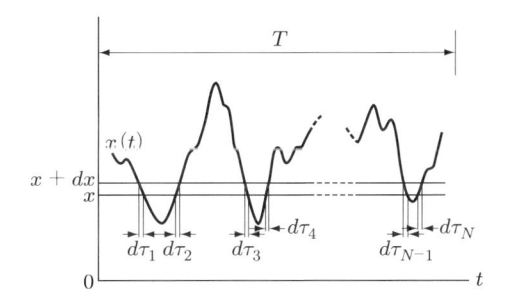

図 2.3 雑音波形とレベル x における時間切片 $d\tau_i$

$$P(x) = \lim_{T \to \infty} \frac{1}{T} \sum_{i=1}^{N} \tau_i \tag{2.4}$$

によって表される．また，図 2.3 に示すように，レベル x と $x + dx$ の間に雑音電圧が存在する確率は，このレベル幅に含まれる時間切片を $d\tau_i$ とすると，

$$p(x)\,dx = \lim_{T \to \infty} \frac{1}{T} \sum_{i=1}^{N} d\tau_i \tag{2.5}$$

のように表される．$p(x)\,dx$ のことを**確率素分**という．

雑音電圧がレベル x 以下になる確率は，この範囲にある確率素分をすべて集めたものであるから，

$$P(x) = \int_{-\infty}^{x} p(x)\,dx \tag{2.6}$$

と表される．$P(x)$ はレベル x の単調増加関数であって，**確率分布関数** (probability distribution function) または**累積分布関数** (cumulative distribution function) とよばれる．明らかに $P(-\infty) = 0$ であり，また，正規化の関係

$$P(\infty) = \int_{-\infty}^{\infty} p(x)\,dx = 1 \tag{2.7}$$

を満足する．雑音電圧が定められたレベル x を超える確率は

$$1 - P(x) = \int_x^\infty p(x)\,dx \tag{2.8}$$

と表される．

式 (2.6) から，次の関係が導かれる．

$$p(x) = \frac{d}{dx}P(x) \tag{2.9}$$

$p(x)$ を**確率密度関数** (probability density function) とよんでいる．

ガウス雑音電圧の確率密度関数は，平均値 0 の**ガウス分布** (gaussian distribution)

$$p(x) = \frac{1}{\sqrt{2\pi}\sigma} \exp\left(-\frac{x^2}{2\sigma^2}\right), \quad -\infty < x < \infty \tag{2.10}$$

で表される．ここに，$\sigma^2 = \overline{x^2}$ であって，雑音電圧の二乗平均値，すなわち平均電力である．熱雑音については，k をボルツマン定数，T を絶対温度，R を抵抗値，B を帯域幅とすると，次の関係がある．

$$\sigma^2 = 4kTRB \tag{2.11}$$

式 (2.6) から，ガウス分布の確率分布関数は

$$P(x) = \frac{1}{2}\left[1 + \mathrm{erf}\left(\frac{x}{\sqrt{2}\sigma}\right)\right], \quad -\infty < x < \infty \tag{2.12}$$

と求められる．$\mathrm{erf}(x)$ は**誤差関数** (error function) で，次式によって定義される．

$$\mathrm{erf}(x) = \frac{2}{\sqrt{\pi}}\int_0^x \exp(-t^2)\,dt, \quad -\infty < x < \infty \tag{2.13}$$

また，

$$\mathrm{erfc}(x) = \frac{2}{\sqrt{\pi}}\int_x^\infty \exp(-t^2)\,dt = 1 - \mathrm{erf}(x), \quad -\infty < x < \infty \tag{2.14}$$

は，**誤差補関数**あるいは**誤差余関数** (complementary error function) とよばれる．図 2.4 にガウス分布の確率密度関数とその分布関数を示す．

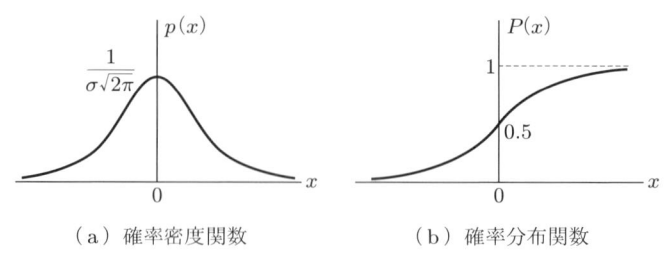

（a）確率密度関数　　　　（b）確率分布関数

図 2.4　ガウス分布の確率密度関数と分布関数

例題 2.1 位相 ϕ がランダムな値をとり，一様分布

$$p(\phi) = \frac{1}{2\pi}, \quad -\pi < \phi \leqq \pi \tag{2.15}$$

によって表される正弦波

$$x(t) = A\sin(2\pi ft + \phi) \tag{2.16}$$

は，定常エルゴード過程である．x の確率密度関数と分布関数を求めよ．

解 $x(t)$ の標本波形の一つをとれば，これは周期波形で，確定過程のものと変わらない．しかし，多数の標本波形の集合についてみると，それぞれの位相 ϕ はさまざまであり，全体はランダム過程とみなせる．$x(t)$ の確率密度関数は式 (2.5) を用いて求めることができる．標本波形は完全な周期波形であるから，無限の時間について計算する必要はなく，1 周期について考えれば十分である．

簡単のため，標本波として $\phi = 0$ の波形を考えると

$$t = \frac{1}{2\pi f}\sin^{-1}\frac{x}{A} \tag{2.17}$$

であり，微分によって

$$dt = \frac{dx}{2\pi f\sqrt{A^2 - x^2}} \tag{2.18}$$

が得られる．

図 2.5 に示すように，1 周期においてレベル x と $x + dx$ の間に波形が存在する時間素分は $2dt$ であるから，

$$p(x)\,dx = \frac{2dt}{1/f} = \frac{dx}{\pi\sqrt{A^2 - x^2}} \tag{2.19}$$

となる．したがって，確率密度関数は次のように求められる．

$$p(x) = \begin{cases} \dfrac{1}{\pi\sqrt{A^2 - x^2}}, & |x| < A \\ 0, & |x| \geqq A \end{cases} \tag{2.20}$$

確率分布関数は式 (2.6) によって，

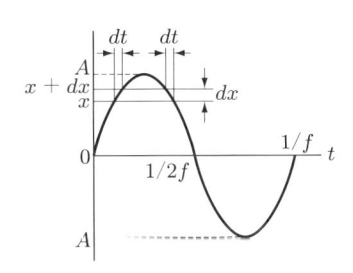

図 2.5 正弦波形とレベル x における切片

となる.

$$P(x) = \begin{cases} 0, & |x| \leqq -A \\ \int_{-A}^{x} \dfrac{dx}{\pi\sqrt{A^2 - x^2}} = \dfrac{1}{2} + \dfrac{1}{\pi}\sin^{-1}\dfrac{x}{A}, & |x| < A \\ 1, & x \geqq A \end{cases} \quad (2.21)$$

式 (2.21) の確率分布関数は，図 2.5 の標本波形と式 (2.4) の定義式を用いて，

$$P(x) = \frac{2 \cdot \dfrac{1}{2\pi f}\sin^{-1}\dfrac{x}{A} + \dfrac{1}{2f}}{1/f} = \frac{1}{2} + \frac{1}{\pi}\sin^{-1}\frac{x}{A}, \quad |x| < A \quad (2.22)$$

のように求めることもできる．図 2.6 に $p(x)$ と $P(x)$ の曲線を示す．

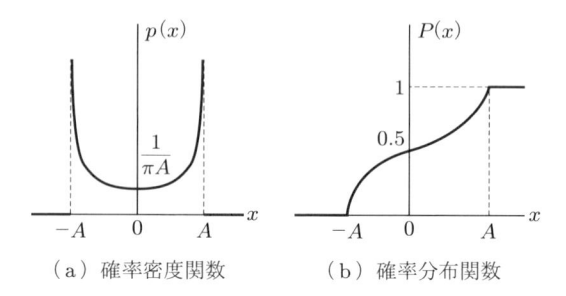

（a）確率密度関数　　（b）確率分布関数

図 2.6 ランダムな位相をもつ正弦波の確率密度関数と分布関数

2.2 モーメントと特性関数

ランダム過程 $x(t)$ を特徴づける重要な統計量は，平均値や分散など一般に**モーメント** (moment) とよばれる量である．1次モーメントは**平均値** (mean value) であり，

$$\overline{x} = \int_{-\infty}^{\infty} xp(x)\,dx \quad (2.23)$$

によって表される．平均値のまわりの2次モーメント

$$\overline{(x-\overline{x})^2} = \int_{-\infty}^{\infty} (x-\overline{x})^2 p(x)\,dx = \overline{x^2} - (\overline{x})^2 \quad (2.24)$$

は**分散** (variance) とよばれ，ランダム過程がとる値の広がりを表すのに用いられる．熱雑音 (電圧または電流) の場合には，分散は平均電力を表す．

原点のまわりの n 次モーメントは x^n の平均値であって，

$$\overline{x^n} = \int_{-\infty}^{\infty} x^n p(x)\,dx \tag{2.25}$$

で定義され，平均値のまわりの n 次モーメントは次式のように表される．

$$\overline{(x-\overline{x})^n} = \int_{-\infty}^{\infty} (x-\overline{x})^n p(x)\,dx \tag{2.26}$$

ランダム変数 x がある入出力特性を有する装置を通過すれば，出力はその特性に応じた変数変換を受ける．次に，このような変数変換によって確率密度関数がどのように変わるかを調べる．ランダム変数 x が関数関係

$$y = f(x) \tag{2.27}$$

によって，新しいランダム変数 y に変換され，また，逆に

$$x = g(y) \tag{2.28}$$

のように表されるものとする．簡単のため，これらは 1 価の関係で，変数 x と y とは 1 対 1 に対応している場合を考える．与えられた関数関係は，それぞれの x に対して新たな重みづけをするから，y の分布は x の分布とは異なったものになるであろう．しかし，ランダム変数 x が x と $x+dx$ の範囲に入る確率 (素分) と，ランダム変数 y が y と $y+dy$ の範囲に入る確率は，変数変換によって変わらず，不変に保たれる．ランダム変数 x が x と $x+dx$ の範囲に入る確率は

$$p(x)\,dx = p[g(y)] \frac{dg(y)}{dy}\,dy \tag{2.29}$$

と変形される．これはまた，ランダム変数 y が y と $y+dy$ の範囲に入る確率に等しいことから，

$$q(y)\,dy \tag{2.30}$$

に一致しなければならない．確率は正であることに注意すると，変換後の変数 y の確率密度関数は

$$q(y) = p[g(y)] \left|\frac{dg(y)}{dy}\right| \tag{2.31}$$

のように表されることが導かれる．

後述するように，狭帯域雑音やフェージングを受けた信号の包絡線変動は**レイリー分布** (Rayleigh distribution) で表され，確率密度関数は

$$p(R) = \begin{cases} \dfrac{2R}{\Omega} \exp\left(-\dfrac{R^2}{\Omega}\right), & 0 \leqq R < \infty \\ 0, & R < 0 \end{cases} \tag{2.32}$$

で与えられる．ただし，$\overline{R^2} = \Omega$ である．

このとき，関係式

$$W = \frac{R^2}{2} \tag{2.33}$$

によって変換される W (R が電圧または電流ならば，W は 1 [Ω] の抵抗で消費される電力である) の確率密度関数を求めるには，微分の関係が

$$\frac{dR}{dW} = \frac{1}{\sqrt{2W}} \tag{2.34}$$

であることから，

$$q(W) = \begin{cases} \dfrac{1}{W_0} \exp\left(-\dfrac{W}{W_0}\right), & 0 \leqq W < \infty \\ 0, & W < 0 \end{cases} \tag{2.35}$$

となる．ここに，$\overline{W} = W_0 = \Omega/2$ である．このように，レイリー電力分布は**指数分布** (exponential distribution) であることがわかる．

確率密度関数のフーリエ変換は**特性関数** (characteristic function) とよばれ，次式で定義される[1]．

$$\psi(\xi) = \int_{-\infty}^{\infty} \exp(-j\xi x) p(x) \, dx \tag{2.36}$$

特性関数は指数関数 $\exp(-j\xi x)$ の平均であるから，

$$\psi(\xi) = \overline{\exp(-j\xi x)} \tag{2.37}$$

と表してもよい．確率密度関数は逆フーリエ変換によって，次式で表される．

$$p(x) = \frac{1}{2\pi} \int_{-\infty}^{\infty} \exp(j\xi x) \psi(\xi) \, d\xi \tag{2.38}$$

式 (2.36) において，指数関数をべき級数に展開したのち平均をとると，特性関数は次のようにモーメントを係数とする級数によって表現できる．

$$\psi(\xi) = \sum_{n=0}^{\infty} \frac{(-j\xi)^n}{n!} \overline{x^n} \tag{2.39}$$

したがって，n 次モーメントは特性関数の n 階微分，

$$\overline{x^n} = j^n \left[\frac{d^n}{d\xi^n} \psi(\xi)\right]_{\xi=0} \tag{2.40}$$

によって求めることができる．特性関数のことを**モーメント母関数** (moment generating function) ともいう．

---

[1] 特性関数は $\psi(\xi) = \displaystyle\int_{-\infty}^{\infty} \exp(j\xi x) p(x) \, dx$ によって定義されることも多い．

特性関数はまた，x と 1 価関数の関係 $y = f(x)$ で結ばれるランダム変数 y の確率密度関数を導くのに役立つ．y の特性関数は

$$\psi(\xi) = \int_{-\infty}^{\infty} \exp(-j\xi y) q(y)\, dy$$

$$= \int_{-\infty}^{\infty} \exp[-j\xi f(x)] p(x) dx \qquad (2.41)$$

のように $p(x)$ を用いて求めることができる．それゆえ，逆フーリエ変換によって

$$q(y) = \frac{1}{2\pi} \int_{-\infty}^{\infty} \exp(j\xi y) \psi(\xi)\, d\xi \qquad (2.42)$$

が得られる．このように，特性関数を仲介にして $q(y)$ を求める方法は**特性関数法**とよばれ，$p(x)$ から直接 $q(y)$ を導く方法に比べて簡単な場合が多い．

平均値 m，分散 σ^2 をもつガウス分布の確率密度関数と特性関数は，

$$p(x) = \frac{1}{\sqrt{2\pi}\sigma} \exp\left[-\frac{(x-m)^2}{2\sigma^2}\right], \quad -\infty < x < \infty \qquad (2.43)$$

$$\psi(\xi) = \exp\left(-j\xi m - \frac{\xi^2 \sigma^2}{2}\right) \qquad (2.44)$$

と表される．

例題 2.2 ランダム過程 $x(t)$ は $(-\infty, \infty)$ の値をとり，その確率密度関数は $p(x)$ で表されるものとする．$x(t)$ は二乗則回路を通過することによって

$$y = f(x) = x^2 \qquad (2.45)$$

と変換される．y の確率密度関数 $q(y)$ を求める公式を導け．$x(t)$ をガウス変数とするとき，$q(y)$ を求めよ．

■ **解** この場合，x と y は 1 価の関係ではなく，図 2.7 に示すように，y の一つの値に対して x の二つの値が対応するから，変数変換による確率素分の関係は

$$q(y)|dy| = p(x)|dx| + p(-x)|dx| \qquad (2.46)$$

になる．したがって，

$$q(y) = [p(\sqrt{y}) + p(-\sqrt{y})] \left|\frac{dx}{dy}\right|$$

$$= \frac{p(\sqrt{y}) + p(-\sqrt{y})}{2\sqrt{y}}, \quad 0 < y < \infty \qquad (2.47)$$

と表される．$p(x)$ が偶関数の場合には簡単に次式のようになる．

$$q(y) = \frac{p(\sqrt{y})}{\sqrt{y}}, \quad 0 < y < \infty \qquad (2.48)$$

x が平均値 m，分散 σ^2 のガウス変数とすると，確率密度関数は式 (2.43) で与えられるから

$$q(y) = \frac{1}{2\sqrt{2\pi y}\sigma}\left\{\exp\left[-\frac{(\sqrt{y}-m)^2}{2\sigma^2}\right] + \exp\left[-\frac{(\sqrt{y}+m)^2}{2\sigma^2}\right]\right\}$$

$$= \frac{1}{\sqrt{2\pi y}\sigma}\exp\left[-\frac{y+m^2}{2\sigma^2}\right]\cosh\frac{m\sqrt{y}}{\sigma^2}, \quad 0 < y < \infty \tag{2.49}$$

になる．とくに，$m=0$ の場合には，簡単に

$$q(y) = \frac{1}{\sqrt{2\pi y}\sigma}\exp\left(-\frac{y}{2\sigma^2}\right), \quad 0 < y < \infty \tag{2.50}$$

と表される．式 (2.49) で求められた $q(y)$ のグラフを $\eta = m/\sigma$ をパラメータにして描くと図 2.8 になる．

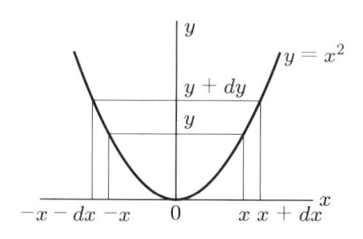

図 2.7　変換関数 $y = x^2$ と微小区間の対応

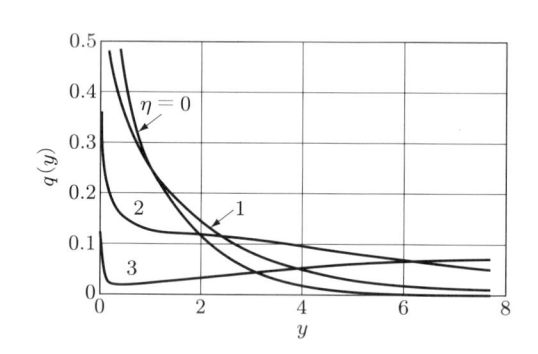

図 2.8　二乗則回路を通過したガウス雑音の確率密度関数

2.3　2変数および多変数の確率密度関数

同一のランダム過程において，任意の時間離れたいくつかの時点における値，あるいは複数のランダム過程の同一時点における値などは，多変数の確率密度関数や分布関数によって表現される．実用上多く用いられるのは2変数の場合であるから，この場合について詳しく述べる．ランダム変数 x_1 がレベル x_1 と $x_1 + dx_1$ の間の値をとり，同時に x_2 がレベル x_2 と $x_2 + dx_2$ の間の値をとる確率 (素分) は

$$p(x_1, x_2)\, dx_1 dx_2 \tag{2.51}$$

によって表される．$p(x_1, x_2)$ は **2変数結合確率密度関数** (bivariate joint probability density function) とよばれる．また，対応する **2変数結合確率分布関数** (bivariate joint probability dinstribution function) は，同時に定められたレベル x_1, x_2 以下になる確率であるから，

$$P(x_1, x_2) = \int_{-\infty}^{x_1} \int_{-\infty}^{x_2} p(x_1, x_2) \, dx_1 dx_2 \tag{2.52}$$

と表される．また，逆の関係として

$$p(x_1, x_2) = \frac{\partial^2}{\partial x_1 \partial x_2} P(x_1, x_2) \tag{2.53}$$

が成り立つ．2変数確率密度関数は次式に示す正規化の関係を満足する．

$$P(\infty, \infty) = \int_{-\infty}^{\infty} \int_{-\infty}^{\infty} p(x_1, x_2) \, dx_1 dx_2 = 1 \tag{2.54}$$

1変数の確率密度関数は，$p(x_1, x_2)$ を**周辺積分** (marginal integration) することによってそれぞれ次のように求められる．

$$\left. \begin{array}{l} p(x_1) = \displaystyle\int_{-\infty}^{\infty} p(x_1, x_2) \, dx_2 \\ p(x_2) = \displaystyle\int_{-\infty}^{\infty} p(x_1, x_2) \, dx_1 \end{array} \right\} \tag{2.55}$$

また，x_1 と x_2 が互いに独立変数であれば

$$p(x_1, x_2) = p(x_1) p(x_2) \tag{2.56}$$

が成り立つ．逆に，式 (2.56) の関係が満たされるとき，x_1 と x_2 は互いに**独立** (independent) になる．

2変数の**結合モーメント** (joint moment) は

$$\overline{x_1{}^m x_2{}^n} = \int_{-\infty}^{\infty} \int_{-\infty}^{\infty} x_1{}^m x_2{}^n p(x_1, x_2) \, dx_1 dx_2 \tag{2.57}$$

で与えられる．2変数の場合に重要な統計量は，平均値 $\overline{x_1} = m_1$，$\overline{x_2} = m_2$ のまわりの1次モーメント，すなわち**共分散** (covariance) で，

$$\begin{aligned} \mu_{12} &= \overline{(x_1 - m_1)(x_2 - m_2)} \\ &= \int_{-\infty}^{\infty} \int_{-\infty}^{\infty} (x_1 - m_1)(x_2 - m_2) p(x_1, x_2) \, dx_1 dx_2 \end{aligned} \tag{2.58}$$

のように表される．共分散を分散を用いて正規化した量

$$\rho = \frac{\mu_{12}}{\sqrt{\sigma_1{}^2 \sigma_2{}^2}} \tag{2.59}$$

を**相関係数** (correlation coefficient) という．ここに，

$$\sigma_1{}^2 = \overline{(x_1 - m_1)^2}, \quad \sigma_2{}^2 = \overline{(x_2 - m_2)^2} \tag{2.60}$$

である．また，$\mu_{12} = \mu_{21}$ が成り立ち，$|\rho| \leqq 1$ である．

2 変数結合特性関数 (bivariate joint characteristic function) は

$$\psi(\xi_1, \xi_2) = \overline{\exp(-j\xi_1 x_1 - j\xi_2 x_2)}$$

$$= \int_{-\infty}^{\infty} \int_{-\infty}^{\infty} \exp(-j\xi_1 x_1 - j\xi_2 x_2)\, p(x_1, x_2) dx_1 dx_2 \tag{2.61}$$

によって定義される．これは **2 次元フーリエ変換** (two-dimensional Fourier transform) である．2 変数の確率密度関数は逆フーリエ変換によって，次のように表される．

$$p(x_1, x_2) = \left(\frac{1}{2\pi}\right)^2 \int_{-\infty}^{\infty} \int_{-\infty}^{\infty} \exp(j\xi_1 x_1 + j\xi_2 x_2) \psi(\xi_1, \xi_2)\, d\xi_1 d\xi_2 \tag{2.62}$$

結合モーメントは，特性関数の偏微分を用いて

$$\overline{x_1{}^m x_2{}^n} = j^{m+n} \left[\frac{\partial^{m+n}}{\partial \xi_1{}^m \partial \xi_2{}^n} \psi(\xi_1, \xi_2)\right]_{\xi_1 = \xi_2 = 0} \tag{2.63}$$

のように表現できる．

2 変数ガウス分布の確率密度関数は次式で表される．

$$p(x_1, x_2) = \frac{1}{2\pi \sigma_1 \sigma_2 \sqrt{1-\rho^2}}$$
$$\cdot \exp\left\{-\frac{1}{2(1-\rho^2)}\left[\frac{(x_1-m_1)^2}{\sigma_1{}^2} - 2\rho \frac{(x_1-m_1)(x_2-m_2)}{\sigma_1 \sigma_2} + \frac{(x_2-m_2)^2}{\sigma_2{}^2}\right]\right\},$$
$$-\infty < x_1, x_2 < \infty \tag{2.64}$$

とくに，$m_1 = m_2 = 0$，$\sigma_1 = \sigma_2 = \sigma$ ならば，次のように簡単になる．

$$p(x_1, x_2) = \frac{1}{2\pi \sigma^2 \sqrt{1-\rho^2}} \exp\left[-\frac{x_1{}^2 - 2\rho x_1 x_2 + x_2{}^2}{2\sigma^2(1-\rho^2)}\right],$$
$$-\infty < x_1, x_2 < \infty \tag{2.65}$$

2 変数ガウス分布の特性関数は次式で与えられる．

$$\psi(\xi_1, \xi_2) = \exp\left[-j(\xi_1 m_1 + \xi_2 m_2) - \frac{1}{2}(\sigma_1{}^2 \xi_1{}^2 - 2\rho \sigma_1 \sigma_2 \xi_1 \xi_2 + \sigma_2{}^2 \xi_2{}^2)\right] \tag{2.66}$$

2 変数の場合において，ランダム変数 x_1, x_2 から 1 対 1 の関係

$$y_1 = f_1(x_1, x_2), \quad y_2 = f_2(x_1, x_2) \tag{2.67}$$

で結ばれる新しい変数 y_1, y_2 への変換は，次のように導くことができる．

新しい変数の確率密度関数を $q(y_1, y_2)$ とすると，確率素分の対応から

$$q(y_1, y_2)\, dy_1 dy_2 = p(x_1, x_2)\, dx_1 dx_2 \tag{2.68}$$

となる．変換の**ヤコビアン** (Jacobian) を J とすれば，

$$J = \frac{\partial(x_1, x_2)}{\partial(y_1, y_2)} = \begin{vmatrix} \frac{\partial x_1}{\partial y_1} & \frac{\partial x_1}{\partial y_2} \\ \frac{\partial x_2}{\partial y_1} & \frac{\partial x_2}{\partial y_2} \end{vmatrix} \tag{2.69}$$

であるから，

$$q(y_1, y_2) = |J| p(x_1, x_2) \tag{2.70}$$

となる．式 (2.70) の右辺の x_1, x_2 には，式 (2.67) を解いて，

$$\left. \begin{array}{l} x_1 = g_1(y_1, y_2) \\ x_2 = g_2(y_1, y_2) \end{array} \right\} \tag{2.71}$$

の形にして代入するので，逆関数が容易に得られるものでなければ変換は難しい．

多変数 (n 変数) の確率密度関数や**分布関数** (multivariate probability density and distribution function) も応用において重要である．最も多く用いられるのはガウス分布であって，その確率密度関数は

$$p(x_1, x_2, \cdots, x_n)$$
$$= (2\pi)^{-n/2} |M|^{-1/2} \exp\left[-\frac{1}{2} \sum_{i=1}^{n} \sum_{j=1}^{n} |M|_{ij} \frac{(x_i - m_i)(x_j - m_j)}{|M|} \right]$$
$$-\infty < x_1, \cdots, x_n < \infty \tag{2.72}$$

と表される．ここに，平均値と共分散は

$$\overline{x_i} = m_i, \quad \mu_{ij} = \overline{(x_i - m_i)(x_j - m_j)} \tag{2.73}$$

であり，$|M|$ は n 行 n 列の対称な行列式で，**共分散行列式** (determinant of covariance) とよばれ，

$$|M| = \begin{vmatrix} \mu_{11} & \mu_{12} & \cdots & \mu_{1n} \\ \mu_{21} & \mu_{22} & \cdots & \mu_{2n} \\ & \cdots\cdots\cdots & & \\ \mu_{n1} & \mu_{n2} & \cdots & \mu_{nn} \end{vmatrix} \tag{2.74}$$

と表される．ただし，$\mu_{ij} = \mu_{ji}$ である．また，$|M|_{ij}$ は μ_{ij} の**余因数** (cofactor) で

$$|M|_{11} = \begin{vmatrix} \mu_{22} & \mu_{23} & \cdots & \mu_{2n} \\ \mu_{32} & \mu_{33} & \cdots & \mu_{3n} \\ \cdots & \cdots & \cdots & \cdots \\ \mu_{n2} & \mu_{n3} & \cdots & \mu_{nn} \end{vmatrix} \tag{2.75}$$

$$|M|_{12} = -\begin{vmatrix} \mu_{21} & \mu_{23} & \cdots & \mu_{2n} \\ \mu_{31} & \mu_{33} & \cdots & \mu_{3n} \\ \cdots & \cdots & \cdots & \cdots \\ \mu_{n1} & \mu_{n3} & \cdots & \mu_{nn} \end{vmatrix} \tag{2.76}$$

などのように求められる．このように，ガウス分布の確率密度関数は平均値と共分散のみによって決定される．

n 個の変数が互いに独立ならば，結合確率密度関数は，1 変数確率密度関数の積

$$p(x_1, x_2, \cdots, x_n) = \prod_{i=1}^{n} p(x_i) \tag{2.77}$$

によって表される．独立なガウス分布の場合は次の表現になる．

$$p(x_1, x_2, \cdots, x_n)$$
$$= \frac{1}{(2\pi)^{n/2} \sigma_1 \sigma_2 \cdots \sigma_n} \exp\left[-\frac{1}{2} \sum_{i=1}^{n} \frac{(x_i - m_i)^2}{\sigma_i^2}\right] \tag{2.78}$$
$$-\infty < x_i, \cdots, x_n < \infty$$

多変数の特性関数 (multivariate characteristic function) は

$$\psi(\xi_1, \xi_2, \cdots, \xi_n) = \overline{\exp\left(-j \sum_{i=1}^{n} \xi_i x_i\right)} \tag{2.79}$$

によって定義される．ガウス分布の特性関数は

$$\psi(\xi_1, \xi_2, \cdots, \xi_n) = \exp\left[-j \sum_{i=1}^{n} \xi_i m_i - \frac{1}{2} \sum_{i=1}^{n} \sum_{j=1}^{n} \rho_{ij} \sigma_i \sigma_j \xi_i \xi_j\right] \tag{2.80}$$

となる．ここに，ρ_{ij} は x_i と x_j の間の相関係数である．

2.4 正領域ランダム変数の解析

　雑音やフェージングを受けた受信波，光通信における受信光の包絡線や電力，強度などは正(非負)の値のみをとり，負の値はとらない．このような正領域ランダム変数については，2.2節や2.3節で述べた方法以外にも簡便な解析手法がある．

　一般的に正負の値をとる変数については，すでに述べたように，特性関数としてフーリエ変換形のタイプが用いられる．むろん，フーリエ変換形の特性関数は正領域変数の場合にも適用できるが，むしろ次に述べるように，**ラプラス変換** (Laplace transform) や**ハンケル変換** (Hankel transform) によって定義される特性関数によるほうが便利である．とくに雑音やフェージング信号の包絡線の場合は，後述するように確率密度関数の多くが指数関数を含み，指数部の変数は二乗形になったものが多いので，特性関数としては，

$$\phi(z) = \int_0^\infty \exp(-zR^2) p(R) \, dR \tag{2.81}$$

の形のものが用いられる．対応する確率密度関数は，**逆ラプラス変換** (inverse Laplace transform)

$$p(R) = \frac{2R}{2\pi j} \int_{c-j\infty}^{c+j\infty} \exp(zR^2) \phi(z) \, dz \tag{2.82}$$

によって表される．また，確率分布関数は

$$P(R) = \frac{1}{2\pi j} \int_{c-j\infty}^{c+j\infty} \exp(zR^2) \phi(z) \frac{dz}{z} \tag{2.83}$$

となる．積分路は虚軸に平行な直線であり，すべての特異点がこの直線の左に位置するように選ばれる．単に特性関数といえば，2.2節で定義されたフーリエ変換形の特性関数 $\psi(\xi)$ を指す．そのため，式(2.81)で定義される特性関数 $\phi(z)$ を**ラプラス変換形の特性関数**とよんで区別している．

　正領域の変数に用いられる特性関数としては，このほかに**ハンケル変換形の特性関数**

$$F(\lambda) = \int_0^\infty J_0(\lambda R) p(R) \, dR \tag{2.84}$$

が知られている．$F(\lambda)$ を用いると，確率密度関数と分布関数は**逆ハンケル変換** (inverse Hankel transform) により，

$$p(R) = R \int_0^\infty \lambda J_0(\lambda R) F(\lambda) \, d\lambda \tag{2.85}$$

$$P(R) = R \int_0^\infty J_1(\lambda R) F(\lambda) \, d\lambda \tag{2.86}$$

と表される．$J_n(x)$ は第 1 種 n 次の**ベッセル関数** (Bessel function) である．

特性関数を微分すると，偶数次モーメントが次のように求められる．

$$\overline{R^{2n}} = (-1)^n \left[\frac{d^n}{dz^n}\phi(z)\right]_{z=0} \tag{2.87}$$

$$\overline{R^{2n}} = (-1)^n 2^{2n} n! \left[\frac{d^n}{d(\lambda^2)^n}F(\lambda)\right]_{\lambda=0} \tag{2.88}$$

重要な正領域の確率変数について，確率密度関数，分布関数，ラプラス変換形およびハンケル変換形の特性関数を次に示す．

(1) レイリー分布 (Rayleigh distribution)

$$p(R) = \frac{2R}{\Omega}\exp\left(-\frac{R^2}{\Omega}\right), \quad 0 \leqq R < \infty \tag{2.89}$$

$$P(R) = 1 - \exp\left(-\frac{R^2}{\Omega}\right), \quad 0 \leqq R < \infty \tag{2.90}$$

$$\phi(z) = \frac{1}{1+\Omega z} \tag{2.91}$$

$$F(\lambda) = \exp\left(-\frac{\Omega\lambda^2}{4}\right) \tag{2.92}$$

ここに，$\overline{R^2} = \Omega$ である．確率密度関数と分布関数は図 2.9 に示されている．

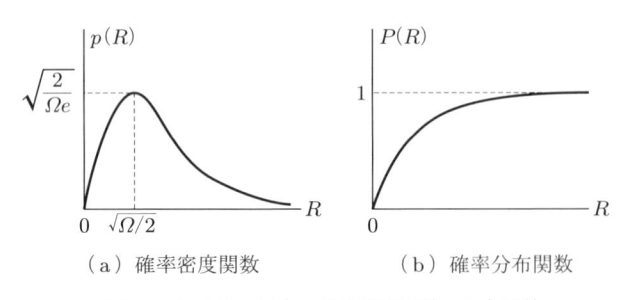

(a) 確率密度関数　　(b) 確率分布関数

図 **2.9**　レイリー分布の確率密度関数と分布関数

(2) 仲上 - ライス分布 (Nakagami-Rice distribution)

$$p(R) = \frac{2R}{\sigma}\exp\left[-\frac{R^2+R_0^2}{\sigma}\right] I_0\left(\frac{2RR_0}{\sigma}\right), \quad 0 \leqq R < \infty \tag{2.93}$$

$$P(R) = 1 - Q\left(R_0\sqrt{\frac{2}{\sigma}},\ R\sqrt{\frac{2}{\sigma}}\right), \quad 0 \leqq R < \infty \tag{2.94}$$

$$\phi(z) = \frac{1}{1+\sigma z} \exp\left(-\frac{zR_0^2}{1+\sigma z}\right) \tag{2.95}$$

$$F(\lambda) = \exp\left(-\frac{\sigma\lambda^2}{4}\right) J_0(\lambda R_0) \tag{2.96}$$

ここに，$\overline{R^2} = \sigma + R_0^2$ であり，$I_0(x)$ は第 1 種 0 次の**変形ベッセル関数** (modified Bessel function)，$Q(x, y)$ は**マーカムの Q 関数** (Marcum's Q-function) をそれぞれ表す．マーカムの Q 関数は次式で定義される．

$$Q(x, y) = \int_y^\infty \exp\left(-\frac{x^2+t^2}{2}\right) I_0(xt) t\, dt \tag{2.97}$$

(3) m 分布 (m-distribution)

$$p(R) = \frac{2m^m R^{2m-1}}{\Gamma(m)\Omega^m} \exp\left(-\frac{mR^2}{\Omega}\right), \quad 0 \leqq R < \infty \tag{2.98}$$

$$P(R) = \frac{1}{\Gamma(m)} \gamma\left(m, \frac{mR^2}{\Omega}\right), \quad 0 \leqq R < \infty \tag{2.99}$$

$$\phi(z) = \frac{1}{(1+\Omega z/m)^m} \tag{2.100}$$

$$F(\lambda) = \exp\left(-\frac{\Omega\lambda^2}{4m}\right) {}_1F_1\left(1-m; 1; \frac{\Omega\lambda^2}{4m}\right) \tag{2.101}$$

ただし，$\overline{R^2} = \Omega$ であり，m は変動の深さを示すパラメータで，$1/2 \leqq m < \infty$ である．とくに $m = 1$ のとき，m 分布はレイリー分布に一致する．なお，$\Gamma(x)$ は**ガンマ関数** (Gamma function)，$\gamma(x, y)$ は第 1 種**不完全ガンマ関数** (incomplete Gamma function)，${}_1F_1(a; c; x)$ は**合流形超幾何関数** (confluent hypergeometric function) である．

ガンマ関数は

$$\Gamma(x) = \int_0^\infty t^{x-1} \exp(-t)\, dt, \quad x > 0 \tag{2.102}$$

第 1 種不完全ガンマ関数は

$$\gamma(x, y) = \int_0^y t^{x-1} \exp(-t)\, dt, \quad x > 0 \tag{2.103}$$

によって，また合流形超幾何関数は次式で定義される．

$${}_1F_1(a; c; x) = \sum_{n=0}^\infty \left[\frac{(a)_n}{(c)_n}\right] \frac{x^n}{n!}, \quad -\infty < x < \infty \tag{2.104}$$

$$(a)_n = a(a+1)(a+2)\cdots(a+n-1), \quad (a)_0 = 1$$

正領域 2 変数の場合には，2 次元に拡張したラプラス変換形特性関数やハンケル変換形特性関数が用いられる．ラプラス変換形の 2 変数結合特性関数と確率密度関数の関係は次のとおりである．

$$\phi(z_1, z_2) = \int_0^\infty \int_0^\infty \exp(-z_1 R_1^2 - z_2 R_2^2) p(R_1, R_2) \, dR_1 dR_2 \tag{2.105}$$

$$p(R_1, R_2) = \frac{4R_1 R_2}{(2\pi j)^2} \int_{c-j\infty}^{c+j\infty} \int_{c-j\infty}^{c+j\infty} \exp(z_1 R_1^2 + z_2 R_2^2) \phi(z_1, z_2) \, dz_1 dz_2 \tag{2.106}$$

ハンケル変換形については次の関係が成り立つ．

$$F(\lambda_1, \lambda_2) = \int_0^\infty \int_0^\infty J_0(\lambda_1 R_1) J_0(\lambda_2 R_2) p(R_1, R_2) \, dR_1 dR_2 \tag{2.107}$$

$$p(R_1, R_2) = R_1 R_2 \int_0^\infty \int_0^\infty \lambda_1 \lambda_2 J_0(\lambda_1 R_1) J_0(\lambda_2 R_2) F(\lambda_1, \lambda_2) \, d\lambda_1 d\lambda_2 \tag{2.108}$$

2 変数結合確率分布関数も同様に導かれる．

レイリー分布の 2 変数結合確率密度関数は次式で表される．

$$p(R_1, R_2) = \frac{4R_1 R_2}{\Omega_1 \Omega_2 (1-k^2)} \exp\left[-\frac{1}{1-k^2}\left(\frac{R_1^2}{\Omega_1} + \frac{R_2^2}{\Omega_2}\right)\right]$$

$$\cdot I_0\left[\frac{2k R_1 R_2}{\sqrt{\Omega_1 \Omega_2}(1-k^2)}\right], \quad 0 \leqq R_1, \, R_2 < \infty \tag{2.109}$$

ここに，$\overline{R_1^2} = \Omega_1$, $\overline{R_2^2} = \Omega_2$ であり，k^2 は R_1^2 と R_2^2 との間の相関係数 (電力相関係数) である．

2 変数レイリー分布のラプラス変換形と，ハンケル変換形の特性関数は，それぞれ次のように表される．

$$\phi(z_1, z_2) = \frac{1}{(1+\Omega_1 z_1)(1+\Omega_2 z_2) - k^2 \Omega_1 \Omega_2 z_1 z_2} \tag{2.110}$$

$$F(\lambda_1, \lambda_2) = \exp\left[-\frac{\Omega_1 \lambda_1^2 + \Omega_2 \lambda_2^2}{4}\right] I_0\left(\frac{k \lambda_1 \lambda_2 \sqrt{\Omega_1 \Omega_2}}{2}\right) \tag{2.111}$$

例題 2.3 R_1, R_2 を二つのベクトルの振幅，ϕ をベクトル間の位相差とすると，合成ベクトルの振幅は

$$R = \sqrt{R_1^2 + R_2^2 + 2R_1 R_2 \cos\phi} \tag{2.112}$$

と表される．ベクトルの振幅および位相は互いに独立なランダム変数で，振幅 R_1, R_2 が二乗平均値 Ω_1, Ω_2 をもつレイリー分布，位相差 ϕ が一様分布

$$p(\phi) = \frac{1}{2\pi}, \quad -\pi < \phi \leqq \pi \tag{2.113}$$

に従うとき，合成ベクトル振幅 R の確率密度関数を求めよ．

■ **解** ベクトル振幅 R について，ハンケル変換形の特性関数は

$$F(\lambda) = \int_{-\pi}^{\pi} \int_0^{\infty} \int_0^{\infty} J_0(\lambda\sqrt{R_1^2 + R_2^2 + 2R_1R_2\cos\phi})$$
$$\cdot p(R_1)p(R_2)p(\phi)\,dR_1dR_2d\phi \tag{2.114}$$

と表せる．**ノイマン (Neumann) の加法定理**

$$J_0(\lambda\sqrt{R_1^2 + R_2^2 + 2R_1R_2\cos\phi})$$
$$= J_0(\lambda R_1)J_0(\lambda R_2) + 2\sum_{n=1}^{\infty} J_n(\lambda R_1)J_n(\lambda R_2)\cos n\phi \tag{2.115}$$

を用いて変形し，まず ϕ について積分すると

$$F(\lambda) = F_1(\lambda)F_2(\lambda) \tag{2.116}$$

となる．ここに，$F_1(\lambda)$ と $F_2(\lambda)$ は，それぞれレイリー分布に従うベクトル成分の振幅 R_1 と R_2 のハンケル変換形特性関数で，式 (2.92) によって与えられる．

したがって，合成ベクトル振幅については

$$F(\lambda) = \exp\left[-\frac{(\Omega_1 + \Omega_2)\lambda^2}{4}\right] \tag{2.117}$$

と表せる．この形は，二乗平均値がそれぞれのベクトル成分の和

$$\overline{R^2} = \Omega_1 + \Omega_2 \tag{2.118}$$

に等しいレイリー分布のハンケル形特性関数を表している．

それゆえ，合成ベクトル振幅の確率密度関数は

$$p(R) = \frac{2R}{\Omega_1 + \Omega_2}\exp\left(-\frac{R^2}{\Omega_1 + \Omega_2}\right), \quad 0 \leqq R < \infty \tag{2.119}$$

と表される． ◀■

2.5 相関関数と電力スペクトル密度

ランダム過程 $x(t)$ は定常エルゴード過程であるとする．**自己相関関数** (auto correlation function) $R(\tau)$ は，時間 τ だけ離れた関数値の積の集合平均であって，

$$x_1 = x(t), \quad x_2 = x(t+\tau) \tag{2.120}$$

とおくと，

$$R(\tau) = \overline{x(t)x(t+\tau)} = \int_{-\infty}^{\infty}\int_{-\infty}^{\infty} x_1 x_2 p(x_1, x_2)\,dx_1dx_2 \tag{2.121}$$

と表される．$x(t)$ は定常過程であるから相関関数は時刻に無関係で，時間差 τ のみの関数である．エルゴード性により時間平均と集合平均は一致する．それゆえ，自己相関関数はまた次のように表せる．

$$R(\tau) = \lim_{T \to \infty} \frac{1}{T} \int_{-T/2}^{T/2} x(t)x(t+\tau)\,dt \tag{2.122}$$

$R(\tau)$ のフーリエ変換を $G(f)$ とすると

$$G(f) = \int_{-\infty}^{\infty} R(\tau) \exp(-j2\pi f\tau)\,d\tau \tag{2.123}$$

であり，対応する逆変換は

$$R(\tau) = \int_{-\infty}^{\infty} G(f) \exp(j2\pi f\tau)\,df \tag{2.124}$$

で与えられる．これらの関係は**ウィーナー‐ヒンチンの定理** (Wiener-Khintchine theorem) とよばれる．式 (2.124) で $\tau = 0$ とおくと，

$$R(0) = \overline{x^2(t)} = \int_{-\infty}^{\infty} G(f)\,df \tag{2.125}$$

が得られる．$\overline{x^2(t)}$ は平均電力であるから，$G(f)df$ は周波数 f と $f + df$ の間のスペクトル成分のもつ平均電力に相当する．$G(f)$ を**電力スペクトル密度** (power spectral density) という．

次に，電力スペクトル密度 $G(f)$ をランダム過程 $x(t)$ と直接結びつける関係を導く．ランダム過程の標本波は非周期で無限に続く波形であるから，フーリエ積分が収束せず，そのままではフーリエ変換はできない．しかし，区間 $(-T/2, T/2)$ において $x(t)$ に一致し，それ以外では 0 になるような波形

$$x_T(t) = \begin{cases} x(t), & |t| \leqq \dfrac{T}{2} \\ 0, & |t| > \dfrac{T}{2} \end{cases} \tag{2.126}$$

を考えるならば，収束の条件

$$\int_{-\infty}^{\infty} |x_T(t)|\,dt = \int_{-T/2}^{T/2} |x(t)|\,dt < \infty \tag{2.127}$$

が満足されるので，フーリエ変換

$$\begin{aligned} X_T(f) &= \int_{-\infty}^{\infty} x_T(t) \exp(-j2\pi ft)\,dt \\ &= \int_{-T/2}^{T/2} x(t) \exp(-j2\pi ft)\,dt \end{aligned} \tag{2.128}$$

が求められる．また，逆変換の関係によって，次式が得られる．

$$x_T(t) = \int_{-\infty}^{\infty} X_T(f) \exp(j2\pi ft) \, df \tag{2.129}$$

式 (2.122) の自己相関関数は，$x_T(t)$ を用いると

$$R(\tau) = \lim_{T \to \infty} \frac{1}{T} \int_{-\infty}^{\infty} x_T(t) x_T(t+\tau) \, dt \tag{2.130}$$

と表せる．式 (2.130) に式 (2.129) を代入し，

$$\int_{-\infty}^{\infty} \exp(j2\pi ft) dt = \delta(f) \tag{2.131}$$

$$X_T(-f) = X_T{}^*(f) \tag{2.132}$$

を用いて変形すると，

$$R(\tau) = \lim_{T \to \infty} \frac{1}{T} \int_{-\infty}^{\infty} |X_T(f)|^2 \exp(j2\pi f\tau) \, df$$

$$= \int_{-\infty}^{\infty} \lim_{T \to \infty} \frac{|X_T(f)|^2}{T} \exp(j2\pi f\tau) \, df \tag{2.133}$$

が得られる．したがって，式 (2.124) との対応から，電力スペクトル密度は

$$G(f) = \lim_{T \to \infty} \frac{|X_T(f)|^2}{T} \tag{2.134}$$

のように表すことができる．実際には，電力スペクトル密度 $G(f)$ は一つの標本波形のものだけでなく，それらの集合平均が重要である．それゆえ，

$$G(f) = \lim_{T \to \infty} \frac{\overline{|X_T(f)|^2}}{T} \tag{2.135}$$

である．

二つのランダム過程 $x_1(t)$ と $x_2(t)$ の**相互相関関数** (cross-correlation function) は

$$R_{12}(\tau) = \overline{x_1(t) x_2(t+\tau)} = R_{21}(-\tau) \tag{2.136}$$

で定義され，**相互電力スペクトル密度** (cross-power spectral density) $G_{12}(f)$ とフーリエ変換対をなす．すなわち，

$$G_{12}(f) = \int_{-\infty}^{\infty} R_{12}(\tau) \exp(-j2\pi f\tau) \, d\tau \tag{2.137}$$

$$R_{12}(\tau) = \int_{-\infty}^{\infty} G_{12}(f) \exp(j2\pi f\tau) \, df \tag{2.138}$$

が成り立つ．

ランダム過程の区間 $(-T/2, T/2)$ における波形 $x_{1T}(t)$ と $x_{2T}(t)$ のフーリエ変換 (周波数スペクトル密度) をそれぞれ $X_{1T}(f), X_{2T}(f)$ とすれば，相互電力スペクトル密度は

$$G_{12}(f) = \lim_{T \to \infty} \frac{\overline{|X_{1T}(f) X_{2T}(f)|}}{T} \tag{2.139}$$

によって与えられる．

伝送路において加わる雑音の中で代表的なものは**白色雑音** (white noise) である．理想化された白色雑音の電力スペクトル密度は，すべての周波数にわたって平坦で

$$G(f) = \frac{n_0}{2}, \quad |f| < \infty \tag{2.140}$$

と表される．「白色」という名称は，広い周波数帯にわたって一様なスペクトルをもつ白色光を連想させるからである．実際には，雑音のスペクトル広がりが通信系の帯域幅に比べて広く，帯域内で一定であれば，白色雑音とみなしてよい．

白色雑音の自己相関関数は

$$R(\tau) = \int_{-\infty}^{\infty} \frac{n_0}{2} \exp(j 2\pi f_T) \, df = \frac{n_0}{2} \delta(\tau) \tag{2.141}$$

になり，デルタ関数で表される．それゆえ，白色雑音については，時間がわずかでも離れた2点間の相関は0になることがわかる．

周波数が $|f| \leqq B$ に制限された低域の白色雑音の場合には，

$$G(f) = \begin{cases} \dfrac{n_0}{2}, & |f| \leqq B \\ 0, & |f| > B \end{cases} \tag{2.142}$$

であるから，自己相関関数は

$$R(\tau) = \int_{-B}^{B} \frac{n_0}{2} \exp(j 2\pi f \tau) \, df = N \left(\frac{\sin 2\pi B \tau}{2\pi B \tau} \right) \tag{2.143}$$

となる．ここに，$N = R(0) = n_0 B$ は平均電力を表す．

また，周波数 f_c を中心にして帯域幅 B をもつ帯域フィルタを通過した白色雑音の電力スペクトル密度は，

$$G(f) = \begin{cases} \dfrac{n_0}{2}, & |f - f_c| \leqq \dfrac{B}{2} \\ 0, & |f - f_c| > \dfrac{B}{2} \end{cases} \tag{2.144}$$

である．したがって，この場合の自己相関関数は次のように表せる．

$$R(\tau) = \int_{-f_c - B/2}^{-f_c + B/2} \frac{n_0}{2} \exp(j 2\pi f \tau) \, df + \int_{f_c - B/2}^{f_c + B/2} \frac{n_0}{2} \exp(j 2\pi f \tau) \, df$$

$$= N\left(\frac{\sin \pi B\tau}{\pi B\tau}\right)\cos 2\pi f_c\tau \tag{2.145}$$

図 2.10 に白色雑音の電力スペクトル密度と自己相関関係の対応を示す．

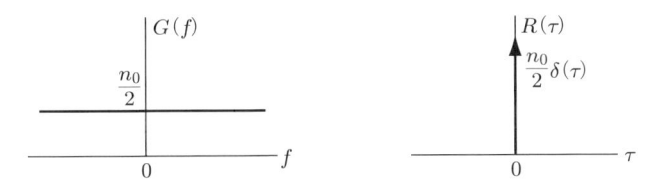

(a) 白色雑音 (帯域制限なし)

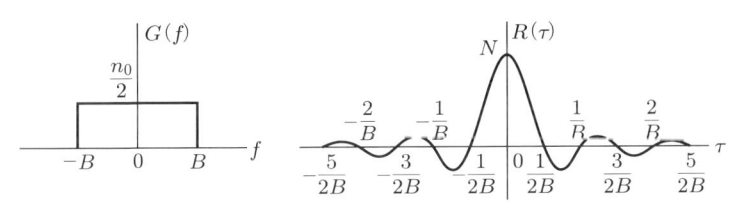

(b) 低域の白色雑音

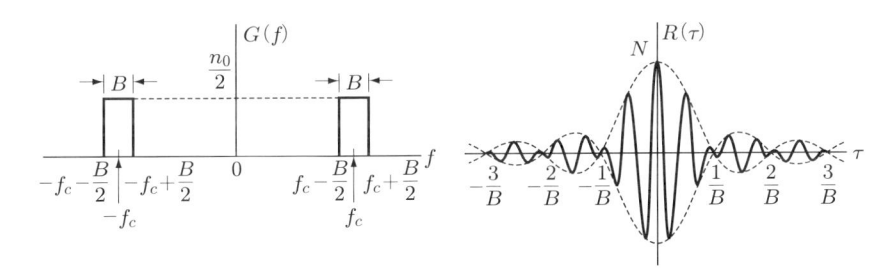

(c) 狭帯域の白色雑音

図 2.10 白色雑音の電力密度スペクトルと自己相関関係

2.6 狭帯域ガウス雑音

　情報信号の帯域幅は有限の範囲に限られているから，変調された波形のスペクトルは搬送波を中心にした狭い周波数帯に集中する．また，通信路の伝送帯域幅は有限であるし，さらに受信側では，不要な雑音を除去するために高周波や中間周波などの帯域通過フィルタを用いている．次に，中心周波数の付近の狭い帯域を通過した雑音の性質について考える．このような雑音を **狭帯域雑音** (narrow-band noise) とよんでいる．

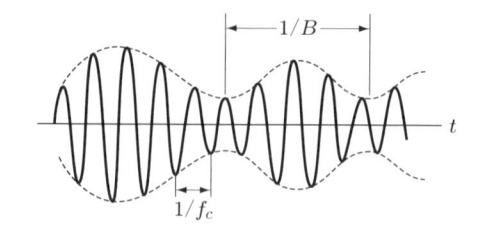

図 2.11 狭帯域雑音の波形

搬送波周波数 f_c のまわりの狭い帯域を通過した雑音は，図 2.11 に示すように，中心周波数 f_c をもつ正弦波の形状に似ているが，その包絡線と位相はフィルタの帯域幅程度の周波数でランダムに動揺している．

狭帯域雑音は周波数 f_c を中心にした周波数間隔 Δf の多数の正弦波の集まりと考えられるから，

$$n(t) = \sum_{k=-N}^{N} C_k \cos[2\pi(f_c + k\Delta f)t + \phi_k] \tag{2.146}$$

と表すことができる．帯域幅は $B = 2N\Delta f$ であり，最低周波数は $f_c - N\Delta f$，最高周波数は $f_c + N\Delta f$ である．

式 (2.146) は

$$n(t) = x(t)\cos 2\pi f_c t - y(t)\sin 2\pi f_c t \tag{2.147}$$

と変形できる．ここに，

$$x(t) = \sum_{k=-N}^{N} C_k \cos[2\pi k\Delta f t + \phi_k] \tag{2.148}$$

$$y(t) = \sum_{k=-N}^{N} C_k \sin[2\pi k\Delta f t + \phi_k] \tag{2.149}$$

である．$B \ll f_c$ であるから，$x(t)$ と $y(t)$ の変化は搬送波に比べて十分ゆるやかになる．$x(t)$ を**低域同相成分**，$y(t)$ を**低域直交成分**とよんでいる．

このように，低域成分 $x(t)$ と $y(t)$ はいずれも多数の正弦波からなり，位相 ϕ_k はランダムな値をとる．実際，これらの位相が互いに独立な変数とみなされることから，中心極限定理によって低域成分はガウス変数になる．このような雑音を**ガウス雑音** (gaussian noise) とよんでいる．

時刻 t を固定したとき，ϕ_k が互いに独立で，$(-\pi, \pi)$ にわたって一様分布するものと考えて集合平均をとると，

$$\left.\begin{aligned}&\overline{x(t)}=\overline{y(t)}=0,\quad \overline{x(t)y(t)}=0\\&\overline{x^2(t)}=\overline{y^2(t)}=\frac{1}{2}\sum_{k=-N}^{N}C_k^2\\&\to \int_{-B/2}^{B/2}G_x(f)\,df=\int_{-B/2}^{B/2}G_y(f)\,df=\sigma^2\end{aligned}\right\} \quad (2.150)$$

になる．ここに，$G_x(f)$ と $G_y(f)$ は低域同相成分 $x(t)$ と直交成分 $y(t)$ の電力スペクトル密度である．

狭帯域過程 $n(t)$ の電力スペクトル密度を $G_n(f)$ とすると

$$G_x(f)=G_y(f)=\begin{cases} G_n(f+f_c)+G_n(f-f_c), & |f|\leqq \dfrac{B}{2}\\ 0, & |f|>\dfrac{B}{2}\end{cases} \quad (2.151)$$

であり，とくに $G_n(f)$ が搬送波周波数 f_c のまわりに対称である場合には，

$$G_x(f)=G_y(f)=2G_n(f+f_c),\ |f|\leqq \frac{B}{2} \quad (2.152)$$

と表せる．白色雑音ならば次のようになる．

$$G_n(f)=\frac{n_0}{2},\qquad |f-f_c|\leqq \frac{B}{2} \quad (2.153)$$

$$G_x(f)=G_y(f)=n_0,\quad |f|\leqq \frac{B}{2} \quad (2.154)$$

狭帯域雑音はまた，包絡線 $R(t)$ と位相 $\phi(t)$ を用いて

$$n(t)=R(t)\cos[2\pi f_c t+\phi(t)] \quad (2.155)$$

のように表せる．ここに，

$$R(t)=\sqrt{x^2(t)+y^2(t)} \quad (2.156)$$

$$\phi(t)=\tan^{-1}\frac{y(t)}{x(t)} \quad (2.157)$$

であり，いずれもフィルタの帯域幅 B 程度の周波数でゆるやかに変化する．

次に，包絡線と位相の確率密度関数を求める．低域成分 $x(t),y(t)$ は平均値 0 の独立なガウス変数であるから，それらの結合確率密度関数は

$$p(x,y)=\frac{1}{2\pi\sigma^2}\exp\left(-\frac{x^2+y^2}{2\sigma^2}\right),\quad -\infty<x,y<\infty \quad (2.158)$$

と表される．ここで極座標への変数変換

$$x=R\cos\phi,\quad y=R\sin\phi \quad (2.159)$$

を行う．変換のヤコビアンは

$$J = \frac{\partial(x,y)}{\partial(R,\phi)} = \begin{vmatrix} \cos\phi & -R\sin\phi \\ \sin\phi & R\cos\phi \end{vmatrix} = R \tag{2.160}$$

であるから，包絡線と位相の結合確率密度関数は

$$p(R,\phi) = \frac{1}{2\pi} \cdot \frac{R}{\sigma^2} \exp\left(-\frac{R^2}{2\sigma^2}\right)$$

$$0 \leqq R < \infty, \ -\pi < \phi \leqq \pi \tag{2.161}$$

になる．包絡線の確率密度関数は，式 (2.161) を ϕ について $(-\pi, \pi)$ にわたって積分することにより

$$p(R) = \int_{-\pi}^{\pi} p(R,\phi) \, d\phi = \frac{2R}{\Omega} \exp\left(-\frac{R^2}{\Omega}\right), \quad 0 \leqq R < \infty \tag{2.162}$$

のように求められる．ただし，$\Omega = \overline{R^2} = 2\sigma^2$ である．式 (2.162) はレイリー分布とよばれている．また，位相の確率密度関数は

$$p(\phi) = \int_0^\infty p(R,\phi) \, dR = \frac{1}{2\pi}, \quad -\pi < \phi \leqq \pi \tag{2.163}$$

であり，一様分布になる．式 (2.161)～(2.163) からわかるように，

$$p(R,\phi) = p(R)p(\phi) \tag{2.164}$$

が成り立つ．したがって，包絡線と位相は互いに独立な確率変数である．

次に，正弦波信号に狭帯域ガウス雑音が加わった場合を考える．これらの和は

$$v(t) = A\cos(2\pi f_c t + \phi_0) + n(t)$$

$$= [A\cos\phi_0 + x(t)]\cos 2\pi f_c t - [A\sin\phi_0 + y(t)]\sin 2\pi f_c t \tag{2.165}$$

のように表される．ここで，

$$X(t) = A\cos\phi_0 + x(t), \quad Y(t) = A\sin\phi_0 + y(t) \tag{2.166}$$

とおけば

$$v(t) = X(t)\cos 2\pi f_c t - Y(t)\sin 2\pi f_c t \tag{2.167}$$

と書ける．この式はまた

$$v(t) = R(t)\cos[2\pi f_c t + \phi(t)] \tag{2.168}$$

のように極座標表示できる．ここに，

$$R(t) = \sqrt{X^2(t) + Y^2(t)} \tag{2.169}$$

$$\phi(t) = \tan^{-1}\frac{Y(t)}{X(t)} \tag{2.170}$$

である.

X と Y の結合確率密度関数は

$$p(X, Y) = \frac{1}{2\pi\sigma^2} \exp\left[-\frac{(X - A\cos\phi_0)^2 + (Y - A\sin\phi_0)^2}{2\sigma^2}\right]$$
$$-\infty < X, Y < \infty \quad (2.171)$$

で与えられる.ここで,極座標への変数変換

$$X = R\cos\phi, \quad Y = R\sin\phi \quad (2.172)$$

を行えば,R と ϕ の結合確率密度関数が

$$p(R, \phi) = \frac{R}{2\pi\sigma^2} \exp\left[-\frac{R^2 + A^2 - 2AR\cos(\phi - \phi_0)}{2\sigma^2}\right]$$
$$0 \leqq R < \infty, \quad -\pi < \phi \leqq \pi \quad (2.173)$$

のように求められる.

式 (2.173) を位相 ϕ について周辺積分すると,包絡線の確率密度関数として

$$p(R) = \frac{R}{\sigma^2} \exp\left[-\frac{R^2 + A^2}{2\sigma^2}\right] I_0\left(\frac{AR}{\sigma^2}\right), \quad 0 \leqq R < \infty \quad (2.174)$$

が得られる.ここに,$\overline{R^2} = A^2 + 2\sigma^2$ である.この分布は仲上 - ライス分布とよばれる.信号が存在しなければ,式 (2.174) において $A = 0$,$I_0(0) = 1$ であるから,仲上 - ライス分布はレイリー分布に一致する.逆に,信号が雑音に比べて十分大きく,$A/\sigma \gg 1$ の場合を考えると,変形ベッセル関数についての漸近式

$$I_0(x) \approx \frac{1}{\sqrt{2\pi x}} \exp(x), \quad x \gg 1 \quad (2.175)$$

が用いられるから,

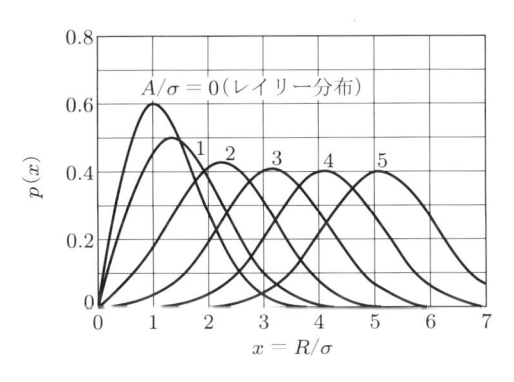

図 2.12 仲上 - ライス分布の確率密度関数

$$p(R) \approx \sqrt{\frac{R}{2\pi A\sigma^2}} \exp\left[-\frac{(R-A)^2}{2\sigma^2}\right]$$

$$\approx \frac{1}{\sqrt{2\pi\sigma^2}} \exp\left[-\frac{(R-A)^2}{2\sigma^2}\right], \quad \frac{A}{\sigma} \gg 1 \tag{2.176}$$

と近似される．このように，$A \gg \sigma$ の場合には，仲上 - ライス分布は平均値 A のガウス分布に近くなる．図 2.12 に仲上 - ライス分布の確率密度関数を示す．

位相の確率密度関数は，式 (2.173) を R に関して周辺積分することにより

$$p(\phi) = \frac{1}{2\pi} \exp\left(-\frac{A^2}{2\sigma^2}\right)$$
$$+ \frac{A\cos\theta}{2\sigma\sqrt{2\pi}}\left[1 + \mathrm{erf}\left(\frac{A\cos\theta}{\sigma\sqrt{2}}\right)\right]\exp\left(-\frac{A^2\sin^2\theta}{2\sigma^2}\right), \quad -\pi < \theta \leqq \pi \tag{2.177}$$

のように求められる．ただし，$\theta = \phi - \phi_0$ である．

信号が存在しないときには，上に述べたように位相分布は一様分布になる．また，$A/\sigma \gg 1$，$|\theta| \ll \pi/2$ の場合には，

$$\mathrm{erf}(x) \approx 1 - \frac{x}{\sqrt{\pi}}\exp(-x^2), \quad x \gg 1 \tag{2.178}$$

に注意すると，位相分布は

$$p(\phi) \approx \frac{A\cos(\phi-\phi_0)}{\sigma\sqrt{2\pi}}\exp\left[-\frac{A^2\sin^2(\phi-\phi_0)}{2\sigma^2}\right]$$
$$A/\sigma \gg 1, \ |\phi-\phi_0| \ll \pi/2 \tag{2.179}$$

と表され，図 2.13 に示すように信号の初期位相 ϕ_0 付近に集中する対称分布になる．このように，信号に雑音の加わったランダム過程では，包絡線と位相の確率密度関

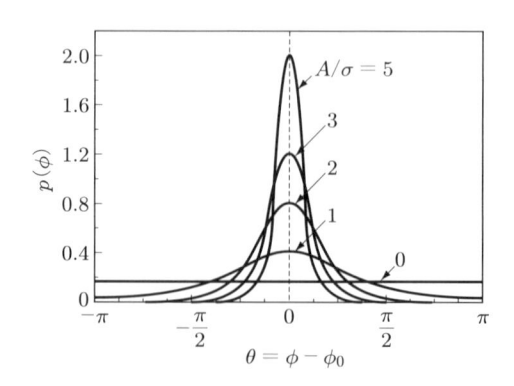

図 2.13　正弦波とガウス雑音の和の位相の確率密度関数

数の間に式 (2.164) のような積の関係は成り立たない．したがって，包絡線と位相とは互いに独立な変数ではない．

━━━━━━━━━━━ 演 習 問 題 ━━━━━━━━━━━

2.1 両側指数分布の確率密度関数は
$$p(x) = \frac{1}{2}\exp(-|x|), \quad -\infty < x < \infty$$
で与えられる．確率分布関数と特性関数を導け．

2.2 m 分布変数は正領域の変数で，その確率密度関数は
$$p(R) = \frac{2m^m R^{2m-1}}{\Gamma(m)\Omega^m}\exp\left(-\frac{mR^2}{\Omega}\right), \quad 0 \leqq R < \infty$$
と表される．次の問いに答えよ．

(1) $\overline{R^2} = \Omega$, $\overline{R^n} = \dfrac{\Gamma(m+n/2)}{\Gamma(m)}\left(\dfrac{\Omega}{m}\right)^{n/2}$ となることを証明せよ．

(2) パラメータ m は
$$m = \frac{\Omega^2}{\overline{(R^2-\Omega)^2}}$$
のように表されることを示せ．

(3) 確率分布関数は
$$P(R) = \frac{1}{\Gamma(m)}\gamma\left(m, \frac{mR^2}{\Omega}\right)$$
と表されることを証明せよ．

2.3 相関のある二つの確率変数 x, y があり，結合確率密度関数は $p(x, y)$ で与えられている．これらの和
$$z = x + y$$
の確率密度関数 $q(z)$ を表す式を導け．また，x, y がガウス変数であるときには，z もガウス変数になることを証明せよ．

2.4 正領域のランダム変数 R のラプラス変換形特性関数 $\phi(z)$ とハンケル変換形特性関数 $F(\lambda)$ について，次の性質を証明せよ．

(1) $\phi(0) = F(0) = 1$ が成り立つことを示せ．
(2) 偶数次モーメントは式 (2.87), (2.88) によって求められることを示せ．
(3) 二つの特性関数の間には，関係式
$$\phi(z) = \frac{1}{2z}\int_0^\infty \exp\left(-\frac{\lambda^2}{4z}\right)F(\lambda)\lambda\,d\lambda$$
が成り立つことを導け．

2.5 平均値 0 のガウス変数 x_1, x_2 がある．それらの分散が等しく σ^2 で，相関係数 ρ を有するとき，結合確率密度関数は式 (2.65) によって与えられる．このとき
$$R = \sqrt{x_1{}^2 + x_2{}^2}$$
の確率密度関数は
$$p(R) = \frac{2R}{\sqrt{\alpha\beta}} \exp\left[-\frac{R^2}{2}\left(\frac{1}{\alpha} + \frac{1}{\beta}\right)\right] I_0\left[\frac{R^2}{2}\left(\frac{1}{\beta} - \frac{1}{\alpha}\right)\right], \quad 0 \leq R < \infty$$
と表されることを示せ．ただし，
$$\alpha = 2\sigma^2(1+\rho), \quad \beta = 2\sigma^2(1-\rho)$$
である．

この分布は仲上 - ホイト分布とよばれている．

2.6 例題 2.3 において，レイリー分布に従う二つのランダムベクトルの振幅 R_1, R_2 が相関を有するものとすると，それらの確率密度関数は式 (2.109) で与えられる．次の問いに答えよ．

(1) 合成ベクトル振幅のハンケル形振幅特性関数は
$$F(\lambda) = \exp\left[-\frac{(\Omega_1 + \Omega_2)\lambda^2}{4}\right] I_0\left(\frac{k\lambda^2\sqrt{\Omega_1\Omega_2}}{2}\right)$$
で与えられることを示せ．

(2) 合成振幅 R の確率密度関数は前問の仲上 - ホイト分布によって表されることを導け．ただし，
$$\alpha = \Omega_1 + \Omega_2 + 2k\sqrt{\Omega_1\Omega_2}, \quad \beta = \Omega_1 + \Omega_2 - 2k\sqrt{\Omega_1\Omega_2}$$
である．

2.7 低域ランダム過程の電力スペクトル密度が
$$G(f) = \frac{a^2}{a^2 + (2\pi f)^2}, \quad -\infty < f < \infty$$
であるとき，自己相関関数は
$$R(\tau) = \frac{a}{2}\exp(-a|\tau|), \quad -\infty < \tau < \infty$$
と表されることを示せ．ただし，$a > 0$ とする．

また，電力スペクトル密度が
$$G(f) = \frac{a^2}{2}\left[\frac{1}{a^2 + 4\pi^2(f - f_c)^2} + \frac{1}{a^2 + 4\pi^2(f + f_c)^2}\right], \quad -\infty < f < \infty$$
で与えられる狭帯域ランダム過程の自己相関関数を導け．

2.8 レイリー分布の 2 変数結合確率密度関数は式 (2.109) によって表される．次の問いに答えよ．

(1) 正規化の条件
$$\int_0^\infty \int_0^\infty p(R_1, R_2) \, dR_1 dR_2 = 1$$
が満足されることを確かめよ．

(2) $R_1{}^2$ と $R_2{}^2$ の間の相関係数を電力相関係数という. k^2 は電力相関係数を表すことを示せ.

コラム

フェージングの統計学

　仲上 稔 (1907〜1972) が短波通信におけるフェージングの研究に着手したのは 1930 年代半ばであった. 空間ダイバーシチ受信方式が実用の域に入ってから十数年を経過し, 遠距離無線通信における標準方式として広く利用されていたにもかかわらず, 数学的根拠に基づく合理的設計ができない状態におかれていたからである. 仲上は, フェージング現象の解析はそれまで多くの研究者が行っていた決定論的手法では不可能で, 確率統計的手法によって初めて可能になることに着目し, 多数の重要なフェージング特性を明らかにした. 仲上による初期の研究成果は文献 [19] にまとめられている.

　仲上による受信電界強度の頻度分布 (確率密度関数) 測定法の一つは, オシロスコープによる観測波形を直接読む方法で, 短波のフェージング周期が数秒程度以下であることから観測時間を 3〜5 秒にとり, 電界強度変動の最大値と最小値によってその間の変動を代表させ, 数分間の記録から頻度分布を求めるものであった. 第二の方法は, 波形の動きを撮影した乾板の濃度から求める写真測光法で, 露出時間はフェージング周期と乾板処理を考慮して 3〜5 分に選ばれた. 光源には自動車用電球を用い, レンズを用いて乾板上に焦点を結ばせ, 透過光を光電管で受けて, その出力を読み取るようにしたものである. フェージングレベルは数十デシベルにわたって変動するため, 対数圧縮特性をもつ亜酸化銅整流器を備えた二重スーパーヘテロダイン受信機が用いられた. 写真測光法はまた, ダイバーシチ受信における相関係数の測定に威力を発揮した.

　仲上によって見出された n 分布 (1940 年) は, 雑音解析に関する Rice の研究 (文献 [41]) に先行し, q 分布 (1942 年) もまた Hoyt の結果 (文献 [34]) に先んじている. これらの分布はそれぞれ, 仲上 - ライス分布, 仲上 - ホイト分布と呼ばれている. 文献 [38] は m 分布の導入過程から理論的基礎までを統一的に記述しており, 仲上によるフェージング研究を集大成したものになっている.

第 3 章

振幅変調

　情報信号を遠方へ効率よく伝送する目的で，高い周波数の正弦波を搬送波として用い，その振幅，周波数，位相などを情報信号によって変化させる方法を変調という．変調によれば，情報信号のスペクトルを搬送波周波数の付近に移動させることができるから，副搬送波を用いて複数の情報信号を周波数軸上に並べ，主搬送波によってそれらをまとめて伝送する周波数多重伝送 (FDM) が可能になる．無線通信では，高い周波数を用いるためにアンテナの形状が小さくてすむという利点もある．振幅変調 (AM) は，搬送波の振幅を情報信号によって変化させる方法で，変調方式のなかでは最も基本的な技術である．この章では，両側波帯変調，通常の振幅変調，単側波帯変調，残留側波帯変調など，代表的な振幅変調の考え方と，受信機において被変調信号から情報信号を復元する復調の方法を述べ，さらにガウス雑音の下における信号対雑音電力比 (SN 比) について考察する．

3.1 両側波帯変調

　音声や映像，ディジタルデータなど，情報を含んだ信号は低い周波数帯域に制限されており，**ベースバンド信号** (baseband signal) あるいは**低域信号**とよばれる．また，情報信号を**変調信号** (modulating signal)，情報信号を遠方に伝送するために用いられる単一周波数の正弦波を**搬送波** (carrier)，変調を受けた搬送波を**被変調波** (modulated wave) という．変調信号が $|f| \leq f_m$ に帯域制限されているとき，f_m を最高変調周波数という．電話音声では $f_m = 3.4$ [kHz]，映像信号は $f_m = 4.5$ [MHz] 程度である．搬送波周波数 f_c は変調信号の最高周波数 f_m より十分高い．

　両側波帯 (double sideband；DSB) **変調**は，変調信号 $m(t)$ と単一周波数をもつ正弦搬送波 $\cos 2\pi f_c t$ との積をつくる操作である．すなわち，DSB 信号[1]は

$$v_{\text{DSB}}(t) = m(t)\cos 2\pi f_c t \tag{3.1}$$

---

[1] ここでは，DSB 変調された信号，DSB 被変調 (搬送) 波の意味であるが，本書では簡単に，DSB 信号あるいは DSB 波と記述する．AM や FM など，他の変調方式についても同様である．

と表せる．変調信号 $m(t)$ のフーリエ変換を $M(f)$ とすると，DSB 信号のフーリエ変換，すなわち周波数スペクトル密度は

$$V_{\text{DSB}}(f) = \frac{1}{2}[M(f-f_c) + M(f+f_c)] \tag{3.2}$$

となる．式 (3.2) から，DSB 変調によって変調信号の周波数スペクトルの大きさは半分になり，搬送波の周波数位置へ平行移動することがわかる．DSB 信号の波形と周波数スペクトル密度の関係を図 3.1 に示す．

図から明らかなように，DSB 信号のスペクトルは搬送波周波数 f_c (両側スペクトルでは $\pm f_c$) の上下に対称に分布しており，それぞれ**上側波帯** (upper sideband; USB)，**下側波帯** (lower sideband; LSB) とよばれる．このように，DSB 信号を伝送するには変調信号の最高周波数の 2 倍に当たる $2f_m$ の帯域を必要とする．DSB 変調において，搬送波は変調信号を線形移動させる役目をする補助信号で，搬送波そのものは出力として現れない．上のような理由から，DSB 変調は**両側波帯搬送波抑圧** (double sideband suppressed carrier; DSB-SC) **変調**ともよばれる．

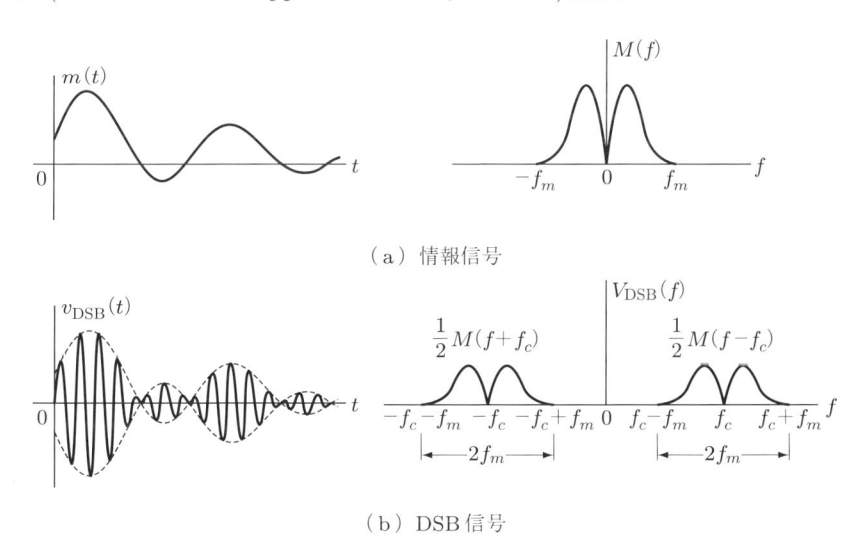

(a) 情報信号

(b) DSB 信号

図 3.1　DSB 信号の波形と周波数スペクトル密度

DSB 変調器は乗算器であり，図 3.2 に示すように，入力に変調信号と搬送波を加え，それらの乗積を出力として取り出す．実用上は，後述する通常の AM 信号 (DSB 信号に正弦搬送波を加えたもの) の発生に用いる AM 変調器 2 台を使用し，それらを差動的に働かせることによって DSB-SC 信号を発生させている．このような変調器を**平衡変調器** (balanced modulator) という．

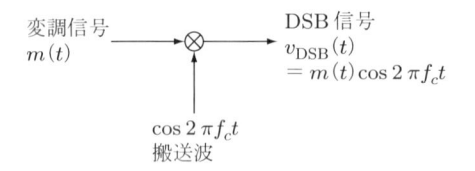

```
       変調信号              DSB 信号
        m(t)  ─→⊗─→        v_DSB(t)
                │           = m(t)cos 2πf_c t
                │
            cos 2πf_c t
              搬送波
```

図 3.2 DSB 信号の発生

受信機において，被変調信号から変調信号を復元し，もとの情報信号を取り出す操作を**復調** (demodulation) あるいは**検波** (detection) という．DSB 信号の場合には，受信機において，変調過程で用いられた搬送波と同一周波数，同一位相をもつ波形を再生し，受信された DSB 信号との乗積をとることによって復調を行う．この過程を**同期検波** (synchronous detection) または**コヒーレント検波** (coherent detection) とよんでいる．DSB 信号の復調には乗算器と低域フィルタからなる**乗積検波器** (product detector) が用いられる．

受信された DSB 信号を

$$v_{\mathrm{DSB}}(t) = m(t)\cos 2\pi f_c t \tag{3.3}$$

とする．ここでは，伝搬に伴う一定の位相遅延は本質的なものではないので考慮していない．$v_{\mathrm{DSB}}(t)$ に局発搬送波 (再生搬送波)

$$c(t) = \cos 2\pi f_c t \tag{3.4}$$

を掛けると

$$v_{\mathrm{DSB}}(t)c(t) = m(t)\cos^2 2\pi f_c t$$

$$= \frac{1}{2}m(t) + \frac{1}{2}m(t)\cos 4\pi f_c t \tag{3.5}$$

となり，その周波数スペクトル密度は

$$V_{\mathrm{DSB}}(f) \otimes C(f) = \frac{1}{2}M(f) + \frac{1}{4}[M(f-2f_c) + M(f+2f_c)] \tag{3.6}$$

と表せる．係数を別にすれば，式 (3.6) の右辺の第 1 項は変調信号であり，第 2 項のスペクトルは周波数 $\pm 2f_c$ の両側に集中している．それゆえ，乗算器の後にカットオフ周波数 f_m の低域フィルタを接続すれば，変調信号を取り出すことができる．この様子を図 3.3 に示す．

同期検波では，乗積のために受信機で発生させる局発搬送波の周波数と位相は，DSB 変調に用いられた搬送波の周波数，位相に正確に一致するよう制御されていなくてはならない．式 (3.3) の受信 DSB 信号に対し，局発搬送波の周波数が Δf，位相が $\Delta \phi$ ずれて，

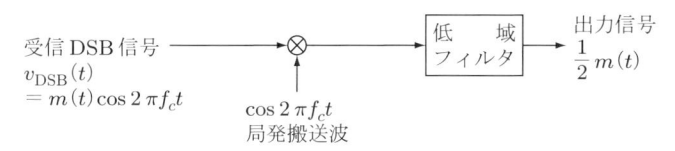

(a) 乗積検波器

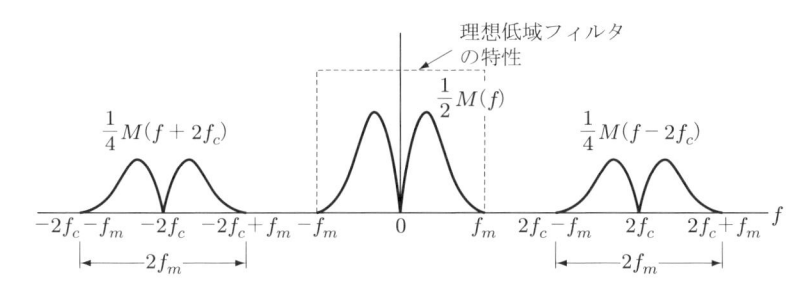

(b) 復調における周波数スペクトル

図 3.3　DSB 信号の同期検波と周波数スペクトル密度

$$c(t) = \cos[2\pi(f_c + \Delta f)t + \Delta\phi] \tag{3.7}$$

が掛けられたとすると，低域フィルタの出力には

$$v_o(t) = \frac{1}{2}m(t)\cos(2\pi\Delta f t + \Delta\phi) \tag{3.8}$$

が現れる．Δf を**周波数オフセット** (offset)，$\Delta\phi$ を**位相オフセット**という．同期検波器出力は周波数 Δf でゆるやかに変動する．

局発搬送波と受信搬送波の周波数は完全に一致しており，位相だけが $\Delta\phi$ 異なっているものとすると，同期検波器の出力は，式 (3.8) で $\Delta f = 0$ とおいて，

$$v_o(t) = \frac{1}{2}m(t)\cos\Delta\phi \tag{3.9}$$

と表される．この場合には，情報信号はひずみなく再生されるが，出力は $\cos\Delta\phi$ が掛けられた分だけ減少する．$\Delta\phi = n\pi/2(n = \pm 1, 3, 5, \cdots)$ になると，出力はまったく現れない．

このように，DSB 受信機は，局発搬送波と受信搬送波との同期を保つことが厳しく要求されるので，複雑で高価になる傾向がある．同期検波に必要な局発搬送波は，受信 DSB 信号から**搬送波再生回路** (演習問題 3.1 参照) を用いて発生させるか，あるいは小さなレベルの**パイロット搬送波** (pilot carrier) を DSB 信号とともに伝送し，受信機でこのパイロット搬送波をフィルタで分離したのち増幅することにより再生している．DSB 変調は，FM ステレオ放送の一次変調 (ベースバンド信号発生の過程) などにも用いられている．

3.2 通常の振幅変調

搬送波成分を含まない DSB 信号の復調は同期検波によらなければならず,受信機の構成が複雑になる.しかし,DSB-SC 信号に大きな振幅の搬送波を加えて伝送すれば,被変調信号の包絡線は,常時,変調信号に従って変化するようになり,復調器は簡単な構成で実現できる.このような変調方法を**通常の振幅変調** (conventional amplitude modulation: AM) とよび,単に振幅変調といえばこの方式をさす.

変調信号を $m(t)$,正弦搬送波を $A\cos 2\pi f_c t$ とすれば,AM 信号は

$$v_{\mathrm{AM}}(t) = A\cos 2\pi f_c t + m(t)\cos 2\pi f_c t$$
$$= A[1 + m_0(t)]\cos 2\pi f_c t \tag{3.10}$$

と表される.ここに,$m_0(t)$ は

$$m_0(t) = \frac{m(t)}{A} \tag{3.11}$$

であって,つねに

$$|m_0(t)|_{\max} \leqq 1 \tag{3.12}$$

のように制限されている.この条件のもとでは,いかなる時点においても

$$A[1 + m_0(t)] \geqq 0 \tag{3.13}$$

となるから,変調信号は図 3.4 に示す AM 信号の包絡線に正確に一致する.

式 (3.10) より,AM 信号のフーリエ変換である周波数スペクトル密度は

$$V_{\mathrm{AM}}(f) = \frac{A}{2}[\delta(f - f_c) + \delta(f + f_c)] + \frac{1}{2}[M(f - f_c) + M(f + f_c)] \tag{3.14}$$

と表される.$M(f)$ は変調信号 $m(t)$ の周波数スペクトル密度である.このように,AM 信号のスペクトル密度は DSB 信号のスペクトル密度 $V_{\mathrm{DSB}}(f)$ に搬送波成分

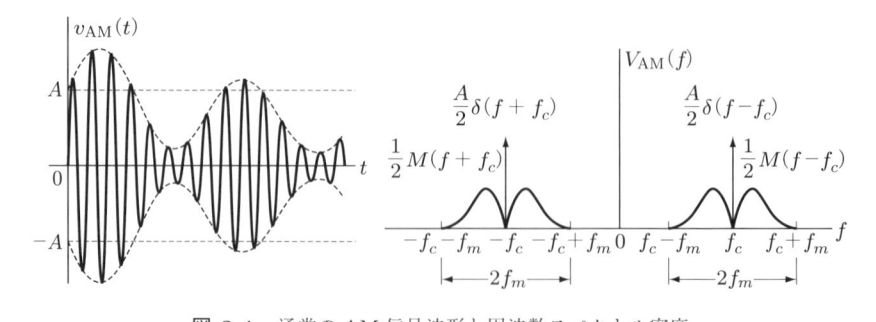

図 3.4 通常の AM 信号波形と周波数スペクトル密度

が加わったものになる．AM信号の所要帯域幅は変調信号の最高周波数の2倍であり，DSB信号の場合と変わらない．

変調信号が単一正弦波 (トーン信号)

$$m_0(t) = m\cos 2\pi f_m t \tag{3.15}$$

の場合を考える．AMでは復調を簡単にするために，mの範囲は

$$0 < m \leq 1 \tag{3.16}$$

に選ばれている．パラメータ m は変調信号と搬送波との振幅の比を表すもので，**変調率** (modulation factor) とよばれ，パーセント [%] で表示することが多い．図3.5にAM波形と変調率の関係を示す．変調率が $m > 1$ になると，変調信号 $m(t)$ が被変調AM波の包絡線と一致しなくなり，包絡線検波のような簡単な復調法はひずみを生じるので使えない (この場合でも，同期検波によれば復調は可能である)．$m > 1$ のような状態を**過変調** (overmodulation) という

変調信号が式 (3.15) の正弦波の場合，AM信号は

$$v_{\mathrm{AM}}(t) = A(1 + m\cos 2\pi f_m t)\cos 2\pi f_c t$$

$$= A\cos 2\pi f_c t + \frac{mA}{2}[\cos 2\pi(f_c + f_m)t + \cos 2\pi(f_c - f_m)t] \tag{3.17}$$

と表される．式 (3.17) において，補助信号である搬送波の電力 P_c は

$$P_c = \frac{A^2}{2} \tag{3.18}$$

であり，情報が含まれる上下両側帯波の電力 P_{SB} の和は

$$P_{\mathrm{SB}} = P_{\mathrm{USB}} + P_{\mathrm{LSB}} = \frac{(mA)^2}{4} \tag{3.19}$$

である．したがって，全電力に対する側帯波電力の比 (伝送効率) は

$$\eta = \frac{P_{\mathrm{SB}}}{P_c + P_{\mathrm{SB}}} = \frac{m^2}{2 + m^2} \leq \frac{1}{3} \tag{3.20}$$

となる．情報伝送に関係のある側帯波に含まれる電力の割合が最大になるのは，$m = 1$，すなわち100%変調のときで

$$\eta_{\max} = \frac{1}{3} = 33.3\ \% \tag{3.21}$$

になる．このように，AM方式では最も効率のよい状態であっても，全電力の2/3が搬送波に費やされ，残り1/3が情報を含む側帯波に割り当てられるにすぎない．

この点，DSB伝送では搬送波を送信しないので，電力はすべて側帯波に使われ，伝送効率は100 [%] になる．AMは伝送効率を犠牲にして受信機を簡単にする方式

(a) $m = 0.5$

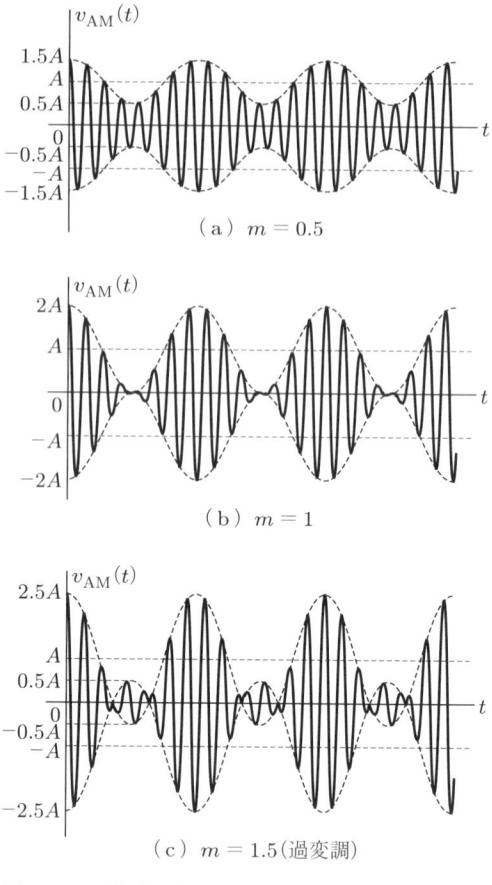

(b) $m = 1$

(c) $m = 1.5$(過変調)

図 3.5　正弦波で変調された AM 信号波形と変調率

であるといえる．中波の放送では通常の AM 方式が採用されている．1 台の送信機と少数の受信機で通信を行う場合は，受信機が多少複雑で高価になっても伝送効率の良い DSB 変調のほうが好ましいであろう．しかし，放送のように多数の受信機のある通信では，送信電力を大きくしても受信機の構成を簡単にできる AM 方式のほうが有利である．

通常の AM 信号は，式 (3.10) からわかるように，正弦搬送波の包絡線を変調信号で変化させることによって得られる．このためには能動回路や能動素子を用い，変調信号によって相互コンダクタンスを制御し，増幅度を変化させればよい．このような変調器は**直線変調器** (linear modulator) とよばれる．また，**非線形変調器** (nonlinear modulator) では，非線形特性をもつ素子を用い，出力に得られた電圧

(a) 包絡線検波器　　(b) 包絡線検波器の出力波形

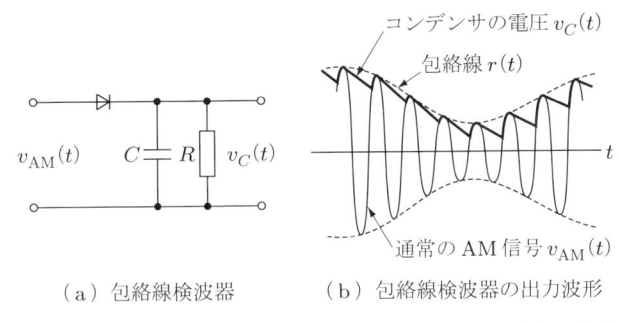

図 3.6　AM 信号の復調に用いられる包絡線検波器と出力の波形

を帯域フィルタに通して，搬送波の含まれた通常の AM 信号を発生させる．

AM 信号の復調は DSB 信号の場合と同じように同期検波によっても可能であり，この場合には過変調であっても情報信号が復元できるという長所がある．しかし，実用的には，大きい搬送波が含まれる AM 信号の特性を生かした，簡易な包絡線検波，整流検波などが行われる．**包絡線検波器** (envelope detector) は，図 3.6 (a) のように，ダイオードにコンデンサを接続した簡単な構成であり，広く用いられている．この検波器において，入力の AM 信号と出力であるコンデンサの端子電圧の関係を図 3.6 (b) に示す．

包絡線検波器の動作は以下のように説明される．まず，入力信号の正のサイクルでコンデンサはピーク電圧まで充電される．これより入力が下がり始めるとダイオードは逆電圧になり，CR 回路は入力側と切り離される．それゆえ，コンデンサ電圧は抵抗 R を通じて時定数 $\tau = CR$ でゆるやかに放電を開始する．次の入力信号のサイクルで入力電圧が放電中の電圧を超えると，ダイオードはオン状態になり，再びコンデンサ電圧は新しい入力信号のピークまで充電され，その後放電するという動作を繰り返す．時定数の値を適切に選ぶと，AM 信号の包絡線にほぼ近い電圧

$$r(t) = A + m(t) \tag{3.22}$$

がコンデンサの端子電圧として得られ，変調信号が復元される．直流分はコンデンサで，放電による高い周波数のリップルは低域フィルタで除かれる．

通常の AM 受信波は**整流検波器** (rectifier detector) を用いて復調することもできる．整流検波器は全波あるいは半波整流回路と後続する低域フィルタから構成されている．

例題 3.1　図 3.6 (a) の包絡線検波器を用いて，受信された AM 信号

$$v_{\mathrm{AM}}(t) = (1 + m \cos 2\pi f_m t) \cos 2\pi f_c t, \quad 0 < m \leqq 1 \tag{3.23}$$

を検波したい．コンデンサの端子電圧が受信波の包絡線に追従するためには，不等式

$$\frac{1}{CR} \geq 2\pi f_m \left(\frac{m \sin 2\pi f_m t_0}{1 + m \cos 2\pi f_m t_0} \right) \tag{3.24}$$

が満足されなければならないことを示せ．ただし，t_0 は搬送波サイクルが正のピークとなる時刻である．

■ **解** 図3.7において，時刻 t_0 のとき $v_{\mathrm{AM}}(t)$ がピークに達したとする．このとき，$v_{\mathrm{AM}}(t)$ と包絡線 $r(t)$ とは一致し，

$$r(t_0) = v_{\mathrm{AM}}(t_0) = 1 + m\cos 2\pi f_m t_0 \tag{3.25}$$

である．また，コンデンサの端子電圧も同じ値

$$v_C(t_0) = 1 + m\cos 2\pi f_m t_0 \tag{3.26}$$

に充電されているものとする．以後，波形の次のサイクルまでの間，コンデンサの端子電圧 $v_C(t)$ は抵抗 R によって放電し，その変化は

$$v_C(t) = (1 + m\cos 2\pi f_m t_0) \exp\left(-\frac{t - t_0}{CR}\right) \tag{3.27}$$

と表される．

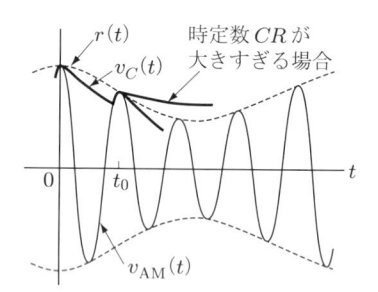

図 3.7 包絡線検波波形と時定数の関係

時刻 $t = t_0$ における放電変化の勾配は

$$\left[\frac{d}{dt} v_C(t)\right]_{t=t_0} = -\frac{1}{CR}(1 + m\cos 2\pi f_m t_0) \leqq 0 \tag{3.28}$$

であり，包絡線の勾配は次のようになる．

$$\left[\frac{d}{dt} r(t)\right]_{t=t_0} = -2\pi m f_m \sin 2\pi f_m t_0 \tag{3.29}$$

図3.7からわかるように，コンデンサの電圧が変調信号を表す包絡線に正しく従うためには，放電変化の勾配が包絡線変化の勾配より小さくなければならない．そうでないと放電変化は次の包絡線のピークを飛び越してしまうことになり，正確な変調信号が得られない．このためには，搬送波のサイクルがピークとなる任意の時刻 t_0 において，条件

$$\left[\frac{d}{dt}v_C(t)\right]_{t=t_0} \leqq \left[\frac{d}{dt}r(t)\right]_{t=t_0} \tag{3.30}$$

が成り立つことが必要である．すなわち，式 (3.24) の関係が満足されなければならない．

3.3 単側波帯変調

　DSB 変調では，伝送帯域幅として変調信号に含まれる最高周波数の 2 倍の帯域幅を必要とした．しかし，情報信号は上側波帯と下側波帯のいずれにもまったく同じように含まれているから，これらの側波帯の一方を伝送するだけで通信を行うことができれば，周波数利用の点で効率的であろう．このような変調方式を**単側波帯** (single sideband; SSB) **変調**，あるいは**単側波帯搬送波抑圧** (single sideband suppressed carrier; SSB-SC) **変調**という．

　最も普通の SSB 変調法は，まず DSB 信号を発生させ，帯域通過フィルタによって上下いずれかの側波帯を取り出し，不要の側波帯を遮断する方法で，**フィルタ法** (filter method) とよばれる．音声信号の伝送では周波数帯域を 300 [Hz]～3.4 [kHz] 程度に制限しても明瞭さは変わらない．このように帯域制限すると，DSB 変調後の上下側波帯間に存在する間隙帯の幅は変調信号の最低周波数の 2 倍，すなわち 600 [Hz] になる．SSB 変調のためには不要な側波帯を除去しなければならないが，このためのフィルタ設計の難易は間隙帯域幅と搬送波周波数の相対比に依存し，この比が小さくなるにつれて鋭い遮断特性が必要で，フィルタの実現は次第に困難になる．そこで，搬送波周波数が高い場合には，何段階かに分けてフィルタ法を繰り返し行うことによって SSB 変調を行っている．

　図 3.8 の例では，第 1 段階として 100 [kHz] の搬送波を用い，フィルタ法によって 100.3 [kHz]～103.4 [kHz] の USB 信号を発生させる．次に，この USB 信号を

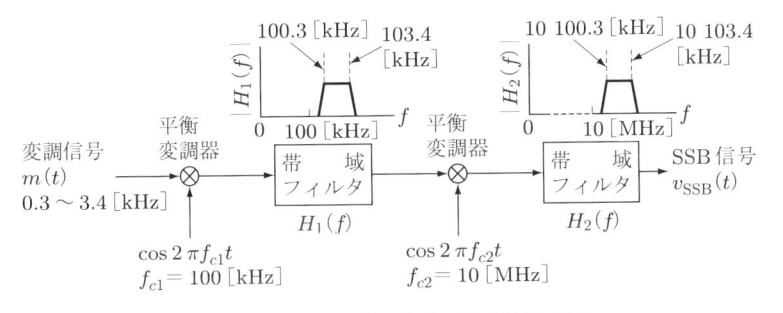

図 **3.8** フィルタ法による SSB 信号の発生

変調信号として 10 [MHz] の搬送波で DSB 変調する．こうして 2 段階を経て変調された DSB 信号の両側波帯間の間隙は 200.6 [kHz] になる．ここでも不要側帯波 (LSB 信号) は第 2 の帯域フィルタを用いて除去される．仮に音声信号を 10 [MHz] の搬送波で一度に SSB 変調しようとすれば，間隙帯域幅対搬送波周波数比は 600 [Hz]/10 [MHz] × 100 = 0.006 % となり，非常に鋭い遮断特性のフィルタを設計しなければならず，技術的に困難である．これに対し，2 段階で SSB 変調を行う方法では，これらの比は第 1 段階が 600 [Hz]/100 [kHz] × 100 = 0.6 %，第 2 段階が 200.6 [kHz]/10 [MHz] × 100 = 2 % となるので，遮断特性はいずれもゆるやかでよく，フィルタは実現しやすい．

SSB 信号は，図 3.9 に示す**位相推移法** (phase-shift method) によって発生させることもできる．位相推移法では，移相器を用いて変調信号 $m(t)$ に含まれる各スペクトル成分の位相を $-\pi/2$ [rad] 推移させた信号 $\hat{m}(t)$ をつくる．ただし，負のスペクトル成分については位相を $+\pi/2$ [rad] 推移させる．また，搬送波として余弦搬送波と正弦搬送波を発生させ，平衡変調器によって変調信号との乗積をとって SSB 信号を得る方法である．信号 $\hat{m}(t)$ は $m(t)$ の**ヒルベルト変換** (Hilbert transform) とよばれる．この変調器の出力は

$$v_{\mathrm{SSB}}(t) = m(t)\cos 2\pi f_c t \pm \hat{m}(t)\sin 2\pi f_c t \tag{3.31}$$

であって，+ 符号は LSB 信号を，− 符号は USB 信号を表す．

ヒルベルト変換は，伝達関数

$$H(f) = \begin{cases} -j, & f > 0 \\ j, & f < 0 \end{cases} \tag{3.32}$$

のフィルタを通過させることと等価であって，積分

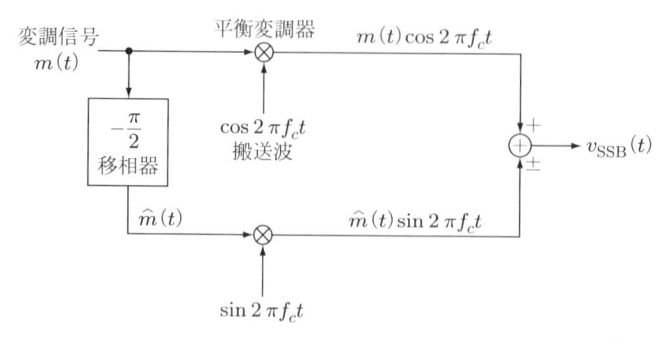

図 3.9 位相推移法による SSB 信号の発生

$$\hat{m}(t) = \frac{1}{\pi} \int_{-\infty}^{\infty} \frac{m(x)}{t-x} dx \tag{3.33}$$

によって求められる[2]．位相推移法は，平衡変調器や移相器の設計に厳しい制約があるので，フィルタ法ほどは用いられない．

SSB 信号の復調は，DSB の場合と同様，同期検波によって行われる．受信された SSB 信号に局発搬送波 $\cos 2\pi f_c t$ を乗ずると，

$$v_{\text{SSB}}(t) \cos 2\pi f_c t$$

$$= \frac{1}{2}m(t) + \frac{1}{2}[m(t)\cos 4\pi f_c t \pm \hat{m}(t)\sin 4\pi f_c t] \tag{3.34}$$

となり，変調信号と搬送波周波数 $2f_c$ の SSB 信号を生じる．それゆえ，低域フィルタを用いて変調信号 $m(t)$ を復元することができる．

DSB 信号の復調のところで述べたように，同期検波を用いてひずみなく変調波形を復元するためには，局発搬送波の周波数と位相は正確に制御されていなければならない．この動作を容易にする目的で，SSB 伝送の場合にも微弱な残留搬送波 (パイロット信号) を SSB 信号とともに送り出している．受信機ではこれらの搬送波成分を抽出したのち増幅し，局発搬送波として利用したり，局部発振器を同期制御することも行われる．

SSB 信号を大きな搬送波とともに送信するか，受信機側で加えると，通常の AM 方式と同じように包絡線検波や整流検波などを用いて簡単に復調することができる．搬送波を付加する方式では復調が容易になる反面，送信電力の情報伝送そのものに占める割合が減少するので，伝送効率の低下は避けられない．

3.4　その他の振幅変調

SSB 変調の長所は DSB 変調に比べて伝送帯域が半分ですむことである．しかし，周波数スペクトルが非常に低い周波数領域まで広がっている映像や，高速データ信号などの情報信号では，SSB 変調に用いるフィルタは鋭い遮断特性を必要とするので，技術的に実現が難しい．そこで，SSB 変調と DSB 変調との賢明な妥協策とし

---

[2] ヒルベルト変換を表す積分において，$x=t$ は特異点であり，積分値は発散する．そこで，上下からの極限をとるのに同一の ε を用い

$$\hat{m}(t) = \frac{1}{\pi} \lim_{\varepsilon \to 0} \left[\int_{-\infty}^{t-\varepsilon} \frac{m(x)}{t-x} dx + \int_{t+\varepsilon}^{\infty} \frac{m(x)}{t-x} dx \right]$$

によってヒルベルト変換を定義する．上述の積分の極限値はコーシー (Cauchy) の主値 (principal value) とよばれる．

て，側波帯をゆるやかに遮断するフィルタを用い，除去される側波帯の一部を残す変調方式が考えられた．これが，**残留側波帯** (vestigial sideband; VSB) **変調**である．

VSB 信号は，図 3.10 (a) のように DSB 信号を残留整形フィルタに通して発生させる．このフィルタの伝達関数 $H(f)$ は

$$H(f+f_c) + H(f-f_c) = 一定, \quad |f| \leqq f_m \tag{3.35}$$

を満足するもので，同図 (b) に示すように搬送波を中心に相補対称性を有するものが使われる．f_c は搬送波周波数，f_m は変調信号の最高周波数である．

VSB 信号の復調は，局発搬送波との積をとる同期検波によって可能であり，変調信号は正確に復元される．また，VSB 信号を大きい振幅の搬送波とともに送るか，受信機において搬送波を加えた信号は，包絡線検波によって復調できる．これは DSB 変調や SSB 変調が同様な方法で包絡線検波ができた事実から容易に推定できる．この場合，VSB 信号に付加する搬送波の振幅は変調信号に比べて十分大きくなければならないが，その条件は SSB の場合ほど厳しくない．日本のアナログテレビ放送では，伝送帯域幅を縮小し，簡易な包絡線検波可能な構成とするため，VSB 変調が用いられていた．

DSB 変調は，変調信号の最高周波数の 2 倍の伝送帯域幅を必要とするため，周波数利用の面では不利である．しかし，同じ周波数で，位相だけが $\pi/2$ [rad] 異なった二つの搬送波を用い，変調信号 $m_1(t), m_2(t)$ をそれぞれ DSB 変調して伝送すれば，周波数利用の面では SSB 伝送の場合と同様になり効率的である．このような変

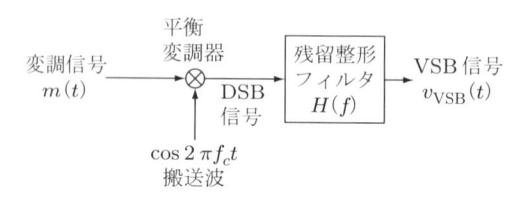

（a）VSB 変調

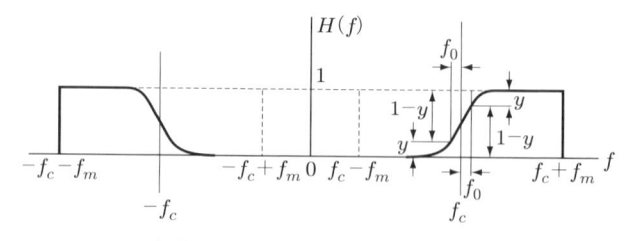

（b）残留整形フィルタの伝達関数

図 3.10 VSB 変調と残留整形フィルタの周波数特性

調方式は，**直交振幅変調** (quadrature amplitude modulation；QAM) とよばれる．変調された QAM 信号は

$$v_{\mathrm{QAM}}(t) = m_1(t)\cos 2\pi f_c t + m_2(t)\sin 2\pi f_c t \tag{3.36}$$

と表される．受信機では位相が $\pi/2$ [rad] 異なった局発搬送波 $\cos 2\pi f_c t$ と $\sin 2\pi f_c t$ を用い，同期検波によって変調信号を復元する．QAM 方式において，復調に用いる搬送波の周波数ならびに位相の同期は重要である．これらが正確に制御されていないと二つのチャネル間に干渉を生じる．

QAM は，アナログテレビ放送において，開発の経緯から，カラー放送を白黒受像機で自然な画像として得る**両立性** (compatibility) 保持の目的で採用され，RGB 信号を二つの色差信号に作り直して伝送するのに用いていた．式 (3.36) の第 1 項を通常の AM 信号にした方式は，ステレオ AM ラジオ放送に用いられている．QAM は，6 章で述べるように，ディジタル通信に広く利用されている方式である．

3.5　復調出力における SN 比

振幅変調の場合，復調は同期検波や包絡線検波によって行われるが，受信機には希望信号のほかに通信路および受信機のフロントエンド (高周波増幅，混合，局部発振回路など) からの不要な雑音が加わるので，雑音の存在下でそれぞれの方式を考察することが大切である．アナログ通信系においては，**信号対雑音電力比** (signal-to-noise power ratio；SNR)，すなわち **SN 比**が通信系の特性評価の基準として用いられる．次に，代表的な振幅変調方式について，検波過程における SN 比の特性を検討する．

(1)　DSB 信号

受信機に到達した信号は帯域通過フィルタにより周波数選択され，増幅されたのち同期検波器に入力する．帯域フィルタの帯域幅は信号をひずみなく通過させ，不要な雑音を制限するように選ばれる．最高周波数 f_m の変調信号で DSB 変調された信号では，フィルタの帯域幅は $B = 2f_m$ 必要である．簡単のため，変調信号を周波数 f_m の正弦波とすると，検波器への入力は

$$v(t) = A\cos 2\pi f_m t \cos 2\pi f_c t + n(t) \tag{3.37}$$

と表される．ここに，f_c は搬送周波数であり，$f_m \ll f_c$ とする．また，雑音 $n(t)$ は白色ガウス雑音であり，信号と同じ帯域幅に制限されているものとする．

式 (3.37) より，検波器入力波 $v(t)$ の平均電力は

$$\overline{v^2(t)} = \frac{1}{T}\int_0^T (A\cos 2\pi f_m t \cos 2\pi f_c t)^2 \, dt + \overline{n^2(t)}$$

$$= \frac{A^2}{4} + N \tag{3.38}$$

と表される. ただし, 積分時間 T は変調信号の周期より十分大きく, $T \gg 1/f_m$ である. また, 雑音については集合平均を用い次のようにおいた.

$$\overline{n(t)} = 0, \quad \overline{n^2(t)} = N \tag{3.39}$$

白色雑音の両側スペクトル密度を $n_0/2$ とすれば, その平均電力 N は

$$N = \frac{n_0}{2} \cdot 2B = 2n_0 f_m \tag{3.40}$$

である. したがって, 検波器入力における SN 比は次式で表される.

$$\left(\frac{S}{N}\right)_i = \frac{A^2}{4N} \tag{3.41}$$

同期検波器では, 入力信号と局発搬送波との積をつくり, これをカットオフ周波数 f_m の低域フィルタに通して変調信号を復元する. 狭帯域雑音 $n(t)$ は

$$n(t) = x(t)\cos 2\pi f_c t - y(t)\sin 2\pi f_c t \tag{3.42}$$

と表される. $x(t)$ と $y(t)$ は低域ガウス過程の同相成分と直交成分であって, いずれも最高周波数 f_m に帯域制限されている. 低域成分の平均値は 0 であり, 平均電力は次のようになる.

$$\overline{x^2(t)} = \overline{y^2(t)} = N \tag{3.43}$$

式 (3.37) の受信波に局発搬送波 $\cos 2\pi f_c t$ を乗じて得られた波形は

$$v(t)\cos 2\pi f_c t = A\cos 2\pi f_m t \cos^2 2\pi f_c t$$

$$+ x(t)\cos^2 2\pi f_c t - y(t)\sin 2\pi f_c t \cos 2\pi f_c t \tag{3.44}$$

となる. それゆえ, カットオフ周波数 f_m の低域フィルタに通した後の検波出力は, 三角関数の二乗の項を倍角公式を用いて変形すればわかるように

$$u(t) = \frac{1}{2}[A\cos 2\pi f_m t + x(t)] \tag{3.45}$$

と表される.

式 (3.45) から検波器出力における SN 比を計算すると,

$$\left(\frac{S}{N}\right)_o = \frac{A^2}{2N} \tag{3.46}$$

が得られる. したがって, DSB 変調の場合, 同期検波による SN 比の改善は

$$\left(\frac{S}{N}\right)_o \bigg/ \left(\frac{S}{N}\right)_i = 2 \approx 3 \text{ [dB]} \tag{3.47}$$

となる．すなわち，検波によって 3 [dB] の利得が得られることになる．同期検波では，受信波に送信搬送波と周波数，位相とも同一の局発搬送波を乗じる演算により雑音の直交成分が除かれる．それゆえ，上述の検波利得が生ずるのである．

(2) 通常の AM 信号

単一正弦波で DSB 変調された信号に強い搬送波を加えた通常の AM 信号の場合を考える．復調には包絡線検波が用いられるものとする．検波器入力は

$$v(t) = A(1 + m\cos 2\pi f_m t)\cos 2\pi f_c t + n(t) \tag{3.48}$$

となる．ただし，$0 < m \leqq 1$ であり，搬送波周波数 f_c は変調信号周波数 f_m に比べて十分大きく，$f_c \gg f_m$ とする．

通常の AM 信号の平均電力は，

$$\overline{v^2(t)} = \frac{1}{T}\int_0^T [A(1+m\cos 2\pi f_m t)\cos 2\pi f_c t]^2\,dt + \overline{n^2(t)}$$

$$= \frac{A^2}{2}\left(1 + \frac{m^2}{2}\right) + N \tag{3.49}$$

のように表せる．検波器入力における SN 比は，情報が含まれている側波帯の電力と雑音電力の比であるから，

$$\left(\frac{S}{N}\right)_i = \frac{m^2 A^2}{4N} \tag{3.50}$$

である．

式 (3.50) は，次式で定義される**搬送波対雑音電力比** (carrier-to-noise power ratio ; CNR)，すなわち **CN 比**

$$\left(\frac{C}{N}\right) = \frac{A^2}{2N} \tag{3.51}$$

を用いて表すことができる．ここで，N は検波器に入力する被変調搬送波の通過帯域における平均雑音電力である．入力 SN 比は CN 比を用いると，次のように表せる．

$$\left(\frac{S}{N}\right)_i = \frac{m^2}{2}\left(\frac{C}{N}\right) \tag{3.52}$$

包絡線検波器の出力は式 (3.48) の入力波形の包絡線であって，$n(t)$ として式 (3.42) を代入した関係

$$v(t) = [A(1 + m\cos 2\pi f_m t) + x(t)]\cos 2\pi f_c t - y(t)\sin 2\pi f_c t \tag{3.53}$$

より，次のように求められる．

$$R(t) = \sqrt{[A(1 + m\cos 2\pi f_m t) + x(t)]^2 + y^2(t)} \tag{3.54}$$

実用の通信では CN 比が十分高い状態，すなわち

$$\left(\frac{C}{N}\right) = \frac{A^2}{2N} \gg 1 \tag{3.55}$$

である．このような条件の下では，式 (3.54) の検波出力は

$$R(t) \approx A(1 + m\cos 2\pi f_m t) + x(t) \tag{3.56}$$

となる．したがって，その二乗平均値は

$$\overline{R^2(t)} \approx A^2\left(1 + \frac{m^2}{2}\right) + N \tag{3.57}$$

のように求められる．

直流分を別にすると，出力の SN 比は

$$\left(\frac{S}{N}\right)_o = \frac{m^2 A^2}{2N} \tag{3.58}$$

と表される．CN 比を用いるならば，次のようになる．

$$\left(\frac{S}{N}\right)_o \approx m^2 \left(\frac{C}{N}\right) \tag{3.59}$$

式 (3.52) と式 (3.59) より，AM 信号の場合の検波利得は

$$\left(\frac{S}{N}\right)_o \bigg/ \left(\frac{S}{N}\right)_i = 2 \approx 3 \text{ [dB]} \tag{3.60}$$

となる．このように，DSB 波の同期検波と，CN 比が高い状態における通常の AM 波の包絡線検波とは，検波利得の点ではなんら違いがなく，いずれも 3 [dB] 改善される．

AM 波の包絡線検波において，式 (3.55) とは逆に CN 比が非常に低く，

$$\left(\frac{C}{N}\right) = \frac{A^2}{2N} \ll 1 \tag{3.61}$$

となると，信号と雑音の役割が入れ替わり，検波器出力はレイリー変動する雑音の包絡線にとって代わられる．入力の CN 比が低下し，ある値に達すると，急に検波器出力の信号成分は雑音の中に埋もれ，消失してしまう．このような現象は一般に非直線検波に生じるもので，**スレショルド効果** (threshold effect) とよばれる．通常の AM 信号であっても，同期検波を用いて復調するならば，このようなスレショルド現象は避けられる．

(3) SSB 信号

SSB 信号の復調は DSB 信号の場合と同じように同期検波によって行われる．単一周波数の正弦波の上側波帯 (USB) 信号を考え，検波器入力をこの USB 信号に雑音が重畳したものとすると，

$$v(t) = A\cos 2\pi(f_c + f_m)t + n(t) \tag{3.62}$$

と表せる．それゆえ，入力の SN 比は

$$\left(\frac{S}{N}\right)_i = \frac{A^2}{2N} \tag{3.63}$$

である．

式 (3.62) の USB 信号の表現はまた

$$v(t) = [A\cos 2\pi f_m t + x(t)]\cos 2\pi f_c t$$
$$\quad - [A\sin 2\pi f_m t + y(t)]\sin 2\pi f_c t \tag{3.64}$$

と書き改められる．したがって，同期検波器によって搬送波との積 $v(t)\cos 2\pi f_c t$ をつくり，低域フィルタを通過させた出力は

$$u(t) = \frac{1}{2}[A\cos 2\pi f_m t + x(t)] \tag{3.65}$$

となる．この結果より，出力 SN 比は

$$\left(\frac{S}{N}\right)_o = \frac{A^2}{2N} \tag{3.66}$$

と表せる．

式 (3.63) と式 (3.66) から，SSB 信号の同期検波では次の関係が成立つ．

$$\left(\frac{S}{N}\right)_o \Big/ \left(\frac{S}{N}\right)_i = 1 \tag{3.67}$$

このように，SSB 変調では同期検波による SN 比の改善はない．しかし，SSB 方式は DSB や通常の AM 方式に比べると，伝送帯域幅は半分でよい．それゆえ，平均の送信電力が等しいとすれば，SSB 方式の入力の SN 比は他の方式に比較して 2 倍になる．したがって，出力の SN 比は DSB や通常の AM 方式と同じになり，入力 SN 比を一定とすると

$$\left(\frac{S}{N}\right)_{o(\text{SSB})} = \left(\frac{S}{N}\right)_{o(\text{DSB})} = \left(\frac{S}{N}\right)_{o(\text{AM})} \tag{3.68}$$

が成り立つ．

例題 3.2 受信機において，通常の AM 信号は包絡線検波により，DSB 信号は同期検波によってそれぞれ復調されるものとする．送信電力が同じであるとすれば，検波器出力における SN 比の間には次の関係が成り立つことを示せ．

$$\left(\frac{S}{N}\right)_{o(\text{DSB})} \Big/ \left(\frac{S}{N}\right)_{o(\text{AM})} = 1 + \frac{2}{m^2} \geqq 3 \tag{3.69}$$

ただし，変調信号はいずれも単一周波数の正弦波とし，m は変調率である．

■ **解** DSB 信号を

$$v_{\text{DSB}}(t) = A \cos 2\pi f_m t \cos 2\pi f_c t \tag{3.70}$$

通常の AM 信号を

$$v_{\text{AM}}(t) = B(1 + m \cos 2\pi f_m t) \cos 2\pi f_c t \tag{3.71}$$

とすると，式 (3.46) と式 (3.58) より，

$$\left(\frac{S}{N}\right)_{o(\text{DSB})} = \frac{A^2}{2N} \tag{3.72}$$

$$\left(\frac{S}{N}\right)_{o(\text{AM})} = \frac{m^2 B^2}{2N} \tag{3.73}$$

となる．送信電力が等しいという条件より

$$\frac{A^2}{4} = \frac{B^2}{2}\left(1 + \frac{m^2}{2}\right) \tag{3.74}$$

である．それゆえ，

$$\left(\frac{S}{N}\right)_{o(\text{DSB})} \Big/ \left(\frac{S}{N}\right)_{o(\text{AM})} = \frac{A^2}{m^2 B^2} = 1 + \frac{2}{m^2} \geqq 3 \approx 5 \text{ [dB]} \tag{3.75}$$

となる．等号が成り立つのは，AM 信号が 100 [%] 変調 ($m = 1$) の場合である．

このように，送信電力を等しくおいた条件の下では，DSB 変調の検波における SN 比は通常の AM より 5 [dB] 優れる．通常の AM では，最も電力効率のよい場合でも送信電力の 1/3 が側波帯に，残り 2/3 が搬送波に使われるのに比べ，DSB 変調では送信電力のすべてが側波帯に割り当てられるためである．

3.6 周波数分割多重伝送

振幅変調は，音声や映像などの低域信号のスペクトルを搬送波周波数近くの高い周波数帯域に移動させる操作である．それゆえ，多数の異なった情報信号を変調によって周波数軸上に並べ，それらを一括して伝送することが可能である．このように，一つの通信路と 1 組の送受信装置を使って，多量の情報を同時に伝送する方式を **周波数分割多重伝送** (frequency division multiplexing; FDM) とよんでいる．受信機では，帯域通過フィルタによって各変調信号を分離したのち復調すればよい．

図 3.11 に，FDM の構成を示す．情報を担った変調信号 $m_k(t)$ $(k=1,2,\cdots,N)$ はいずれも帯域制限された低域信号である．各信号はまず周波数の異なる搬送波によってそれぞれ変調され，周波数軸上に並べられる．変調された信号のスペクトルは，互いに重なって**漏話** (cross talk) を生じないように，また受信の際，帯域通過フィルタを用いて容易に分離しやすいように，スペクトル間隔を離した**保護帯域** (guard band) が設けられている．変調された多重信号は，そのまま通信路に運ばれる場合もあるが，多くはさらに高い周波数の搬送波によって，ひとまとめにして変調を受けたのち通信路に送り出される．後者のような方式において，最初の変調段

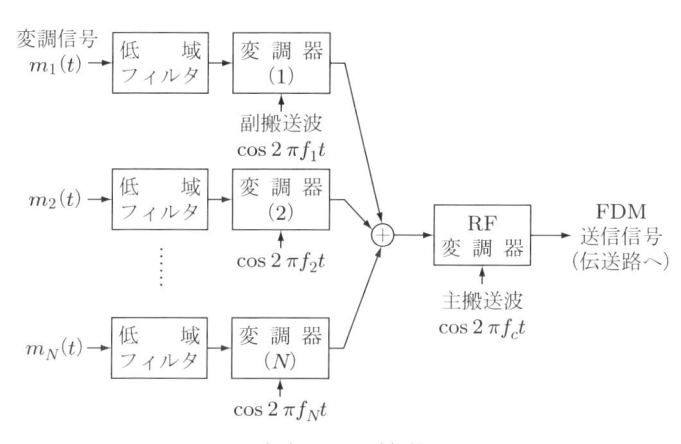

(a) FDM 送信機

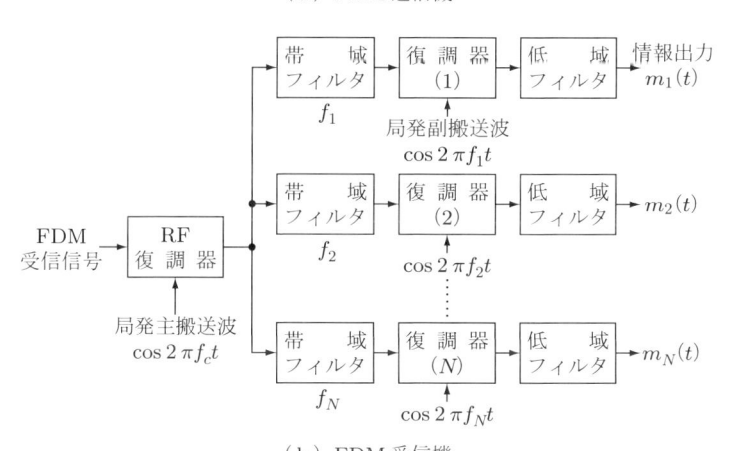

(b) FDM 受信機

図 **3.11** 周波数分割多重伝送方式

階で用いる搬送波を**副搬送波** (subcarrier),多重信号を一括して変調するための搬送波を**主搬送波** (main carrier) とよぶ.副搬送波でSSB変調したのち,主搬送波でさらにSSB変調する方式をSSB/SSB方式,主搬送波で周波数変調する方式をSSB/FM方式という.FDMでは多数の変調信号を同時に伝送するが,それぞれの波形は独立に変化するために,ピーク値はそれほど増加せず,装置や電力の面では有利である.

━━━━━ 演 習 問 題 ━━━━━

3.1 受信されたDSB信号を

$$v_{\mathrm{DSB}}(t) = A\cos 2\pi f_m t \cos 2\pi f_c t$$

とする.f_m は変調信号の周波数,f_c は搬送波周波数である.この受信信号を二乗則回路,帯域通過フィルタ,1/2分周器からなる図3.12の構成の装置に通すことにより,同期検波に必要な基準搬送波

$$c(t) = k\left(\frac{A}{2}\right)^2 \cos 2\pi f_c t$$

が再生されることを示せ.ただし,二乗則回路の入出力特性は,入力電圧を v,出力電圧を u とすると,

$$u = kv^2, \quad k > 0$$

で与えられる.

```
受信された
DSB信号   →[二乗則回路]→[狭帯域    ]→[1/2分周器]→ 同期検波用
v_DSB(t)              フィルタ                    再生搬送波
                     中心周波数 2f_c                c(t)
```

図 3.12

3.2 前問の二乗則回路と低域フィルタで構成される検波器を用いると,通常のAM信号を復調することができる.動作点電圧 (バイアス電圧) を B とすると,二乗則回路の入力電圧は次のようになる.

$$v(t) = B + A[1 + m_0(t)]\cos 2\pi f_c t, \quad B \gg A$$

ここに,$m_0(t)$ は変調信号,$A\cos 2\pi f_c t$ は搬送波である.

二乗則検波器の出力 (直流分を除く) は

$$u(t) = kA^2\left[m_0(t) + \frac{1}{2}m_0{}^2(t)\right] \approx kA^2 m_0(t)$$

と表されることを示せ.ただし,$|m_0(t)| \ll 2$ とする.

3.3 単一正弦波で通常の振幅変調された信号がある.このAM信号を復調するために用いる包絡線検波器の時定数に関する条件は,例題3.1の式 (3.24) によって与えられる.

時刻に関係なく，この条件が成り立つためには，不等式
$$\frac{1}{CR} \geqq 2\pi f_m \frac{m}{\sqrt{1-m^2}}$$
が満足されなければならないことを示せ．

3.4 SSB 変調された信号について次の問いに答えよ．

(1) 波形
$$v(t) = \sum_{k=1}^{N}[\cos(2\pi f_k t + \phi_k)\cos 2\pi f_c t - \sin(2\pi f_k t + \phi_k)\sin 2\pi f_c t]$$
は上側波帯 (USB) 信号であることを示せ．ただし，f_k と ϕ_k は変調信号の周波数と位相，f_c は搬送波周波数であり，$f_k \ll f_c$ とする．

(2) 下側波帯 (LSB) 信号はどのような式で表されるか．

(3) これらを合わせた DSB 信号の表現を求めよ．

3.5 単一周波数の正弦波
$$m(t) = \cos 2\pi f_m t$$
により VSB 変調された信号は，
$$v_{\text{VSB}}(t) = k\cos 2\pi(f_c - f_m)t + (1-k)\cos 2\pi(f_c + f_m)t$$
で与えられる．ここに，f_c は搬送波周波数であり，$0 < k < 1$ である．

(1) 同期検波によって変調信号 $m(t)$ が得られることを示せ．

(2) この VSB 信号に大きな振幅の搬送波 $A\cos 2\pi f_c t$ を加えると，包絡線検波によって $m(t)$ が復元されることを示せ．

コラム

ペットボトル AM ラジオ

ペットボトル (二本，円筒形で大きめのサイズ) やアルミホイルなどの身近な材料を用いる AM 放送受信用鉱石ラジオの作り方が電子情報通信学会誌 2004 年 8 月号 (文献 [4]) に紹介されている．選局を行う同調回路の可変コンデンサはペットボトルのうちの一本の上部を切り取り，切り込みを入れてキャップにしてかぶせ，極板にはアルミホイルを用いる．そのほかに必要な部品は，エナメル線 20 [m]，クリスタルイヤホン，ゲルマニウムダイオード (IN60 または IK60)，カーボン抵抗 (20 [kΩ],1/8 [W])，セラミックコンデンサ (100 [pF], 200 [pF]) 各 1 個である．包絡線検波器のコンデンサはイヤホンが兼用するので不要である．ペットボトル鉱石ラジオは電池が要らないので，停電時にも役立つ．

第 4 章

角度変調

　3 章で述べた振幅変調は，正弦搬送波の振幅を変調信号によって変化させることにより情報を伝送する方式であった．正弦搬送波は振幅以外にも周波数と位相という二つのパラメータを有しており，これらを情報信号に従って変化させることによっても通信は可能であろう．このような変調の方式をそれぞれ，周波数変調 (FM)，位相変調 (PM) とよび，角度変調と総称している．振幅変調は，情報信号のスペクトルを周波数軸上に平行移動する線形変換であり，変調によって新しい周波数成分が発生することはなかった．角度変調においても情報スペクトルは同様に周波数変換を受けるが，さらに情報信号には含まれていなかったまったく新しい周波数成分を発生し，非線形変換としての特徴を示す．角度変調は，振幅変調に比べて広い伝送帯域を必要とするが，CN 比の高い状態のもとでは雑音を強く抑制する性質があり，復調によって SN 比が大幅に改善される．このように，角度変調は伝送帯域幅と SN 比改善とを交換する方式であり，振幅変調に比べて高品質の通信が要求される場合に用いる．周波数変調と位相変調は本質的には違わないから，この章では主として周波数変調について説明し，周波数変調された信号のスペクトルと帯域幅，復調における SN 比の改善などについて考察する．

4.1　周波数変調と位相変調

　無変調の正弦搬送波は，振幅 A，周波数 f_c，位相 ϕ をそれぞれ定数として，

$$v(t) = A\cos(2\pi f_c t + \phi) \tag{4.1}$$

と表される．**角度変調** (angle modulation) は，振幅 A を一定とし，角度

$$\theta(t) = 2\pi f_c t + \phi(t) \tag{4.2}$$

を変調信号によって変化させる方法である．角度変調波は

$$v(t) = \text{Re}\{A\exp[j\theta(t)]\} \tag{4.3}$$

のように表すこともできるので，**指数変調** (exponential modulation) とよばれることもある．

4.1 周波数変調と位相変調

角度変調は位相変調と周波数変調の二つに分けられる．**位相変調** (phase modulation; PM) は，位相 $\phi(t)$ を変調信号 $m(t)$ に直接比例させる方法で，

$$\phi(t) = k_p m(t) \tag{4.4}$$

と表される．k_p はシステムによって定まる係数である．したがって，PM 信号は次式のように表される．

$$v_{\mathrm{PM}}(t) = A\cos[2\pi f_c t + k_p m(t)] \tag{4.5}$$

角度が時間的に変化すると，周波数もまた変化する．そこで，拡張した周波数の定義として，

$$f_i(t) = \frac{1}{2\pi}\frac{d\theta(t)}{dt} = f_c + \frac{1}{2\pi}\frac{d\phi(t)}{dt} \tag{4.6}$$

を用い，これを**瞬時周波数** (instantaneous frequency) とよぶ．位相 $\phi(t)$ が時間によらない定数であれば，瞬時周波数は通常の周波数の概念に一致する．

周波数変調 (frequency modulation; FM) は，瞬時周波数の搬送波周波数からの偏移を変調信号に比例させる方式であって，

$$f_i(t) - f_c = \frac{1}{2\pi}\frac{d\phi(t)}{dt} = \frac{k_f}{2\pi}m(t) \tag{4.7}$$

と表される．k_f は k_p と同様にシステムによって定まる係数である．したがって，FM 変調信号の位相は変調信号の積分

$$\phi(t) = k_f \int_{-\infty}^{t} m(t)\,dt \tag{4.8}$$

になり，FM 信号は次式のように表せる．

$$v_{\mathrm{FM}}(t) = A\cos\left[2\pi f_c t + k_f \int_{-\infty}^{t} m(t)\,dt\right] \tag{4.9}$$

式 (4.5) の PM 信号の表現は次のように変形できる．

$$v_{\mathrm{PM}}(t) = A\cos\left[2\pi f_c t + k_p \int_{-\infty}^{t} m'(t)\,dt\right] \tag{4.10}$$

この式は，変調信号があらかじめ微分されている点を除けば，FM 信号を表す式 (4.9) と変わらない．このように，FM と PM は本質的には同じもので，微分と積分演算によって相互に変換できる．すなわち，変調信号を積分器に通過させたのち位相変調したものは FM 波を表し，また，変調信号を最初，微分器に通し，次にこれを周波数変調することによって PM 波が得られる．このように，周波数変調と位相変調との間には本質的な違いはない．以下では，主に周波数変調を中心に説明する．FM と PM の関係は図 4.1 に示されている．

第4章 角度変調

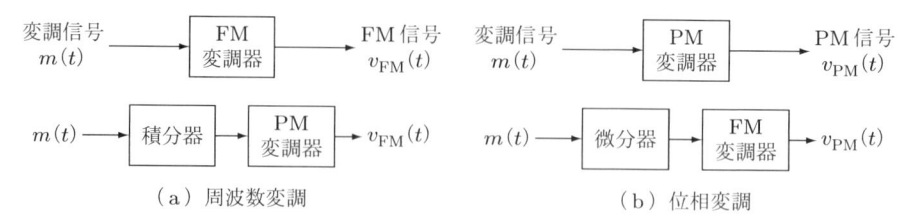

図 4.1 FM と PM の関係

図 4.2 (a) は，変調信号が周期三角波である場合の変調信号と被変調 FM 波の関係を表したものである．被変調 FM 波は，変調信号 $m(t)$ のレベルの変化に対応して周波数が上下する．同様に，図 4.2 (b) は変調信号が周期方形波の場合の変調信号と被変調 FM 波の関係を表している．ここで，変調信号である三角波の時間微分 $m'(t)$ が方形波になることに注意すれば，図 4.2 (b) の被変調波はまた，周期三角波 $m(t)$ を変調信号とする PM 波であることがわかる．

FM 信号において，搬送波周波数に対する瞬時周波数の偏移の最大値を，**最大周波数偏移** (peak frequency deviation) という．最大周波数偏移を ΔF とすると，式 (4.7) より次式が得られる．

$$\Delta F = \frac{k_f}{2\pi}|m(t)|_{\max} \tag{4.11}$$

PM 信号の**最大位相偏移** (peak phase deviation) は，式 (4.4) より，

$$\beta = k_p |m(t)|_{\max} \tag{4.12}$$

と表される．β は**変調指数** (modulation index) とよばれ，角度変調では重要なパラメータの一つである．

変調信号が単一周波数の正弦波

$$m(t) = A_m \cos 2\pi f_m t, \quad t \geq 0 \tag{4.13}$$

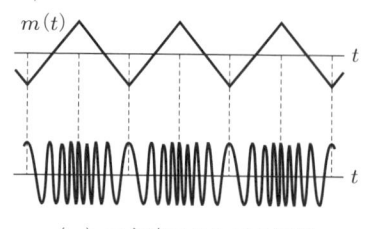

(a) 三角波による FM 波形

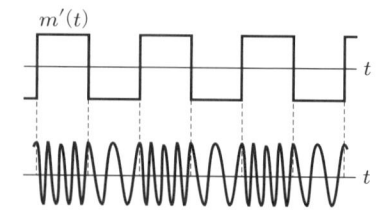

(b) 三角波による PM 波形
(方形波による FM 波形)

図 4.2 FM と PM の波形

の被変調 FM 信号について考えると,その最大周波数偏移は

$$\Delta F = \frac{k_f A_m}{2\pi} \tag{4.14}$$

であるから,式 (4.9) より

$$v_{\mathrm{FM}}(t) = A\cos\left[2\pi f_c t + 2\pi \Delta F \int_{-\infty}^{t} \cos 2\pi f_m t\, dt\right]$$

$$= A\cos\left[2\pi f_c t + \frac{\Delta F}{f_m}\sin 2\pi f_m t\right] \tag{4.15}$$

となる (変調信号は $t<0$ では存在せず,積分下限は 0 と考えている).

変調指数は

$$\beta = \frac{\Delta F}{f_m} \tag{4.16}$$

と表され,最大周波数偏移と変調信号周波数との比で与えられる.変調信号が単一周波数の正弦波でなく,ある帯域幅をもつ場合には,f_m はふつうその最高周波数である.

例題 4.1 実効値 10 [V],搬送波周波数 10 [MHz] の角度変調された信号が,次のように表されている.以下の問いに答えよ.

$$v(t) = 10\sqrt{2}\cos[2\pi \times 10^7 t + \pi \sin(2\pi \times 10^3 t)] \tag{4.17}$$

(1) この角度変調波が PM 波であるとき,変調信号を求めよ.ただし,$k_p = 10\pi$ とする.

(2) この角度変調波が FM 波であるとすれば,変調信号はどのように表されるか.ただし,$k_f = 2\pi \times 10^5$ とする.

(3) $v(t)$ の変調指数を求めよ.

解 (1) 式 (4.5) との対応から

$$k_p m(t) = \pi \sin(2\pi \times 10^3 t) \tag{4.18}$$

である.したがって,変調信号は次のように求められる.

$$m(t) = \frac{1}{10}\sin(2\pi \times 10^3 t) \tag{4.19}$$

(2) 瞬時周波数は

$$f_i(t) = 10^7 + 10^3 \pi \cos(2\pi \times 10^3 t) \tag{4.20}$$

と表される.それゆえ,式 (4.7) から

$$\frac{k_f}{2\pi} m(t) = 10^3 \pi \cos(2\pi \times 10^3 t) \tag{4.21}$$

であり,変調信号は次のようになる.

$$m(t) = \frac{\pi}{10^2} \cos(2\pi \times 10^3 t) \tag{4.22}$$

(3) 変調指数は最大位相偏移に等しい．したがって，式 (4.18) より

$$\beta = \pi \tag{4.23}$$

となる．あるいは，式 (4.11) と式 (4.21) を用いて次のように求めることもできる．

$$\beta = \frac{\Delta F}{f_m} = \frac{10^3 \pi}{10^3} = \pi \tag{4.24}$$

◀■

4.2 狭帯域 FM

のちほど詳しく述べるように，雑音を抑制する周波数変調の長所が現れるのは搬送波対雑音電力比 (CN 比) が高く，変調指数が大きい広帯域 FM の場合である．しかし，ここでは一般的な FM の議論に入る準備として，変調指数の小さい**狭帯域 FM** (narrowband FM : NBFM) の特性を考える．データ伝送において，ディジタル情報に異なった周波数のパルスを割り当てる周波数シフトキーイング (FSK) は狭帯域 FM の例である．

単一周波数 f_m の正弦波で周波数変調された信号は

$$\begin{aligned} v_{\text{FM}}(t) &= A\cos(2\pi f_c t + \beta \sin 2\pi f_m t) \\ &= A\cos(\beta \sin 2\pi f_m t)\cos 2\pi f_c t - A\sin(\beta \sin 2\pi f_m t)\sin 2\pi f_c t \end{aligned} \tag{4.25}$$

と表される．変調指数が小さく，

$$\beta \ll 1 \tag{4.26}$$

が成り立つ場合には，

$$\cos(\beta \sin 2\pi f_m t) \approx 1 \tag{4.27}$$

$$\sin(\beta \sin 2\pi f_m t) \approx \beta \sin 2\pi f_m t \tag{4.28}$$

となるから，狭帯域 FM 信号は

$$v_{\text{FM}}(t) \approx A\cos 2\pi f_c t - \beta A \sin 2\pi f_m t \sin 2\pi f_c t \tag{4.29}$$

のように近似される．式 (4.29) はまた，次のように変形できる．

$$v_{\text{FM}}(t) \approx A\cos 2\pi f_c t + \frac{\beta A}{2}[\cos 2\pi(f_c + f_m)t - \cos 2\pi(f_c - f_m)t] \tag{4.30}$$

通常の AM 信号は，式 (3.17) に示したように

$$v_{\text{AM}}(t) = A(1 + m\cos 2\pi f_m t)\cos 2\pi f_c t$$

$$= A\cos 2\pi f_c t + \frac{mA}{2}[\cos 2\pi(f_c+f_m)t + \cos 2\pi(f_c-f_m)t] \qquad (4.31)$$

と表される.式 (4.30) と式 (4.31) は表現のうえでは非常によく似ており,変調信号の最高周波数を f_m とすれば,伝送に必要な帯域幅はいずれも

$$B = 2f_m \qquad (4.32)$$

である.

図 4.3 に,正弦波変調信号の場合における通常の AM 波と狭帯域 FM 波の周波数スペクトル (両側表示) を示す.図から明らかなように,重要な相違は上下側波帯の位相関係であり,狭帯域 FM 波では下側波帯の位相が逆相になっていることである.下側波帯におけるこのような位相の違いが,振幅変化によって情報を伝送する AM と,振幅は一定で周波数が変化する FM の本質的な特性を反映しているのである.

図 4.4 に通常の AM 波と狭帯域 FM 波のベクトル関係を示す.これらのベクトルはいずれも,搬送波ベクトルを基準にして相対的に位相の進む上側波帯信号と,位相の遅れる下側波帯信号を表すベクトル成分の合成によって構成される.変調信号の周波数は搬送波周波数に比べると十分低いから ($f_m \ll f_c$),搬送波に対する側波帯信号の相対位相変化はゆるやかである.図から明らかなように,AM 波の場合,上下側波帯のベクトルの和は,$mA\cos 2\pi f_m t$ となって,つねに搬送波ベクトルと同相に加わり,振幅の変動する波形が構成される.一方,狭帯域 FM 波の場合には,AM 波に比べると下側波帯ベクトルが逆位相で加わるため,上下側波帯成分が

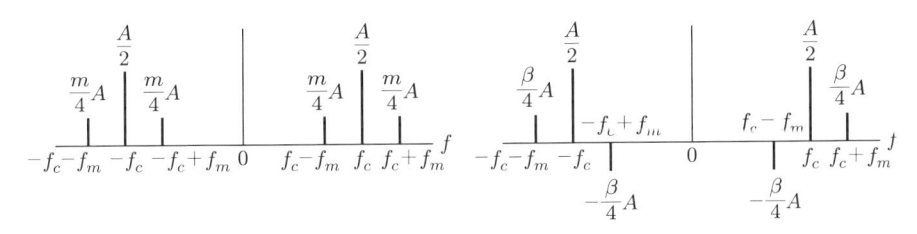

(a) 通常の AM 波 　　　　　 (b) 狭帯域 FM 波

図 4.3　通常の AM と狭帯域 FM のスペクトル

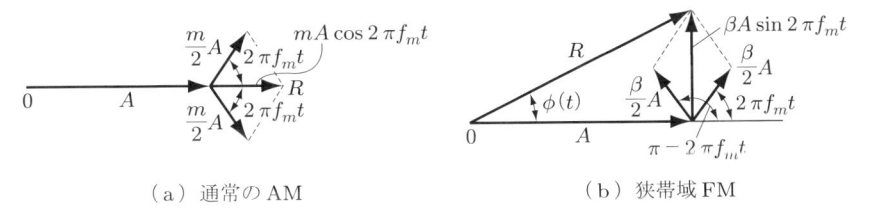

(a) 通常の AM 　　　　　 (b) 狭帯域 FM

図 4.4　通常の AM 波と狭帯域 FM 波のベクトル関係

合成されたベクトルは搬送波ベクトルと直交する．それゆえ，狭帯域FM波の振幅はほぼ一定と見なされる．この上下側波帯成分が合成されたベクトルの大きさは，$\beta A \sin 2\pi f_m t$ になり，搬送波とFM信号のなす角は

$$\phi(t) \approx \beta \sin 2\pi f_m t \tag{4.33}$$

と近似される．

4.3 広帯域FM

周波数変調では，変調指数

$$\beta = \frac{\Delta F}{f_m} \tag{4.34}$$

を大きく選ぶことにより，復調によるSN比が改善されるので，高品質の音声や音楽などのアナログ信号伝送に適している．FMラジオ放送などがその応用例である．このような長所と引き換えに，FM方式では，変調指数が増加するにつれて伝送には広い帯域が必要になる．変調指数の大きい周波数変調は，**広帯域FM** (wideband FM；WBFM) とよばれる．次に，単一周波数の正弦波信号による被変調FM波の周波数スペクトルと所要帯域幅について考察する．

FM波は，式 (4.25) に示したように次式で表される．

$$v_{\text{FM}}(t) = A\cos(2\pi f_c t + \beta \sin 2\pi f_m t)$$
$$= A\cos(\beta \sin 2\pi f_m t)\cos 2\pi f_c t - A\sin(\beta \sin 2\pi f_m t)\sin 2\pi f_c t \tag{4.35}$$

広帯域FM波の場合には変調指数 β は小さくないから，式 (4.27)，(4.28) のような近似は使えない．広帯域FM波のスペクトル分布を知るためには，次の公式を用いて式 (4.35) を級数に展開する．

$$\cos(\beta \sin x) = J_0(\beta) + 2\sum_{n=1}^{\infty} J_{2n}(\beta)\cos 2nx \tag{4.36}$$

$$\sin(\beta \sin x) = 2\sum_{n=0}^{\infty} J_{2n+1}(\beta)\sin(2n+1)x \tag{4.37}$$

ただし，$J_n(x)$ は第1種 n 次のベッセル関数であり，図4.5に示すように，x の増加につれて振動を繰り返しながら減衰する関数である．

式 (4.36)，(4.37) の展開式を用いて式 (4.35) を変形すると，FM波は

$$v_{\text{FM}}(t) = A\left[J_0(\beta) + 2\sum_{n=1}^{\infty} J_{2n}(\beta)\cos 4\pi n f_m t\right]\cos 2\pi f_c t$$

4.3 広帯域FM

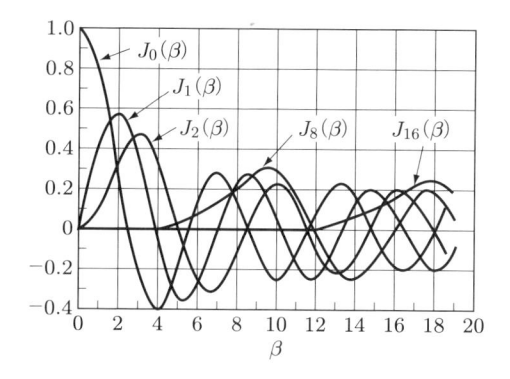

図 4.5 ベッセル関数 $J_n(\beta)$

$$-2A\left[\sum_{n=0}^{\infty} J_{2n+1}(\beta)\sin 2\pi(2n+1)f_m t\right]\sin 2\pi f_c t \quad (4.38)$$

となり，さらに整理すると

$$v_{\mathrm{FM}}(t) = AJ_0(\beta)\cos 2\pi f_c t$$

$$-A\sum_{n=0}^{\infty} J_{2n+1}(\beta)\{\cos 2\pi[f_c-(2n+1)f_m]t$$

$$-\cos 2\pi[f_c+(2n+1)f_m]t\}$$

$$+A\sum_{n=1}^{\infty} J_{2n}(\beta)\{\cos 2\pi[f_c-2nf_m]t+\cos 2\pi[f_c+2nf_m]t\} \quad (4.39)$$

と表される．わかりやすくするために，改めて式 (4.39) の最初の数項を記せば，

$$v_{\mathrm{FM}}(t) = AJ_0(\beta)\cos 2\pi f_c t$$

$$-AJ_1(\beta)[\cos 2\pi(f_c-f_m)t-\cos 2\pi(f_c+f_m)t]$$

$$+AJ_2(\beta)[\cos 2\pi(f_c-2f_m)t+\cos 2\pi(f_c+2f_m)t]$$

$$-AJ_3(\beta)[\cos 2\pi(f_c-3f_m)t-\cos 2\pi(f_c+3f_m)t]$$

$$+\cdots\cdots \quad (4.40)$$

となる．

このように，単一周波数の正弦波で変調された任意の値の変調指数 β をもつ FM 波のスペクトルは，搬送波スペクトルとこれを中心に間隔 f_m で対称に並ぶ無限個の側帯波スペクトルからなる．スペクトルの振幅は $J_n(\beta)$ の値によって定まるから，搬送波や側波帯成分の一部が 0 になる場合もある．また，図 4.5 のベッセル関

数の曲線からわかるように，$J_n(\beta)$ の最初のピークは次数 n が大きくなるにつれて次第に右に移行するから，β が大きくなるほど高次の項が無視できなくなる．また，偶数次の上下側波帯成分と奇数次の上側波帯の位相は搬送波と同相であるが，奇数次の下側波帯成分の位相は逆相になっている．正の搬送周波数付近における周波数スペクトルを図 4.6 に示す．

FM 信号の全電力は，式 (4.40) とベッセル関数の性質によって

$$P = \frac{A^2}{2}\left[J_0{}^2(\beta) + 2\sum_{n=1}^{\infty} J_n{}^2(\beta)\right] = \frac{A^2}{2} \tag{4.41}$$

となり，変調指数に無関係で，無変調搬送波の電力と変わらない．

FM 波のスペクトルの数は無限であるから，完全にこの FM 波を伝送しようとすると無限大の帯域幅が必要になる．しかし，与えられた β に対して

$$n = \beta + 1 \tag{4.42}$$

までのスペクトル成分を考えると，その中には 98 [%] 以上の電力が含まれているので，FM 波の所要帯域幅としては，一般に

$$B = 2(\beta + 1)f_m = 2(\Delta F + f_m) \tag{4.43}$$

を用いる．式 (4.43) を**カーソンの法則** (Carson's rule) とよんでいる．カーソンの法則は，帯域を有限幅にしたことにより生じるひずみを表す項が含まれていないものの，簡単な表現であるため実用上多く用いられる．

式 (4.43) において，広帯域 FM，すなわち，$\beta \gg 1$ ならば

$$B \approx 2\beta f_m = 2\Delta F \tag{4.44}$$

となる．また，狭帯域 FM ならば，$\beta \ll 1$ だから，

$$B \approx 2f_m \tag{4.45}$$

と表される．これは式 (4.32) に一致する．

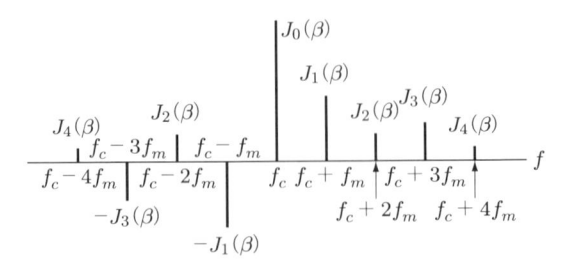

図 4.6　正弦波で変調された FM 波の周波数スペクトル
(正の搬送波付近，$A = 1$)

4.3 広帯域FM

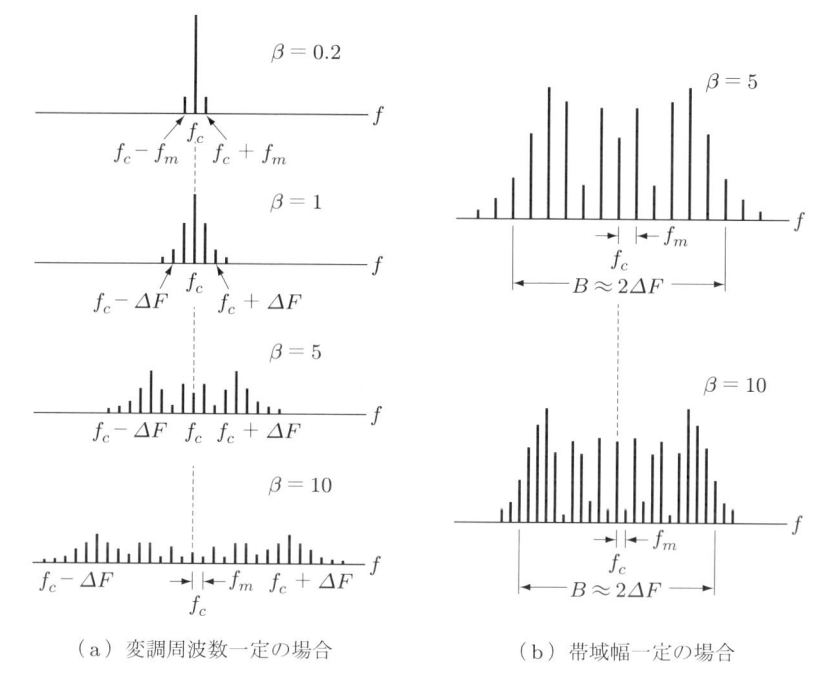

(a) 変調周波数一定の場合

(b) 帯域幅一定の場合

図 4.7　FM波の変調指数と振幅スペクトル

単一周波数の正弦波で変調されたFM波において，変調信号が搬送波周波数を中心に ΔF の範囲を変化するからといって，被変調FM波の帯域幅が $2\Delta F$ と考えるのは早計である．FM波の帯域幅は変調信号の周波数 f_m，すなわち $\pm \Delta F$ の間を変化する速さに関係し，式 (4.43) のカーソン則によって与えられる．むろん，ΔF が f_m に比べて十分大きければ，帯域幅は $2\Delta F$ と見なしてさしつかえない．

図4.7に変調指数とスペクトル振幅の関係を示す．同図 (a) に示すように，変調信号の周波数 f_m が一定ならばスペクトル間隔は同じであり，変調指数 β が増加するに従って必要な帯域幅 B は増加する．同図 (b) は帯域幅 B があらかじめ定められた場合であって，f_m が低い場合にはスペクトル間隔は狭く，変調指数は大きくとれるが，f_m が高くなるとスペクトル間隔は広がって変調指数は小さくなってしまう．

例題 4.2　変調信号は周波数 5 [kHz] の正弦波

$$m(t) = \cos[2\pi \times (5 \times 10^3 t)] \tag{4.46}$$

とする．次の問いに答えよ．

(1) 周波数変調の場合について，被変調 FM 波の最大周波数偏移 ΔF，帯域幅 B_{FM}，および変調指数 β を求めよ．ただし，$k_f = 2\pi \times 10^5$ とする．

(2) 位相変調の場合の変調指数 β と帯域幅 B_{PM} を計算せよ．ただし，$k_p = 20$ とする．

(3) 変調信号の周波数が 20 [kHz] の場合について，FM 波と PM 波の帯域幅を比較せよ．

■ **解** (1) 式 (4.11) によって，最大周波数偏移は

$$\Delta F = \frac{2\pi \times 10^5}{2\pi} \times 1 \,[\mathrm{Hz}] = 100 \,[\mathrm{kHz}] \tag{4.47}$$

となる．また，帯域幅は式 (4.43) より次のように求められる．

$$B_{\mathrm{FM}} = 2(100 + 5) = 210 \,[\mathrm{kHz}] \tag{4.48}$$

変調指数 β は最大周波数偏移と変調信号の周波数との比で定義されるから，

$$\beta = \frac{100 \,[\mathrm{kHz}]}{5 \,[\mathrm{kHz}]} = 20 \tag{4.49}$$

になる．$\beta \gg 1$ であるから広帯域 FM である．

(2) PM の場合，変調指数は式 (4.12) によって

$$\beta = 20 \times 1 = 20 \tag{4.50}$$

になる．帯域幅は FM の場合と同じで，次のようになる．

$$B_{\mathrm{PM}} = 210 \,[\mathrm{kHz}] \tag{4.51}$$

(3) FM では，最大周波数偏移 ΔF は変調信号の周波数によらないから，式 (4.47) と変わらない．帯域幅は式 (4.43) によって

$$B_{\mathrm{FM}} = 2(100 + 20) = 240 \,[\mathrm{kHz}] \tag{4.52}$$

と求められる (FM の場合，変調指数 β は変調信号の周波数 f_m に反比例するから，$\beta = 20/4 = 5$ になる)．

PM では，最大位相偏移，すなわち変調指数 β が変調信号の周波数に無関係で，式 (4.50) と同じである (PM の場合には，最大周波数偏移 ΔF と変調信号の周波数 f_m が正比例の関係にある)．したがって，帯域幅は次のように求められる．

$$B_{\mathrm{PM}} = 2(20 + 1) \times 20 = 840 \,[\mathrm{kHz}] \tag{4.53}$$

このように，変調信号の周波数が 5 [kHz] から 20 [kHz] へ 4 倍になった場合，FM では帯域幅は 240 [kHz]/210 [kHz]=1.1 倍でほとんど変わらない．しかし，PM の場合には 840 [kHz]/210 [kHz]=4 倍に増加する．

4.4 FM 波の発生と復調

FM 波は図 4.8 に示されるように，搬送波発振器に含まれる共振回路のインダクタンスあるいは静電容量を変調信号の電圧によって外部から制御し，発振周波数を変化する方法によって発生させている．この方法は**電圧可変リアクタンス** (voltage-variable reactance) **法**とよばれる．外部電圧で周波数制御する発振器を**電圧制御発振器** (voltage-controlled oscillator; VCO) という．

可変リアクタンスとして広く用いられる**可変容量ダイオード**は，PN 接合半導体の接合面における隔壁容量が逆バイアス電圧によって変化する性質を利用した半導体素子である．図 4.9 に可変容量ダイオードを用いた共振回路を示す．

共振回路の発振周波数は

$$f = \frac{1}{2\pi\sqrt{LC}} \tag{4.54}$$

で与えられる．L はインダクタンス，C は一定の静電容量 C_0 と電圧可変容量 C_v の和である．$C = C_0$ のときには周波数 f_c の無変調搬送波を発生する．静電容量と周波数偏移の関係は次のようになる．

$$\frac{\Delta C}{C_0} = \frac{2\Delta f}{f_c} \tag{4.55}$$

直接法によって発生させた出力は周波数逓倍を行い，必要な周波数と変調指数をもった FM 信号を得る．電圧可変リアクタンス法で周波数を安定させるには，別に水晶発振器により発生させた一定周波数の信号を用いて誤差を補正する．

FM 波を発生させるもう一つの方法は，**アームストロング** (Armstrong) **の間接法**である．この周波数変調器は平衡変調器と移相器からなる狭帯域 FM 波発生器であって，変調信号を積分したのち平衡変調器の入力に加える．アームストロング変

図 4.8　電圧可変リアクタンスによる周波数変調法

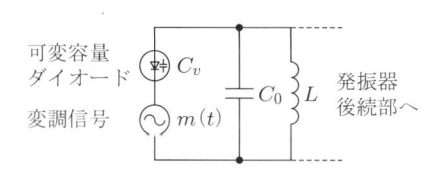

図 4.9　可変容量ダイオードを用いる周波数変調回路

94 第4章 角度変調

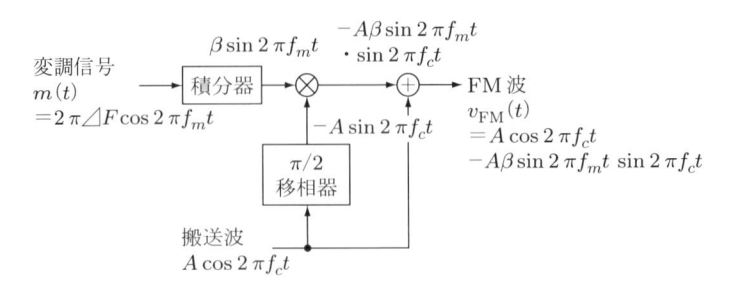

図 4.10 アームストロングの狭帯域 FM 変調器

調器の出力に得られた狭帯域 FM 波は，いくつかの周波数逓倍過程を経て広帯域 FM 波になる．

変調信号を

$$m(t) = 2\pi\Delta F \cos 2\pi f_m t \tag{4.56}$$

とする．変調指数 β が小さい場合 ($\beta = \Delta F/f_m \ll 1$) には，狭帯域 FM 波は 4.2 節の式 (4.29) で表せる．アームストロングの変調器は，この式を実現した図 4.10 のような構成で，出力には狭帯域 FM 波が得られる．

狭帯域 FM 波を周波数逓倍して周波数偏移を広げると，広帯域の FM 波が得られる．周波数逓倍過程において，変調周波数は変化せず，搬送波周波数と変調指数が逓倍される．**周波数逓倍器** (frequency mutiplier) は非線形回路と帯域フィルタで構成されている．周波数逓倍器として，入出力特性が二乗則

$$u = kv^2, \quad k > 0 \tag{4.57}$$

で与えられる回路を用いた場合を考える．出力 $u(t)$ は次のようになる．

$$u(t) = k\left[A\cos(2\pi f_c t + \beta \sin 2\pi f_m t)\right]^2$$

$$= \frac{kA^2}{2}\left[1 + \cos(4\pi f_c t + 2\beta \sin 2\pi f_m t)\right] \tag{4.58}$$

直流分をフィルタで除去すると，搬送波周波数と変調指数が 2 倍になった FM 波が得られる．入出力特性が n 乗則で表される非線形回路を用いれば，希望の搬送波周波数と適当な変調指数をもつ FM 波を発生させることができる．

FM 受信機は図 4.11 に示すように，振幅制限器，FM 検波器，低域フィルタによって構成されている．この受信機の主要部は，瞬時周波数偏移

$$f_i - f_c = \frac{1}{2\pi}\frac{d\phi(t)}{dt} \tag{4.59}$$

に比例した電圧を取り出す **FM 検波器** (FM detector) であり，**周波数弁別器** (FM discriminator) ともよばれる．FM 検波器は，FM 波の帯域幅

4.4 FM波の発生と復調

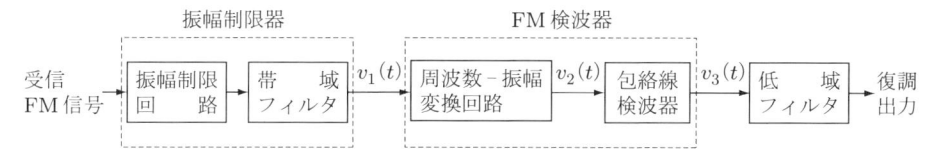

図4.11 FM受信機の構成

$$B = 2(\Delta F + f_m) \tag{4.60}$$

にわたり瞬時周波数と出力電圧振幅が直線比例する回路と，包絡線検波器からなっている．周波数-振幅変換回路は微分回路である．

FM検波器における周波数-振幅変換回路の構成と周波数特性の例を図4.12に示す．簡単なものとしては，RC (または RL) で構成された高域通過フィルタや単一同調回路が用いられ，周波数特性の直線傾斜 (スロープ) 部分が利用される．同図 (a) は RC フィルタによるスロープ検波回路とその特性を示したものである．スロープ検波の方法は線形になる範囲が狭いので，周波数偏移が大きい場合にはひずみが生じる．同図 (b) に示す平衡 (バランス) 形のFM検波器は，搬送波周波数の上下にそれぞれ同調周波数をもつ二つの同調回路を組み合わせ，包絡線検波器の出力を差動的に取り出している．入力が無変調搬送波のときの出力は0である．バランス形の周波数-振幅変換回路は広い周波数帯にわたり直線性が優れ，偶数次の高

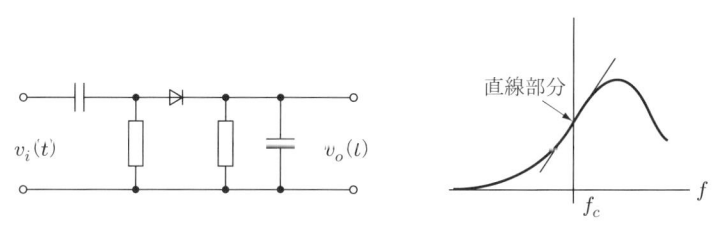

(a) RCフィルタを用いるスロープ検波

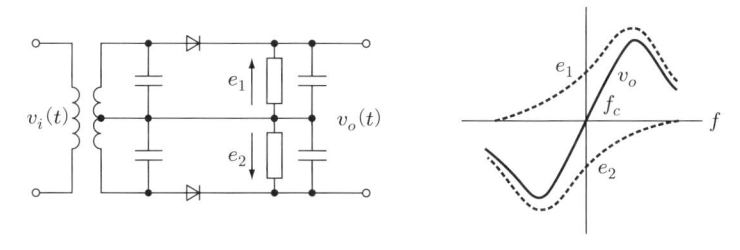

(b) バランス形のFM検波

図4.12 FM検波器の周波数-振幅変換回路とその特性

調波によるひずみも打ち消される．実用的な検波器として，**フォスター - シーリー** (Foster-Seely) **の周波数弁別器**が知られている．

次に FM 検波器の動作について考える．周波数 - 振幅変換回路の特性において，傾斜部分は微分動作であり，伝達関数は

$$H(f) = j2\pi k f \tag{4.61}$$

と近似される．k は定数である．入力 $v_1(t)$ と出力 $v_2(t)$ との関係は

$$v_2(t) = k\frac{d}{dt}v_1(t) \tag{4.62}$$

で与えられる．

FM 検波器入力における FM 波を

$$v_1(t) = A\cos\left[2\pi f_c t + k_f \int_{-\infty}^{t} m(t)\,dt\right] \tag{4.63}$$

とすると，周波数 - 振幅変換回路の出力 $v_2(t)$ は

$$v_2(t) = -kA[2\pi f_c + k_f m(t)]\sin\left[2\pi f_c t + k_f \int_{-\infty}^{t} m(t)\,dt\right] \tag{4.64}$$

となり，包絡線，周波数のいずれもが変化する波形になる．次に，$v_2(t)$ は包絡線検波器に加えられるが，包絡線検波器は周波数の変化には無感覚であり，包絡線変化に追従した電圧を出力する．これは次式のようになる．

$$v_3(t) = kA[2\pi f_c + k_f m(t)] \tag{4.65}$$

最後に，$v_3(t)$ に含まれる直流分と信号帯域外の不要な雑音を低域フィルタで除いて，もとの変調信号 $m(t)$ を復元する．

式 (4.65) からわかるように，包絡線検波器の出力には FM 波の包絡線の値 A が係数として掛けられている．それゆえ，変調信号を正しく復元するためには，通信

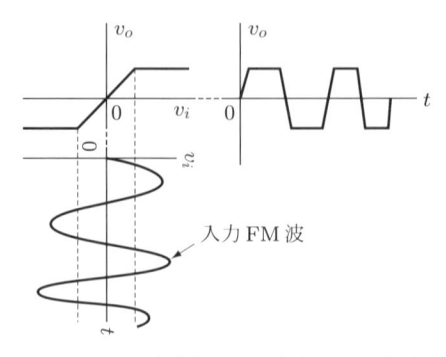

図 4.13 振幅制限器の特性と入出力波形

路で受けた雑音やフェージングによる包絡線変動をあらかじめ除去しておく必要がある．この目的で，復調器の前に**振幅制限器** (amplitude limiter) が置かれる．振幅制限器は図 4.13 に示す入出力特性をもつ回路であって，受信 FM 波の振幅を一定値に制限して方形波に近いパルス列を取り出し，この方形波パルス列を帯域フィルタに通すことにより，振幅変動のない FM 波を得るものである．また，FM 検波器に後続する低域フィルタのカットオフ周波数は変調信号の最高周波数に選ばれており，信号帯域以外の不要な雑音を取り除く．

4.5 FM 復調における SN 比

周波数変調は，搬送波対雑音電力比 (CN 比) が一定のスレショルドレベル以上にあり，変調指数が大きいとき，非直線性の FM 検波によって雑音が抑制され，出力における信号対雑音電力比 (SN 比) が改善されるという優れた性質をもつ．スレショルド効果は CN 比が 10 [dB] の付近において生じ，CN 比がスレショルドレベル以下になると SN 比は急激に劣化してしまう．以下は CN 比が十分高いものとし，FM 復調による出力 SN 比の改善について考える．

FM 信号は

$$v_{\mathrm{FM}}(t) = A\cos\left[2\pi f_c t + k_f \int_{-\infty}^{t} m(t)\,dt\right] \tag{4.66}$$

と表せる．ここに，$m(t)$ は変調信号で，最高周波数 f_m に帯域制限されているものとする．

FM 信号の帯域幅は

$$B = 2(\Delta F + f_m) = 2(\beta + 1)f_m \tag{4.67}$$

で与えられるから，受信機における高周波や中間周波の帯域フィルタ，振幅制限器，FM 検波器はいずれも式 (4.67) の帯域幅を必要とする．しかし，FM 検波器の後に置かれる低域フィルタは，変調信号を通過させるだけの幅があればよいので，カットオフ周波数を f_m に選んでおけばよい．

受信機入力は式 (4.66) の FM 信号と伝送路雑音の加わったものになる．この雑音も信号と同様に受信機で周波数選択され，帯域幅 B に制限される．雑音を狭帯域ガウス雑音とすると，

$$n(t) = x(t)\cos 2\pi f_c t - y(t)\sin 2\pi f_c t \tag{4.68}$$

のように表される．ここに，$x(t)$ と $y(t)$ は低域ガウス成分であり，

$$\overline{n^2(t)} = \overline{x^2(t)} = \overline{y^2(t)} = N \tag{4.69}$$

である．CN 比は次式で表せる．

$$\left(\frac{C}{N}\right) = \frac{A^2}{2N} \tag{4.70}$$

CN 比の十分高い状態では，雑音は FM 検波器出力における信号に影響を与えない．したがって，復調された信号の電力 (平均電力) は

$$S_o = \left(\frac{k_f}{2\pi}\right)^2 \overline{m^2(t)} \tag{4.71}$$

と表される．

次に，検波器出力における雑音電力について考える．振幅制限器入力は受信 FM 波と雑音の和であるが，CN 比が高い状態においては，変調信号 $m(t)$ が FM 復調器の雑音出力に影響することはないので，無変調搬送波に雑音の加わった場合を考えればよい．したがって，振幅制限器入力は

$$v(t) = A\cos 2\pi f_c t + x(t)\cos 2\pi f_c t - y(t)\sin 2\pi f_c t$$
$$= [A + x(t)]\cos 2\pi f_c t - y(t)\sin 2\pi f_c t \tag{4.72}$$

と表せる．極座標の形式にまとめると，

$$v(t) = R(t)\cos[2\pi f_c t + \phi(t)] \tag{4.73}$$

のように変形できる．$R(t)$ と $\phi(t)$ は次式で与えられる．

$$R(t) = \sqrt{[A + x(t)]^2 + y^2(t)} \tag{4.74}$$

$$\phi(t) = \tan^{-1}\frac{y(t)}{A + x(t)} \tag{4.75}$$

包絡線の変動は振幅制限器によって取り除かれる．CN 比が十分高い状態では，大半の時間において，

$$\frac{|x(t)|}{A} \ll 1, \quad \frac{|y(t)|}{A} \ll 1 \tag{4.76}$$

であるから，位相雑音は次式のように近似できる．

$$\phi(t) \approx \frac{y(t)}{A} \tag{4.77}$$

FM 検波器の動作は微分動作であり，出力には

$$\frac{1}{2\pi}\frac{d\phi(t)}{dt} \approx \frac{1}{2\pi A}\frac{dy(t)}{dt} \tag{4.78}$$

が現れる．

$v(t)$ のフーリエ変換を $V(f)$ とすると

$$\frac{d}{dt}v(t) \longleftrightarrow j2\pi f V(f) \tag{4.79}$$

であるから，FM 検波器は伝達関数

$$H(f) = \frac{jf}{A} \tag{4.80}$$

をもつフィルタである．それゆえ，低域直交成分 $y(t)$ の電力スペクトル密度を $G_y(f)$ とすると，検波器出力における雑音の電力スペクトル密度 $G_o(f)$ は次式になる．

$$G_o(f) = \left(\frac{f}{A}\right)^2 G_y(f) \tag{4.81}$$

入力雑音 $n(t)$ が帯域幅 B にわたって一様な電力スペクトルをもつ白色雑音である場合には，$y(t)$ の電力スペクトル密度は

$$G_y(f) = \begin{cases} \dfrac{N}{B}, & |f| \leqq \dfrac{B}{2} \\ 0, & |f| > \dfrac{B}{2} \end{cases} \tag{4.82}$$

と表せる．N は雑音電力である．

したがって，検波器出力における雑音の電力スペクトル密度は

$$G_o(f) = \left(\frac{f}{A}\right)^2 \left(\frac{N}{B}\right) = \left(\frac{f^2}{2B}\right) \Big/ \left(\frac{C}{N}\right), \quad |f| \leqq \frac{B}{2} \tag{4.83}$$

と計算される．このように，検波器出力における雑音の電力スペクトル密度は周波数の二乗に比例し，CN 比に反比例する．図 4.14 は放物線で表される $G_o(f)$ の形状を示したものである．

FM 検波器の後には低域通過フィルタを接続する．この低域フィルタのカットオフ周波数は，変調信号の最高周波数 f_m に選ばれるが，$f_m \ll B$ であるから雑音の大部分を除去することができる．低域フィルタ出力の雑音電力は，式 (4.83) を $(-f_m, f_m)$ にわたって積分すればよく，次式で表せる．

$$N_o = \int_{-f_m}^{f_m} G_o(f)\,df = \left(\frac{f_m{}^3}{3B}\right) \Big/ \left(\frac{C}{N}\right) \tag{4.84}$$

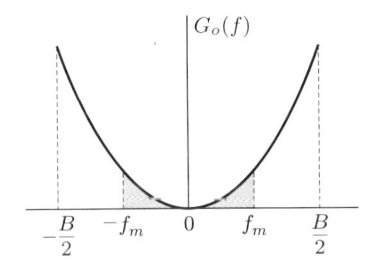

図 4.14 FM 検波器出力における雑音の電力スペクトル密度 $(C/N \gg 1)$

FM 復調器出力における SN 比は，式 (4.71) と式 (4.84) の比をとり，

$$\left(\frac{S}{N}\right)_o = \left(\frac{3B}{f_m{}^3}\right)\left(\frac{k_f}{2\pi}\right)^2 \overline{m^2(t)} \left(\frac{C}{N}\right) \tag{4.85}$$

と計算できる．

とくに変調信号が単一周波数の正弦波の場合には

$$\frac{k_f}{2\pi} m(t) = \Delta F \cos 2\pi f_m t \tag{4.86}$$

と表せる．復調された信号の電力は

$$S_o = \frac{\Delta F^2}{2} \tag{4.87}$$

となるから，出力における SN 比は

$$\left(\frac{S}{N}\right)_o = \left(\frac{3B}{f_m{}^3}\right)\left(\frac{\Delta F^2}{2}\right)\left(\frac{C}{N}\right) = 3\beta^2(\beta+1)\left(\frac{C}{N}\right) \tag{4.88}$$

のように表せる．ここに，β は式 (4.16) で定義される変調指数である．

以上の結果は CN 比が大きい条件のもとで導かれたものであるが，さらに変調指数が十分大きく，$\beta \gg 1$ が成り立つならば，

$$\left(\frac{S}{N}\right)_o \approx 3\beta^3 \left(\frac{C}{N}\right) \tag{4.89}$$

のように近似される．すなわち，広帯域 FM の場合には，復調によって変調指数の三乗に比例した出力 SN 比が得られる．変調指数の増加は伝送帯域幅を拡大することであって，FM 方式が帯域幅と SN 比の改善とを交換する (trade off) 方式であることを示している．

ここで注意しなければならないのは，必要以上に帯域幅を増すと，伝送路からの入力雑音電力が比例して増加し，搬送波電力が一定な FM では CN 比が減少することである．広帯域 FM の利点は入力 CN 比がスレショルド値以上において現れるので，変調指数の上限にはおのずから限度がある．**スレショルド効果**は変調指数が大きいほど高い CN 比において現れる．したがって，スレショルド近辺ではむしろ変調指数を下げ，帯域幅を制限するほうが出力 SN 比の改善が得られる．スレショルドの値は変調指数によって異なるが，ほぼ CN 比 10 [dB] 付近である．FM 復調における出力 SN 比改善の様子を図 4.15 に示す．

PM 波の復調における出力 SN 比についても，FM の場合と同様に導くことができる．PM 波は

$$v_{\text{PM}}(t) = A\cos[2\pi f_c t + k_p m(t)] \tag{4.90}$$

と表される．位相検波されて出力に現れる信号の平均電力は

4.5 FM 復調における SN 比

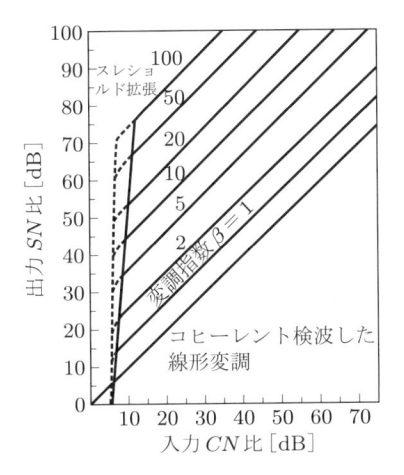

図 4.15 FM 復調における入力 CN 比対出力 SN 比特性
(S. スタイン, J. J. ジョーンズ著, 関英男監訳:現代の通信回線理論,
図 6-9, 森北出版 (1976) より引用)

$$S_o = k_p^2 \overline{m^2(t)} \tag{4.91}$$

となる.

PM 検波器の伝達関数は

$$H(f) = \frac{1}{A} \tag{4.92}$$

である. FM の場合と同様に演算すると, PM の出力 SN 比は

$$\left(\frac{S}{N}\right)_o = \left(\frac{B}{f_m}\right) k_p^2 \overline{m^2(t)} \left(\frac{C}{N}\right) \tag{4.93}$$

と求められる.

とくに, 変調指数が単一周波数の正弦波の場合には, 変調指数 β を用いて

$$\left(\frac{S}{N}\right)_o = \beta^2(\beta+1)\left(\frac{C}{N}\right) \tag{4.94}$$

となる. さらに, $\beta \gg 1$ ならば, 次のように近似される.

$$\left(\frac{S}{N}\right)_o \approx \beta^3 \left(\frac{C}{N}\right) \tag{4.95}$$

FM と PM の出力 SN 比に添字をつけて $(S/N)_{o\,(\mathrm{FM})}$, $(S/N)_{o\,(\mathrm{PM})}$ のように表し, 比較のため式 (4.85) と式 (4.93) の比をとると

$$\left(\frac{S}{N}\right)_{o\,(\mathrm{FM})} \Big/ \left(\frac{S}{N}\right)_{o\,(\mathrm{PM})} = \frac{3}{(2\pi f_m)^2}\left(\frac{k_f}{k_p}\right)^2 \tag{4.96}$$

となる．ここで，FM と PM の最大周波数偏移を等しいとすれば

$$\Delta F = \left(\frac{k_f}{2\pi}\right)|m(t)|_{\max} = \left(\frac{k_p}{2\pi}\right)|m'(t)|_{\max} \tag{4.97}$$

であるから，

$$\left(\frac{S}{N}\right)_{o(\text{FM})} \bigg/ \left(\frac{S}{N}\right)_{o(\text{PM})} = \frac{3}{(2\pi f_m)^2}\frac{|m'(t)|^2_{\max}}{|m(t)|^2_{\max}} \tag{4.98}$$

となる．ただし，f_m は低域フィルタのカットオフ周波数で，変調信号 $m(t)$ の最高周波数に選ばれる．

式 (4.98) は $m(t)$ の微分に関係している．それゆえ，$m(t)$ のスペクトルが高い周波数域において支配的であれば出力 SN 比は FM が PM より優れ，逆に，低い周波数帯におけるスペクトルが優勢であるときは，PM のほうが FM より優れることがわかる．

4.6 プレエンファシスとディエンファシス

周波数変調では，FM 検波器のもつ微分動作のため，復調器出力における白色雑音の電力スペクトル密度は周波数に対して放物線状に変化し，高い周波数帯の雑音成分が急激に増加する．したがって，FM 復調された信号は高い周波数域ほど SN 比の劣化が著しい．そこで，高い周波数域における変調出力の SN 比を改善する目的で，**プレエンファシス** (pre-emphasis)，**ディエンファシス** (de-emphasis) とよばれる操作が行われる．

図 4.16 に示すように，送信機において，変調信号をプレエンファシス・フィルタに通し，あらかじめ高周波域の成分を強調してから FM 変調する．受信機では，FM 復調器の後にディエンファシス・フィルタを設け，プレエンファシスによって受けた信号のひずみを取り除く．ディエンファシス・フィルタは高周波域の成分を減衰させる特性である．プレエンファシス・フィルタとディエンファシス・フィルタの伝達関数は互いに逆特性になるように選ばれているので，変調信号に関する限り，これらのフィルタを挿入しない場合と特性は変わらない．しかし，雑音は通信

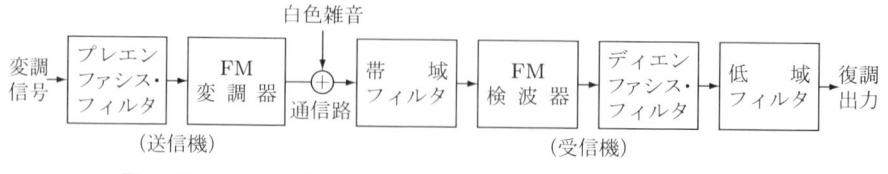

図 4.16 FM システムにおけるプレエンファシスとディエンファシス

路や受信機のフロントエンドで加わり，ディエンファシス・フィルタだけを通過するので，高周波成分の雑音は効果的に抑制され，復調後の SN 比が向上する．

プレエンファシス・フィルタの伝達関数を $H_p(f)$，ディエンファシス・フィルタの伝達関数を $H_d(f)$ とすると，次の関係がある．

$$H_p(f)H_d(f) = 1 \tag{4.99}$$

エンファシス技術による雑音軽減度を調べるには，ディエンファシス・フィルタを挿入した場合と，そうでない場合について復調器出力の雑音電力を比較すればよい．伝送される信号の全電力が変わらないとすれば，雑音軽減度は出力 SN 比の改善度に等価である．変調信号を単一周波数の正弦波信号とすると，FM 検波器出力の電力スペクトル密度は式 (4.83) で与えられる．それゆえ，SN 比改善度 η は次式で表せる．

$$\eta = \frac{\dfrac{N}{A^2 B} \int_{-f_m}^{f_m} f^2 \, df}{\dfrac{N}{A^2 B} \int_{-f_m}^{f_m} f^2 |H_d(f)|^2 \, df} = \frac{{f_m}^3 / 3}{\int_0^{f_m} f^2 |H_d(f)|^2 \, df} \tag{4.100}$$

FM ラジオ放送で用いられるプレエンファシス回路，ディエンファシス回路の構成とそれらの周波数特性を図 4.17 に示す．同図 (a) のディエンファシス・フィルタは低域通過の RC フィルタであって，その伝達関数は

$$H_d(f) = \frac{1}{1 + jf/f_1}, \quad f_1 = \frac{1}{2\pi CR} \tag{4.101}$$

と表される．ここに，f_1 は高域カットオフ周波数である．高い周波数域において，

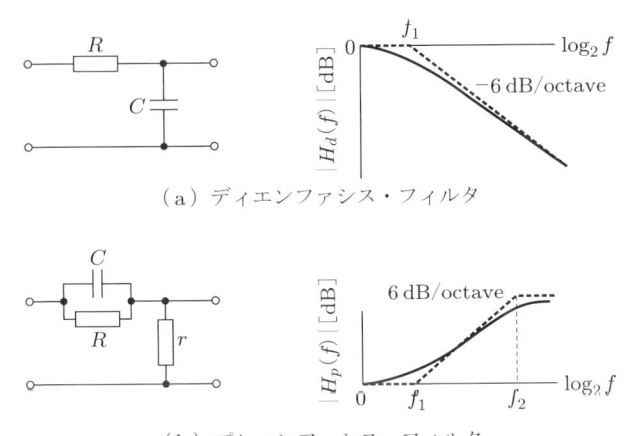

(a) ディエンファシス・フィルタ

(b) プレエンファシス・フィルタ

図 4.17　プレエンファシスとディエンファシス回路と伝達特性

$|H_d(f)|^2$ は f^2 に反比例するから，放物線状に増加する雑音の電力スペクトルを有効に抑制することができる．

また，プレエンファシス・フィルタとしては，同図 (b) のように，二つの抵抗とコンデンサからなる高域通過の RC フィルタが用いられる．抵抗の値は $r \ll R$ となるように選ばれていて，周波数特性は

$$f_1 = \frac{1}{2\pi CR}, \quad f_2 = \frac{1}{2\pi Cr} \tag{4.102}$$

に二つのブレークポイントをもつ．このうち，第2のブレークポイントの周波数 f_2 は，変調信号の最高周波数に比べて十分高いから，実用上は $f \ll f_2$ の範囲の周波数特性が使用される．この範囲では，

$$H_p(f) \approx \frac{r}{R}\left(1 + j\frac{f}{f_1}\right) \tag{4.103}$$

と表せる．利得を $K = R/r$ に調整すれば，式 (4.99) の条件が満たされる．

式 (4.101) を式 (4.100) に代入して，出力の SN 比改善度を求めると，

$$\eta = \frac{f_m{}^3/3}{\int_0^{f_m}\{f^2/[1+(f/f_1)^2]\}\,df} = \frac{(f_m/f_1)^3}{3[(f_m/f_1) - \tan^{-1}(f_m/f_1)]} \tag{4.104}$$

と表される．図 4.18 に SN 比改善度のグラフを示す．

FM ラジオ放送の標準方式では，時定数 CR の値は 50 [μs] と定められているから，$f_1 = 3.2$ [kHz] になる．$f_m = 15$ [kHz] とすれば $\eta = 10.4 = 10.2$ [dB] である．

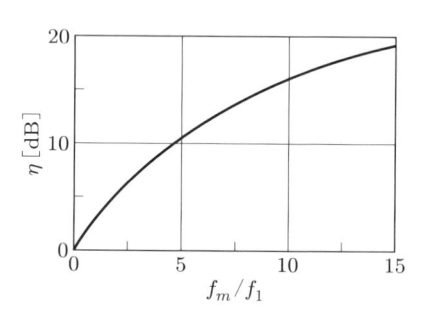

図 4.18 SN 比改善度

4.7 クリック雑音

図 4.15 に示されたように，周波数弁別器を用いて FM 信号を復調する方式では，入力 CN 比が減少してスレショルドレベル (10 [dB] 付近) に達すると，出力の SN 比は急激に低下してしまう．これは，電力の大きいインパルス性の雑音が発生するためである．このインパルス性の雑音を**クリック雑音** (click noise)，あるいは**スパイク雑音** (spike noise) とよぶ．スレショルド現象は，変調指数が大きいほど高い CN 比において現れ，スレショルドレベル以下では変調指数の増加による SN 比の改善はもはや期待できない．CN 比がさらに低くなった領域では，AM 方式のほうが優れた SN 比の特性を示す．

簡単のため，図 4.19 のように，受信波として無変調搬送波にガウス雑音の加わった場合を考える．A は搬送波振幅，$r(t)$ は雑音振幅，$R(t)$ はこれらの合成波の振幅であり，$\theta(t)$ は雑音の位相を，$\phi(t)$ は合成波の位相をそれぞれ表す．FM 信号の復調では，位相雑音 $\phi(t)$ が出力 SN 比を低下させる．

CN 比が十分大きい場合のベクトル関係は，同図 (a) に示すように，$\phi(t)$ が 0 を中心にわずかに変動する波形である．しかし，CN 比が低くなり，雑音振幅が搬送波振幅を超えるチャンスが多くなると，同図 (b) に示すように，合成波ベクトルの先端が原点をまわるようになる．合成ベクトル $R(t)$ が原点を反時計方向に周回すると，位相雑音 $\phi(t)$ は 2π [rad] 増加し，時計方向に周回した場合には 2π [rad] 減少する．雑音振幅が大きい場合の位相雑音 $\phi(t)$ と FM 復調器出力に現れる雑音 $d\phi(t)/dt$ の波形を図 4.20 に示す．この出力雑音 $d\phi(t)/dt$ の波形はインパルスである．

クリック雑音の平均電力は

$$N_c = \frac{(2\pi)^2 B f_m}{\sqrt{3}} \operatorname{erfc}\left(\sqrt{\frac{C}{N}}\right) \tag{4.105}$$

と表されることが知られている．したがって，FM 復調器出力における雑音電力は，

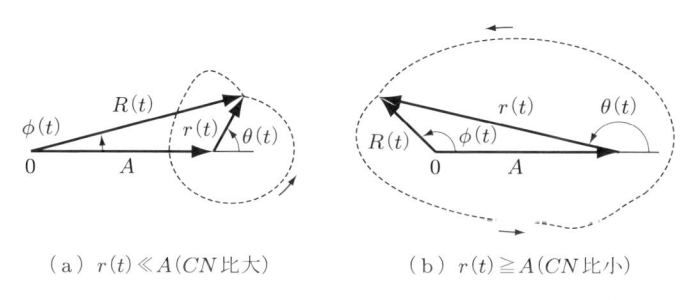

（a）$r(t) \ll A$ (CN 比大)　　　　（b）$r(t) \gtreqqless A$ (CN 比小)

図 4.19 無変調搬送波に雑音が加わった場合のベクトル関係

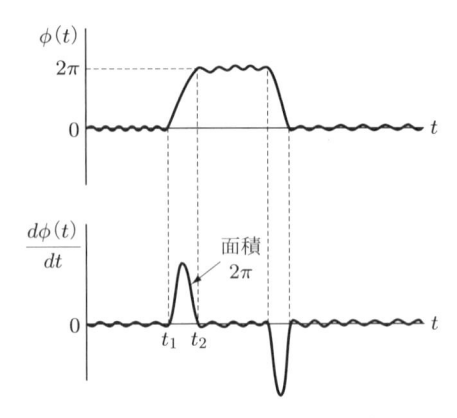

図 4.20 雑音振幅 $r(t) \gg A$ の場合の位相雑音とその時間微分

式 (4.84) で与えられるガウス雑音電力 N_o にクリック雑音電力 N_c が加わったものになる．

演習問題

4.1 変調信号を $m(t)$，搬送波を $A\cos 2\pi f_c t$ とする．フーリエ変換の関係

$$m(t) \longleftrightarrow M(f)$$

$$\int_{-\infty}^{t} m(t)\,dt \longleftrightarrow \frac{M(f)}{j2\pi f}$$

を用いて，狭帯域 PM 波と FM 波のスペクトル密度の表現を導け．

4.2 単一周波数の正弦波で変調された FM 波の変調指数を β とすると，$n = \beta + 1$ 番目以下のスペクトルに含まれる電力は全電力の 98 % 以上になる．このことを付録のベッセル関数の表 $(1 \leqq \beta \leqq 10)$ を用いて確かめよ．

4.3 カーソンの法則から帯域幅と最大周波数偏移の比 $B/\Delta F$ を変調指数 β の関数として表せ．また，縦軸を $B/\Delta F$，横軸を β にとって図示せよ．

4.4 アームストロング変調器によって得られた狭帯域 FM 波から，図 4.21 のような周波

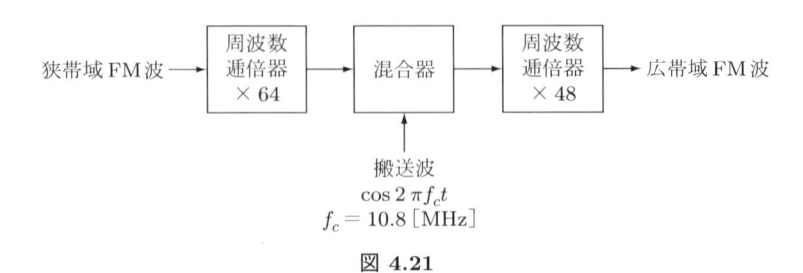

図 4.21

数逓倍器と混合器を用いて広帯域 FM 波を発生させるシステムがある．周波数 50 [Hz] の正弦波信号によって変調された搬送周波数 200 [kHz] の狭帯域 FM 波が

$$v_{\mathrm{FM}}(t) = \cos[2\pi \times 2 \times 10^5 t + 0.5\sin(2\pi \times 50 t)]$$

と表されている．次の問いに答えよ．

(1) 狭帯域 FM 波の最大周波数偏移と変調指数はいくらか．
(2) 64 倍の周波数逓倍器，混合器，48 倍の周波数逓倍器の各出力における FM 波の最大周波数偏移と変調指数はいくらか．ただし，混合器の出力には周波数 10.8 [MHz] の局部発振搬送波との差が現れるものとする．

4.5 次の変調信号について，PM と FM の復調出力における SN 比を比較せよ．ただし，最大周波数偏移は一定とする．また，f_m は変調信号の最高周波数である．

(1) $m(t) = 5\cos 2\pi f_0 t + \cos 10\pi f_0 t \quad (f_m = 5 f_0)$
(2) $m(t) = \cos 2\pi f_0 t + 5\cos 10\pi f_0 t \quad (f_m = 5 f_0)$
(3) $m(t) = \cos^3 2\pi f_0 t \quad (f_m = 3 f_0)$

4.6 受信機に加わる角度変調信号と雑音の和は，

$$v(t) = A\cos[2\pi f_c t + kg(t)] + r(t)\cos[2\pi f_c t + \theta(t)]$$

のように表すことができる．ここに，$g(t)$ は変調信号またはその時間積分，k はシステムによる定数であり，$r(t)$ と $\theta(t)$ はそれぞれ雑音のランダムな包絡線，位相である．振幅制限器を通過することによって $v(t)$ の振幅変動は除かれる．$v(t)$ の瞬時位相角 $\phi(t)$ は，CN 比が大きく，スレショルド以上にあって，ほとんどの時間において $A \gg r(t)$ が成り立つときには，

$$\phi(t) \approx kg(t) + \frac{r(t)}{A}\sin[\theta(t) - kg(t)]$$

となり，また，逆に CN 比が小さく，スレショルド以下で，大半の時間において $A \ll r(t)$ となる状態では，

$$\phi(t) \approx \theta(t) + \frac{A}{r(t)}\sin[kg(t) - \theta(t)]$$

と近似されることを導け．

4.7 M チャネルの周波数多重 FM 伝送において，ベースバンドの各チャネルに変調信号の最高周波数に等しい帯域幅 f_m が番号の低いほうから順に割り当てられている．最も番号の大きい第 M 番目チャネル ($M \gg 1$) に割り当てられるベースバンドの周波数は $(M-1)f_m \leq |f| \leq M f_m$ である．この FDM 伝送において，プレエンファシス，ディエンファシスを用いた場合の SN 比改善度を第 M 番目チャネルについて計算せよ．ただし，変調信号の電力ベクトルは平坦で，プレエンファシスフィルタには理想微分回路が用いられるものとする．

―― コラム ――

ステレオ FM ラジオ放送

　日本の FM ラジオ放送は，音楽番組などの高忠実度 (HiFi) 伝送を目的として 1959 年にモノラルで始まり，1969 年にステレオ化された．モノラル受信機が普及している中でステレオ放送を始めるという開発の経緯から，モノラル受信機になんらの付加装置を用いることなく，ステレオ放送のモノラル版を受信できる両立性の設計がなされている．オーディオ変調信号の最高周波数は 15 [kHz] で，周波数帯域幅，最大周波数偏移などもモノラル放送の仕様と変わらない．

　ステレオ放送では，左右のマイクロフォンから入力した L 信号と R 信号から $L+R$ 信号 (和信号) と $L-R$ 信号 (差信号) をつくり，差信号は 38 [kHz] の副搬送波によって DSB 変調される．また，19 [kHz] のパイロット信号が付加される．パイロット信号はステレオ放送の識別と差信号の DSB 復調に用いるためである．ベースバンド信号の帯域幅は 53 [kHz] になる．このベースバンド信号を用いて FM 変調が行われる．図 4.22 にベースバンド信号の周波数スペクトル密度 (片側表示) を示す．実用的には 53 [kHz] を超える高い周波数帯も利用し，ディジタル多重信号を乗せて，受信機制御，文字図形情報や交通情報などのサービスを行う FM 多重放送も行われている．

　受信機では，FM 検波ののち，フィルタにより和信号，DSB 信号，パイロット信号を分離して抽出する．差信号は DSB 信号を同期検波することによって得られる．検波過程で必要となる局発搬送波にはパイロット信号の周波数を 2 倍した 38 [kHz] の副搬送波を用いる．このようにして得られた和，差信号から

$$(L+R)+(L-R) = 2L, \quad (L+R)-(L-R) = 2R \tag{4.106}$$

の演算によって，L 信号と R 信号を再生し，左右のスピーカに導く．モノラル受信機では低域フィルタ出力の和信号のみを利用している．

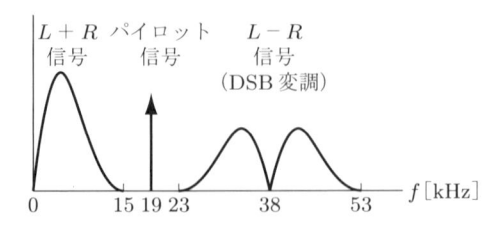

図 4.22　ステレオ FM 放送のベースバンド周波数スペクトル密度

第 5 章

パルス変調

　振幅変調や角度変調は，搬送波として連続的な正弦波を用い，その振幅，周波数，位相などのパラメータを変化させることによって情報を伝送する方式であった．パルス変調は，一様なパルス列を搬送波とし，個々のパルスの振幅，時間幅，相対位置などを変化させることによって情報を伝送する方式で，それぞれ，パルス振幅変調 (PAM)，パルス幅変調 (PWM)，パルス位置変調 (PPM) とよばれる．パルス波形は方形波以外にもさまざまな形状のものが使われる．アナログ情報信号をパルス変調する場合には，まず信号を一定時間間隔で標本化するが，その標本化周波数は信号に含まれる最高周波数の 2 倍以上でなければならないという標本化定理がある．本章では，まず標本化定理を証明し，次に基本的なパルス変調方式について説明する．また，アナログ波形を標本化したのち，標本値を有限個の離散レベルに量子化し，さらにこれらを符号化するパルス符号変調 (PCM) は，広い伝送帯域を必要とするものの，雑音の影響を受けにくい優れた変調方式である．PCM のようにディジタル符号化された波形は，再生中継によってパルスの整形ができるから，品質を劣化させることなく遠方まで情報を伝送することができる．本章の後半では，PCM に関する基本事項と量子化雑音について述べる．

5.1 　標本化定理

　標本化定理[1] (sampling principle) によれば，最高周波数 f_m に制限された信号は，時間間隔 $T \leqq 1/(2f_m)$ ごとに抽出した標本によって完全に表現できる．したがって，アナログ情報波形を連続して送る必要はなく，離散的な標本パルスだけを伝送すればよいから，残りの空き時間を有効に利用した時分割多重伝送 (TDM) が

---

[1] 「シャノンの (標本化) 定理」と呼ばれることが多いが，染谷 勲もまた独立にシャノンの論文と同年 (1949 年) に発行された著書「波形伝送」(修教社) の中で同じ定理を導いている．このため「染谷・シャノンの定理」ともよばれる．この経緯は小川による電子情報通信学会誌の寄書 [2] に詳しい．それ以前にも標本化定理は経験的に通信技術に応用されており，通信理論においても，また近似論などの数学の分野でも独立に研究されていた．標本化定理の起源については H. D. Lüke による IEEE Commun. Mag. の記事 [35] が興味深い．

可能になる．標本化定理はパルス変調の基礎をなす重要な定理なので，まずこの定理を説明する．

情報信号 $v(t)$ は $|f| < f_m$ に帯域制限されているものとする．$v(t)$ を一定時間間隔 T で**標本化** (sampling) することは，$v(t)$ に周期 T の一様なインパルス列

$$s(t) = \sum_{n=-\infty}^{\infty} \delta(t - nT) \tag{5.1}$$

を乗ずることに等しい．例題 1.2 の式 (1.34) から，$s(t)$ は複素フーリエ級数

$$s(t) = \frac{1}{T} \sum_{n=-\infty}^{\infty} \exp\left(j\frac{2\pi n t}{T}\right) \tag{5.2}$$

で表すことができる ($I = 1$ とする)．

標本化された信号 $v_s(t)$ は，$v(t)$ と $s(t)$ の積で，

$$v_s(t) = v(t)s(t) = \frac{1}{T}v(t) \sum_{n=-\infty}^{\infty} \exp\left(j\frac{2\pi n t}{T}\right) \tag{5.3}$$

のように表される．それゆえ，標本波形 $v_s(t)$ のフーリエ変換 (周波数スペクトル密度) $V_s(f)$ は，

$$\begin{aligned} V_s(f) &= \int_{-\infty}^{\infty} v_s(t) \exp(-j2\pi ft)\, dt \\ &= \frac{1}{T} \sum_{n=-\infty}^{\infty} \int_{-\infty}^{\infty} v(t) \exp\left[-j2\pi\left(f - \frac{n}{T}\right)t\right] dt \\ &= \frac{1}{T} \sum_{n=-\infty}^{\infty} V\left(f - \frac{n}{T}\right) \end{aligned} \tag{5.4}$$

と表される．これは，情報信号のスペクトルを周波数軸上に周期 $f_s = 1/T$ で並べたものである．DSB 変調の場合，変調信号のスペクトルは搬送波周波数の周りに移動するが，今の場合は搬送波が一つでなく，$1/T$ の周波数間隔で無数に存在する場合と考えればよい．

図 5.1 に，情報信号とインパルス周期関数および標本化された信号について，時間波形と対応するスペクトル密度を示す．同図 (c) から明らかなように，標本化された信号のスペクトル $V_s(f)$ が互いに重なり合わないためには，

$$\frac{1}{2T} \geqq f_m \tag{5.5}$$

すなわち

$$f_s = \frac{1}{T} \geqq 2f_m \tag{5.6}$$

(a) 情報信号

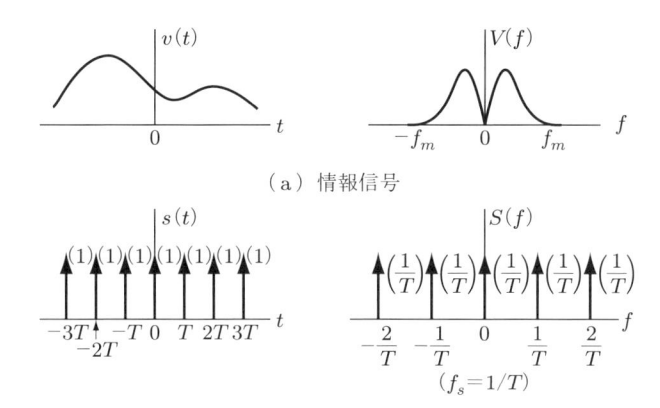

(b) インパルス周期関数

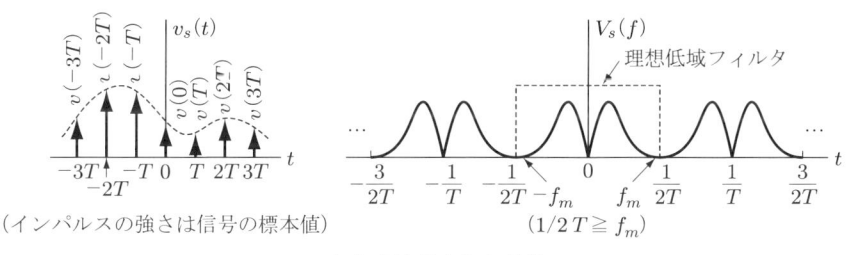

(c) 標本化された信号

図 5.1　情報信号のインパルス周期関数による標本化

でなければならない．

　標本化する前の情報信号は，繰り返し並んだスペクトルのうち，主ローブである周波数域 $|f| \leq f_m$ のスペクトル部分だけを低域フィルタを用いて取り出せば完全に復元できる．$f_s = 1/T$ の整数倍周波数に中心をおくスペクトル部分を用いるならば，DSB 復調によって再生すればよい．標本化周波数が式 (5.6) の不等式を満足せず，隣接したスペクトルが重なってくると，再生過程において情報波形にひずみが生じる．このように，$|f| < f_m$ に帯域制限された情報信号の標本化周波数 f_s は f_m の 2 倍以上でなければならない．あるいは，標本間隔 (標本周期) T は $1/2f_m$ より狭くなければならない．

　音声信号の最高周波数を 4 [kHz] に制限して伝送する場合には，標本化のための周波数は 8 [kHz] 以上，標本間隔は 1/8 [ms] 以下に選ばなければならない．また，映像信号の最高周波数を 4 [MHz] に制限して伝送する場合には，必要な標本化周波数は 8 [MHz] 以上，標本間隔は 1/8 [µs] 以下になる．上に述べた最低の標本化周波数 $2f_m$ のことを**ナイキスト** (Nyquist) **の標本化周波数**，最大時間間隔 $1/2f_m$ を

ナイキスト間隔という.

$|f| < f_m$ に帯域制限された信号 $v(t)$ が，時間 $T = 1/2f_m$ 間隔ごとに抽出した標本値 $v(n/2f_m)$ を用いて完全に表されることは，次のように証明できる．情報信号の周波数スペクトル $V(f)$ は，$|f| < f_m$ に帯域制限された孤立スペクトルであるから，そのままではフーリエ級数に展開できない．しかし，仮にこのスペクトルを基本スペクトルとし，周期 $2f_m$ で繰り返す周期スペクトルを考えるならば，フーリエ級数の展開は可能で，しかも，この表現は区間 $(-f_m, f_m)$ における $V(f)$ の表現として正しい．

したがって，$V(f)$ は

$$V(f) = \begin{cases} \sum_{n=-\infty}^{\infty} V_{-n} \exp\left(-j\frac{2\pi n f}{2f_m}\right), & |f| < f_m \\ 0, & |f| \geqq f_m \end{cases} \quad (5.7)$$

と表される．フーリエ係数 V_{-n} は

$$V_{-n} = \frac{1}{2f_m} \int_{-f_m}^{f_m} V(f) \exp\left(j\frac{2\pi n f}{2f_m}\right) df \quad (5.8)$$

と表せる．信号 $v(t)$ とその周波数スペクトル $V(f)$ とはフーリエ変換対をなすから，

$$v(t) = \int_{-f_m}^{f_m} V(f) \exp(j2\pi f t) df \quad (5.9)$$

である．それゆえ，式 (5.8) と式 (5.9) によって，係数 V_{-n} は

$$V_{-n} = \frac{1}{2f_m} v\left(\frac{n}{2f_m}\right) \quad (5.10)$$

と表される．このように，係数 V_{-n} は，情報信号の時間間隔 $1/2f_m$ ごとにとった標本値によって与えられることがわかる．

したがって，式 (5.7) の複素フーリエ級数は

$$V(f) = \frac{1}{2f_m} \sum_{n=-\infty}^{\infty} v\left(\frac{n}{2f_m}\right) \exp\left(-j\frac{2\pi n f}{2f_m}\right), \quad |f| < f_m \quad (5.11)$$

と表せる．信号 $v(t)$ は，式 (5.11) を逆フーリエ変換することにより，

$$v(t) = \frac{1}{2f_m} \sum_{n=-\infty}^{\infty} v\left(\frac{n}{2f_m}\right) \int_{-f_m}^{f_m} \exp\left[j2\pi f\left(t - \frac{n}{2f_m}\right)\right] df$$

$$= \sum_{n=-\infty}^{\infty} v\left(\frac{n}{2f_m}\right) \frac{\sin[2\pi f_m(t - n/2f_m)]}{2\pi f_m(t - n/2f_m)} \quad (5.12)$$

のように求められる．また，1.2 節に述べた標本化関数 $S_a(x)$ を用いると

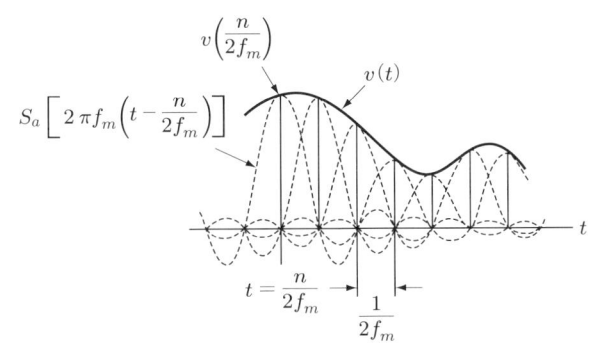

図 5.2 標本化定理

$$v(t) = \sum_{n=-\infty}^{\infty} v\left(\frac{n}{2f_m}\right) S_a\left[2\pi f_m\left(t - \frac{n}{2f_m}\right)\right] \quad (5.13)$$

と表すこともできる．

式 (5.13) は標本化定理を定式化したものであって，$|f| < f_m$ に帯域制限された信号 $v(t)$ は，ナイキスト時間間隔 $1/2f_m$ ごとに抽出した標本値 $v(n/2f_m)$ によって完全に決定されることをを示している．標本化関数 $S_a[2\pi f_m(t - n/2f_m)]$ は標本時点 $t = n/2f_m$ において最大値 1 をとり，その他の標本時点では 0 になる関数である．式 (5.13) において，標本時点以外の点では各項が加えられて関数値 $v(t)$ を与える．この様子を図 5.2 に示す．

例題 5.1 $|f| < f_m$ の情報信号 $v(t)$ が時間間隔 $T \leqq 1/2f_m$ で標本化されている．この標本波形を，伝達関数

$$H(f) = \begin{cases} 1, & |f| \leqq \dfrac{1}{2T} \\ 0, & |f| > \dfrac{1}{2T} \end{cases} \quad (5.14)$$

をもつ理想低域フィルタに通すと，もとの情報波形が完全に復元される．次の問いに答えよ．

(1) この低域フィルタのインパルス応答 $h(t)$ を求めよ．
(2) 時間 T で標本化された信号は，

$$v_s(t) = \sum_{n=-\infty}^{\infty} v(nT)\delta(t - nT) \quad (5.15)$$

と表される．$v_s(t)$ がこの低減フィルタを通過したときの出力 $v_o(t)$ を，畳み込み積分を用いて導け．

■ **解** (1) インパルス応答は伝達関数の逆フーリエ変換であるから,

$$h(t) = \int_{-\infty}^{\infty} H(f)\exp(j2\pi ft)\,df = \int_{-1/2T}^{1/2T} \exp(j2\pi ft)\,df$$
$$= 2\int_{0}^{1/2T} \cos 2\pi ft\,df = \frac{1}{T}\frac{\sin(2\pi t/2T)}{2\pi t/2T} = \frac{1}{T}S_a\left(\frac{2\pi t}{2T}\right) \quad (5.16)$$

と導かれる.

(2) 標本化された信号がこの低域フィルタを通過した出力は, $v_s(t)$ と $h(t)$ との畳み込み積分によって次のように求められる.

$$v_o(t) = \sum_{n=-\infty}^{\infty} v(nT)\int_{-\infty}^{\infty} \delta(\tau - nT)h(t-\tau)\,d\tau$$
$$= \sum_{n=-\infty}^{\infty} v(nT)h(t-nT) \quad (5.17)$$

ここで, インパルス応答の式 (5.16) を代入すれば

$$v_o(t) = \frac{1}{T}\sum_{n=-\infty}^{\infty} v(nT) S_a\left[\frac{2\pi}{2T}(t-nT)\right] \quad (5.18)$$

と求められる.

標本間隔 T がナイキスト間隔より狭く (標本化周波数がナイキスト周波数を超えていれば),

$$T \leqq \frac{1}{2f_m} \quad (5.19)$$

であるから, 式 (5.13) と比較することにより,

$$v_o(t) = \frac{1}{T}v(t) \quad (5.20)$$

であることが導かれる. このように, 標本間隔をナイキスト間隔以下に選ぶと, 標本化された信号を理想低域フィルタに通過させることによって, もとの波形に比例した出力が得られ, 情報信号は完全に復元される. ◀■

5.2 パルス振幅変調

パルス振幅変調 (pulse amplitude modulation ; PAM) は, 情報信号の振幅に比例した標本パルスを伝送する方式である. 時間幅 0 の理想インパルス列で標本化された PAM 信号の周波数スペクトル密度は, 式 (5.4) によって,

$$V_{\text{PAM}}(f) = \frac{1}{T}\sum_{n=-\infty}^{\infty} V\left(f - \frac{n}{T}\right), \quad T \leqq \frac{1}{2f_m} \quad (5.21)$$

と表される. ここに, $V(f)$ は情報信号の周波数スペクトル密度であり, $|f| < f_m$ のように帯域制限されているものとする. インパルス列はあくまでも理想的なもの

```
              情報信号      標本化      自然標本化
              ─────→  │ゲート│ ─────→   PAM信号
                v(t)  └────┘          v_PAM(t)
                         ↑
                  方形パルス列 s_p(t)
                    (ゲート信号)
```

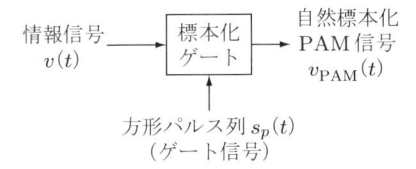

図 5.3 自然標本化 PAM 信号の発生

で，無限大の伝送帯域が必要になるため実際には実現できない．

実際のパルス振幅変調では，伝送パルスとして有限の幅を有する波形が使われる．次にこのような PAM 信号のスペクトルについて考察する．有限幅の PAM 信号を得るには，図 5.3 のように，情報信号を狭い標本化ゲートに通せばよい．数学的には，情報信号とナイキスト間隔を周期とする方形パルス列との積をつくる演算である．

$t=0$ において振幅 A，時間幅 τ をもつ単一の方形パルスを $p(t)$ とすると，周期 T の方形パルス列 $s_p(t)$ は

$$s_p(t) = \sum_{n=-\infty}^{\infty} p(t-nT), \quad T \leqq \frac{1}{2f_m} \tag{5.22}$$

と表される．例題 1.1 の式 (1.24) によると，$s_p(t)$ はフーリエ級数によって

$$s_p(t) = \frac{A\tau}{T} \sum_{n=-\infty}^{\infty} S_a\left(\frac{n\pi\tau}{T}\right) \exp\left(j\frac{2\pi nt}{T}\right) \tag{5.23}$$

のように展開できる．したがって，PAM 信号は

$$v_{\mathrm{PAM}}(t) = v(t)s_p(t)$$

$$= \frac{A\tau}{T} \sum_{n=-\infty}^{\infty} S_a\left(\frac{n\pi\tau}{T}\right) v(t) \exp\left(j\frac{2\pi nt}{T}\right) \tag{5.24}$$

と表せるから，その周波数スペクトル密度 $V_{\mathrm{PAM}}(f)$ はフーリエ変換により

$$V_{\mathrm{PAM}}(f) = \frac{A\tau}{T} \sum_{n=-\infty}^{\infty} S_a\left(\frac{n\pi\tau}{T}\right) V\left(f - \frac{n}{T}\right) \tag{5.25}$$

となる．

このようにして発生させた PAM 信号では，パルスの頂辺が忠実に情報波形に従う．このような標本化を**自然標本化** (natural sampling) という．図 5.4 に自然標本化による PAM 波形とその周波数スペクトル密度を示す．自然標本化された PAM 信号のスペクトルも情報信号のスペクトルローブが周期的に配列されたものになる．

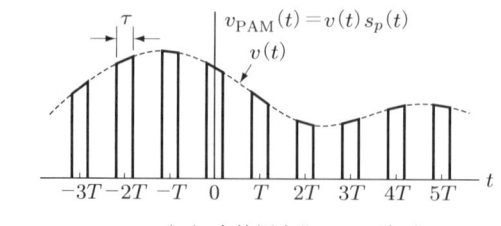

(a) 自然標本化 PAM 波形

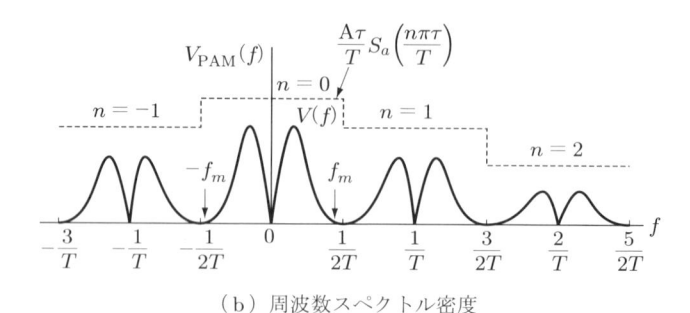

(b) 周波数スペクトル密度

図 5.4 自然標本化 PAM 波形と周波数スペクトル密度

しかし，それぞれのローブには番号 n によって定まる一定の係数が乗じられており，n の増加とともにローブの振幅は振動しながら次第に減衰する．これらの係数はそれぞれのローブ内では一定であるから，各ローブの形状は情報波形のものと相似形であり，ひずみは生じない．したがって，自然標本化された PAM 信号の場合にも，カットオフ周波数 $1/2T$ の低域フィルタを通過させるか，DSB 復調によって情報信号を完全に復元することができる．

自然標本化 PAM 信号は，連続的なアナログ信号とインパルス列で標本化された PAM 信号の中間的存在である．自然標本化 PAM 信号のパルス幅 τ が広くなると，高い周波数におけるスペクトルローブの係数は次第に小さくなって，主ローブだけが残るようになり，連続アナログ情報信号のスペクトルに近づく．この場合，パルスの間の空き時間は狭くなるので，多重化できる信号の数は減少する．逆に，パルス幅が狭くなると，インパルス列標本化の場合に近づき，周波数スペクトルは次第に同一ローブが繰り返し並ぶ配列になるから，占有する周波数帯域が広がる．

自然標本化された PAM 信号に代わって実用上多く用いられるのは，パルスの振幅が情報波形の標本瞬時値で，頂辺の平坦な方形パルスからなる PAM 波形である．頂辺の平坦な PAM 波形は，図 5.5 に示すようにゲート信号に幅の狭いパルス列を用い，**保持回路** (holding circuit) を後続させて発生させることができる．このよう

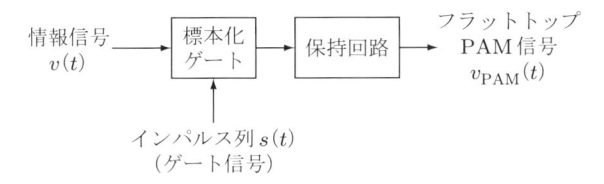

図 5.5 フラットトップ標本化 PAM 信号の発生

にしてつくられた PAM 信号を**フラットトップ標本化** (flattop sampling)PAM 信号という．

次に，フラットトップ標本化された PAM 信号の周波数スペクトルについて考える．単位インパルス列で標本化された信号 $v_s(t)$ は，

$$v_s(t) = v(t)s(t) = v(t)\sum_{n=-\infty}^{\infty} \delta(t-nT) \tag{5.26}$$

と表される．$v(t)$ は情報信号，$s(t)$ は周期 T の単位インパルス列である．

図 5.5 の保持回路では，インパルス入力に対して振幅 A，時間幅 τ の方形波 $p(t)$ が出力されることから，そのインパルス応答は

$$h(t) = p(t) \tag{5.27}$$

である．それゆえ，$v_s(t)$ を保持回路に加えてつくられるフラットトップ標本化 PAM 信号は，

$$v_{\mathrm{PAM}}(t) = v_s(t) \otimes p(t) \tag{5.28}$$

と表される．周波数スペクトル密度 $V_{\mathrm{PAM}}(f)$ は

$$V_{\mathrm{PAM}}(f) = V_s(f)P(f) \tag{5.29}$$

となる．式 (5.4) より，

$$V_s(f) = \frac{1}{T}\sum_{n=-\infty}^{\infty} V\left(f - \frac{n}{T}\right) \tag{5.30}$$

であり，$p(t)$ のフーリエ変換は例題 1.4 の式 (1.67) によって

$$P(f) = A\tau S_a(\pi f \tau) \tag{5.31}$$

であるから，

$$V_{\mathrm{PAM}}(f) = \frac{A\tau}{T}\sum_{n=-\infty}^{\infty} S_a(\pi f \tau) V\left(f - \frac{n}{T}\right) \tag{5.32}$$

と表される．この結果は，式 (5.25) に似ている．しかし，注意しなければならないのは，式 (5.32) では情報信号のスペクトルにかかる係数 $S_a(\pi f \tau)$ が周波数の関数になっていることである．

図 5.6 にフラットトップ標本化された信号波形とスペクトル形状を示す．同図 (b) から明らかなように，フラットトップ標本化 PAM 信号のスペクトルローブも周期的な配列になるが，各スペクトルは非対称でひずんだ形になる．これは，情報信号のスペクトルに周波数に依存した係数がかかり，重みが付けられるためである．このように，フラットトップ標本化 PAM ではスペクトルにひずみがあるため，カットオフ周波数 f_m の低域フィルタに，伝達関数

$$H(f) = \frac{1}{P(f)} \tag{5.33}$$

の等化フィルタを後続させて，ひずみを補償する必要がある．

パルス変調方式としては，上に述べたパルス振幅変調のほかに，信号の標本値をパルスの幅や位置などに対応させて伝送する方式も可能である．標本値の大きさをパルスの幅に対応させる方式を**パルス幅変調** (pulse width modulation；PWM)，パルスの位置に対応させる方式を**パルス位置変調** (pulse position modulation；PPM) という．図 5.7 にこれらのパルス変調の波形を示す．パルス変調された信号は直接伝送されるほか，正弦搬送波により振幅変調や角度変調されて伝送される．そのような場合には，これらを PAM/AM，PAM/FM，PAM/PM などと表記することがある．

（a）フラットトップ PAM 波形

（b）周波数スペクトル密度

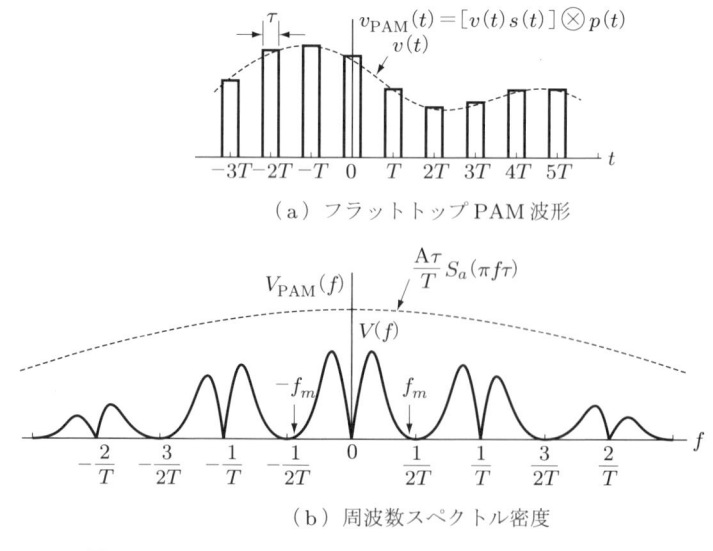

図 **5.6** フラットトップ PAM 波形と周波数スペクトル密度

5.2 パルス振幅変調　119

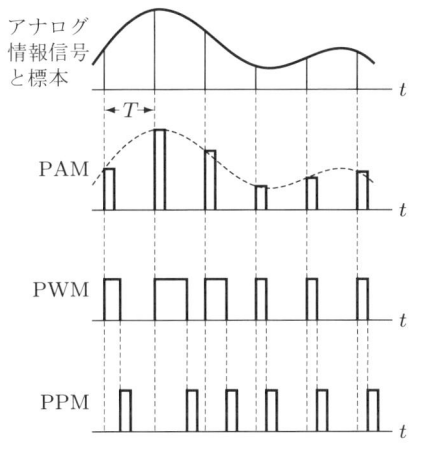

図 5.7　パルス変調方式

例題 5.2　高さ A, 幅 τ, 周期 T の方形パルス列を, 正弦波信号 $m(t) = \Delta t \sin 2\pi f_m t$ によって変調した PPM 波は

$$v_{\text{PPM}}(t) = \frac{A\tau}{T} \sum_{n=-\infty}^{\infty} S_a\left(\frac{n\pi\tau}{T}\right) \sum_{k=-\infty}^{\infty} J_k(nz) \exp[j2\pi(nf_0 - kf_m)t] \quad (5.34)$$

と表されることを示せ. ここに, Δt は最大時間偏移, $z = 2\pi \Delta t/T$, $f_0 = 1/T \gg f_m$ である.

解　PPM 波は式 (5.23) の方形パルス列 $s_p(t)$ の表現において, t の代わりに

$$t - \Delta t \sin 2\pi f_m t \quad (5.35)$$

を代入すればよいから,

$$v_{\text{PPM}}(t) = \frac{A\tau}{T} \sum_{n=-\infty}^{\infty} S_a\left(\frac{n\pi\tau}{T}\right) \exp\left[j\frac{2\pi n}{T}(t - \Delta t \sin 2\pi f_m t)\right] \quad (5.36)$$

となる. ここで, 指数項

$$\exp\left[-j\frac{2\pi n \Delta t}{T} \sin 2\pi f_m t\right] \quad (5.37)$$

をベッセル関数による展開公式

$$\exp(-jz \sin \phi) = \sum_{n=-\infty}^{\infty} \exp(-jn\phi) J_n(z) \quad (5.38)$$

を用いて展開すると, 式 (5.34) が得られる.

また, ベッセル関数の関係式

$$J_{-n}(z) = J_n(-z) = (-1)^n J_n(z) \quad n = 0, \pm 1, \pm 2, \cdots \quad (5.39)$$

を用いれば, $v_{\text{PPM}}(t)$ は次のように表すこともできる.

$$v_{\text{PPM}}(t) = \frac{A\tau}{T}\left\{1 + 2\sum_{n=1}^{\infty} S_a\left(\frac{n\pi\tau}{T}\right)\sum_{k=-\infty}^{\infty} J_k(nz)\cos[2\pi(nf_0 - kf_m)t]\right\} \quad (5.40)$$

PPM 信号のスペクトルは周波数 nf_0 の高調波から構成されており，これらの高調波もまた多数の側帯波を伴っていることがわかる．

5.3 パルス符号変調

パルス変調では，$|f| < f_m$ に帯域制限された情報信号を伝送するのに，時間間隔 $T \leqq 1/2f_m$ で抽出した標本を伝送するだけでよく，空き時間を利用して多重通信が可能になるという長所があった．しかし，アナログ情報信号では，PAM 信号の振幅レベルが連続値をとるから，伝送路において雑音が加わると，もとの信号波形を再現するのは難しい．情報信号のとる連続値をその値に最も近い離散値でおきかえ，離散レベルを伝送することにすれば，受信側では極端な雑音が加わらない限り信号を識別することはずっと容易になるであろう．このように，連続値を近似的に離散値でおきかえることを**量子化** (quantizing) といい，離散レベルを量子化レベルとよぶ．量子化した値をさらに，1，0 など少数のパルスの組合せでおきかえる**符号化** (coding) とよばれる操作をすれば，雑音下における信号の識別はいっそう容易になる．**パルス符号変調** (pulse code modulation；PCM) は量子化と符号化を行うことにより，雑音の影響を受けにくくした優れた変調方式である．

量子化はアナログ (連続的) 信号からディジタル (離散的) 信号への変換であり，アナログ量をある位で四捨五入するなどの方法で，最も近いディジタル量におきかえる．受信側では，送信レベルがあらかじめわかっている有限個のレベルのどれに該当するかを判定すればよく，アナログ伝送に比べて見分けることははるかに容易になる．しかし，伝送の途中においてまったく雑音が加わらないとしても，いったん量子化されたディジタル信号から完全なアナログ信号を復元することはできない．これは一種の雑音であり，**量子化雑音** (quantization noise) とよばれる．量子化雑音を小さくするためには量子化レベル数を多くすればよいが，それとともに量子化による利点が失われ，識別が難しくなってしまう．量子化レベルの間隔は等間隔でなくてもよく，雑音の影響を受けやすい小さい信号レベルのところでは狭く，逆に大きい信号レベルでは間隔を広くとることもある．図 5.8 に等間隔で量子化された PAM 信号の例を示す．

パルスの識別という点ではパルスの数は少ないほどよい．二つのパルスを区別することは最も簡単である．しかし，量子化雑音を抑える必要上，量子化レベルの数をあまり少なくすることはできない．そこで，量子化レベルを少数のパルスの組合

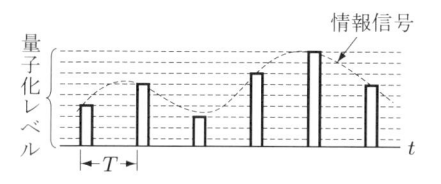

図 5.8 量子化された PAM 信号

せにおきかえて伝送すれば，この問題は解決できる．これが符号化である．符号群を構成するパルスは，雑音が加わっても区別しやすく，仮に誤った判定をしても影響を受けるのは全情報の一部である．以下は，通常の 2 進符号列について考察する．

量子化された PAM 信号の離散振幅レベルは，2 進パルス列 (符号群) に変換される．2 進パルスとしては，オンオフパルス $(1, 0)$ や両極性パルス $(1, -1)$ などが用いられる．表 5.1 に PAM 振幅レベルと対応する 2 進符号列の例を示す．また，図 5.9 に 2 進パルスによって符号化された波形の例を示す．このように，3 個の 2 進パルスからなる符号群では 8 個のレベルを表現でき，また，音声を PCM 伝送する場合のように，8 個の 2 進パルスを用いるならば，256 レベルを表現できるわけである．

一般に，n 個の 2 進パルスから構成される符号群では 2^n 個のレベルの表現が可能になる．PAM 信号が，量子化と符号化によって n 個の 2 進パルス群に変換されたとしても，これらの 2 進パルス群は，やはりもとの PAM 信号のパルス間隔内に収容しなければならない．それゆえ，n 符号群の PCM 信号の伝送には PAM 信号伝送に比べ n 倍の帯域幅が必要になる．M 個の可能なレベルを有するパルス (M 進パルス) を用いた n 個の符号群では，M^n レベルを表現できる．M 進符号を採用すると，同一の量子化レベルを伝送する場合に必要な符号群のパルス数は少なくてすむから，伝送帯域幅が節約できる．反面，M が大きくなるにつれてパルスの識別は

表 5.1 PAM の振幅レベルと 2 進パルス列

振幅レベル	オンオフパルス	両極性パルス
0	0 0 0	-1 -1 -1
1	0 0 1	-1 -1 1
2	0 1 0	-1 1 -1
3	0 1 1	-1 1 1
4	1 0 0	1 -1 -1
5	1 0 1	1 -1 1
6	1 1 0	1 1 -1
7	1 1 1	1 1 1

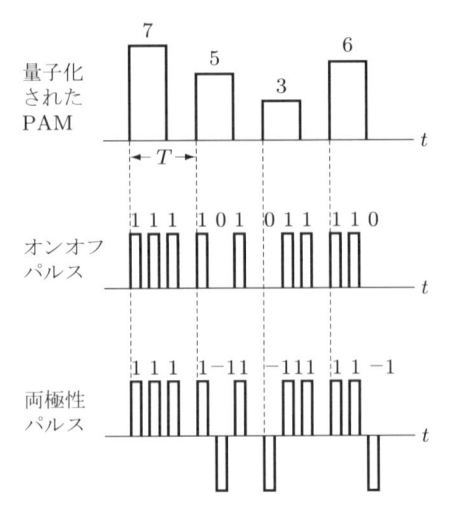

図 5.9 2進パルスによって符号化された波形

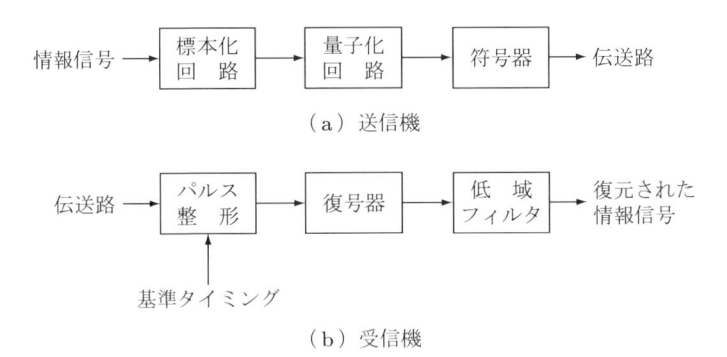

図 5.10 PCM 伝送系

次第に困難になる．

　PCM 直接伝送系の基本動作は図 5.10 に示すとおりである．情報信号は標本化，量子化，符号化の各過程を経て PCM 信号になり，伝送路に送られる．伝送路における雑音が極度に大きいものでない限り，符号群を構成するパルスは正確に判定される．遠距離の伝送では途中にいくつかの中継器が置かれる．これらは**再生中継器** (regenerative repeater) とよばれ，パルスの検出と再整形によってパルスの形を整え，次の中継器に送り出す役目をする．このように，適当な距離で再生中継すれば伝送中に雑音が累加されることはない．受信機では，検波および整形したパルスを復号器に通して量子化 PAM 信号を復元する．復号器は符号器と逆の動作であり，符号群を構成するパルスに順に 1, 2, 4, 8, … のように重みづけしたのち加算を行

う．最後にこの量子化 PAM 信号を低域フィルタに導いて，もとの情報信号を復元する．

5.4 量子化雑音

PCM 伝送においては，まずアナログ情報信号をナイキスト周波数以上の周波数で標本化し，連続値をとる PAM 信号を離散レベルの PAM 信号におきかえる量子化が行われる．この量子化過程は，符号化のための前処理として必要であるが，アナログ量からディジタル量への変換は近似であり，情報信号は避けられぬひずみを受けることになる．これが量子化雑音である．量子化レベルの数を増すことにより，量子化雑音を減らすことはできるが，PCM 伝送では，符号化過程において符号群を構成するパルスの数が増すことになるので，レベル数にはおのずと制限がある．送信側で加わった量子化雑音はそのまま受信機の出力まで伝送される．

入力信号を平均値 0 で，ピーク値間 (peak-to-peak) の値が A のアナログ波形とし，図 5.11 の入出力特性をもつ量子化回路によって，ピーク値間が等間隔に量子化されるものとする．符号群が n 個のパルスから構成される 2 進 PCM 系の場合には，PAM 信号の量子化レベルの数は 2^n 個になる．したがって，一つのステップの幅は，

$$a = \frac{A}{2^n} \tag{5.41}$$

である．量子化回路のアナログ入力を $v(t)$，量子化されたディジタル出力を $v_q(t)$

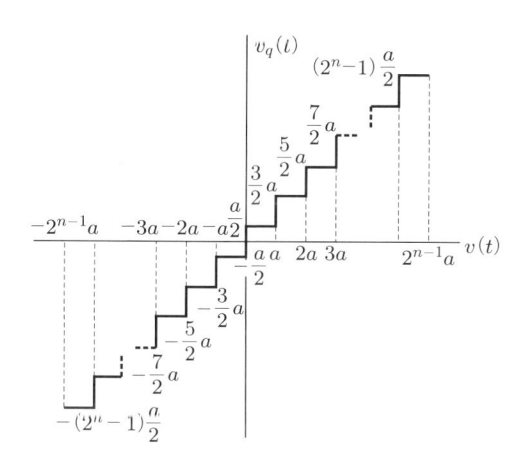

図 **5.11** 量子化回路の入出力特性

とすれば，

$$v_q(t) = \frac{ka}{2}, \quad \left|v(t) - \frac{ka}{2}\right| < \frac{a}{2} \tag{5.42}$$

と表される．ここに，$k = \pm 1, \pm 3, \cdots, \pm(2^n - 1)$ である．

量子化雑音は

$$n_q(t) = v(t) - v_q(t) \tag{5.43}$$

で定義される．量子化雑音の絶対値は量子化ステップ幅の半分を超えることはない．すなわち

$$|n_q(t)| < \frac{a}{2} \tag{5.44}$$

が成り立つ．このように，量子化過程は平均値 0，量子化ステップ幅 a の大きさの範囲の振幅をもつ誤差雑音が加わったものと等価である．誤差雑音の振幅が一様分布であると仮定すれば，その二乗平均値は次のようになる．

$$N_q = \frac{1}{a}\int_{-a/2}^{a/2} n_q{}^2 \, dn_q = \frac{a^2}{12} \tag{5.45}$$

入力信号をピーク値間振幅

$$A = 2^n a \tag{5.46}$$

の一様分布信号とすると，量子化出力信号の平均電力は

$$S_q = \frac{2}{2^n}\sum_{k=1}^{2^{n-1}}(2k-1)^2\left(\frac{a}{2}\right)^2 = \frac{a^2}{12}(2^{2n} - 1) \tag{5.47}$$

と計算される．それゆえ，**量子化 SN 比**は，式 (5.47) と式 (5.45) の比をとって

$$\frac{S_q}{N_q} = 2^{2n} - 1 \tag{5.48}$$

表 5.2　信号波形と量子化 SN 比

信号波形	量子化 SN 比
一様分布信号 三角波形	$2^{2n} - 1$
ガウス分布信号 ($\sigma = 2^{n-1}a/4$)	$\dfrac{3}{16}2^{2n}$
方形波	$3(2^n - 1)^2$
正弦波 ($n > 4$)	$\dfrac{3}{2}(2^n - 1)^2$

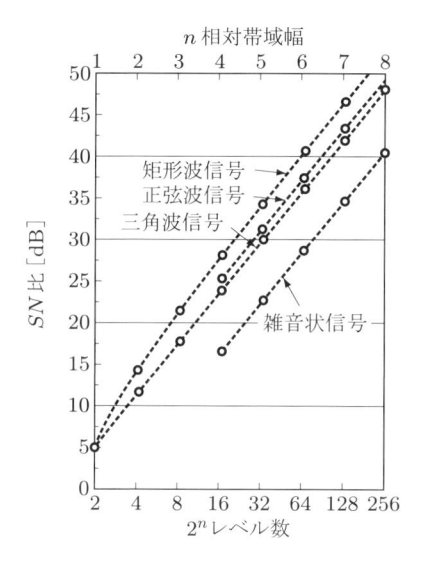

図 5.12 量子化レベル数の増加による PCM の SN 比の改善
(S. スタイン, J. J. ジョーンズ著, 関英男監訳：現代の通信回線理論, 図 7-15, 森北出版 (1976) より引用)

と表される．量子化雑音は符号化や伝送路の雑音とは無関係に伝えられるから，式 (5.48) は，また，受信機において再生された PAM 信号に対する量子化 SN 比でもある．

いくつかの入力信号について，ピーク値間振幅が式 (5.46) で与えられるという条件の下で，量子化 SN 比を計算した結果は表 5.2 のようになる．また，量子化レベル数に対する変化の様子を図 5.12 に示す．これらの結果からわかるように，量子化 SN 比はほぼ 2^{2n} に比例して改善される．PCM 信号の伝送帯域幅は符号群を構成するパルス数 n に比例するから，SN 比は帯域幅の増加に対して指数関数的に増加する．

5.5 時分割多重伝送

PAM，PWM，PPM などのパルス変調方式では，情報信号からナイキスト周波数で抽出した離散的な標本を伝送する．したがって，伝送に用いるパルスの幅を狭くすればそれだけ空き時間ができるから，これらの空き時間に複数のチャネルからの標本を順次割り当て，伝送路を時分割的に利用して効率よく通信を行うことができる．この方式を**時分割多重伝送** (time division multiplexing；TDM) とよんでい

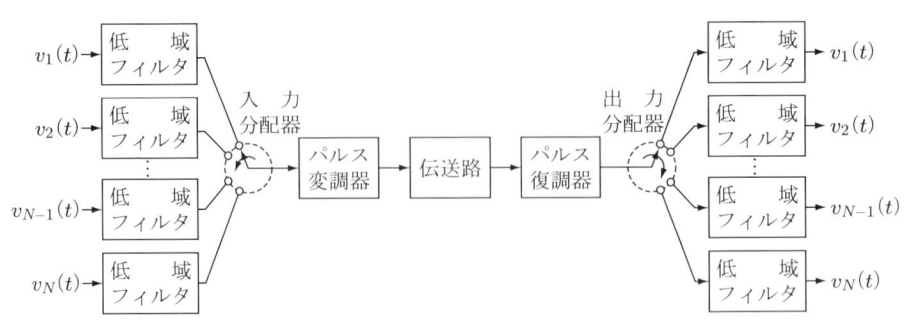

図 5.13 パルス変調信号の時分割多重伝送システム

る．TDM 方式は，ディジタル技術の発達とともに，アナログ FDM(周波数分割多重) 方式に代わって広く実用されている．TDM 伝送では，送受信間のタイミング (時間同期) を正確に保ち，チャネル間で**漏話** (cross talk) が生じないように接続しなければならない．

図 5.13 は N チャネルを用いたパルス変調信号の多重伝送システムの構成を示したものである．送信側において，情報信号は各チャネルとも低域フィルタで最高周波数 f_m に帯域制限されたのち，パルス変調器によって PAM 信号 (または，PWM，PPM など) に変えられる．入力の**分配器** (commutator) は原理的には高速の回転スイッチで，1 回転ごとに 1 度，各チャネルに順次接続される．分配器の 1 秒間の回転速度はナイキスト周波数 $2f_m$ に選ばれているから，それぞれのチャネルは標本化周期 $T = 1/2f_m$ ごとに伝送路に短い時間接続される．このようにして，入力分配器によって N 個のチャネルからのパルス信号が順序よく伝送路に送り込まれる．実際には分配器は機械的なものでなく，半導体を用いたゲート回路が使用される．受信側に伝送されてきたパルス変調信号は，パルス復調器によって PAM 信号が再生され，入力分配器と同期している出力分配器によって対応するチャネルごとに分離される．最後に，こうして得られた PAM 信号を低域フィルタに通過させれば，もとのアナログ情報信号が復元される．

PCM 時分割多重伝送のシステム構成は図 5.14 に示されている．送信側では，パルス変調器の後にチャネルに共通に量子化器と符号器を接続し，受信側では波形再生ののち，共通の復号器をパルス復調器の前に置く．量子化器と符号器を総称して **AD 変換器** (analog-to-digital converter)，逆の動作を行う復号器を **DA 変換器** (digital-to-analog converter) とよんでいる．集積回路技術の進歩により，設計の自由度の観点からチャネルごとに AD 変換器を備えた方式も用いられる．

音声信号の母音のもつエネルギーは高く大振幅であるが，子音はエネルギーが小

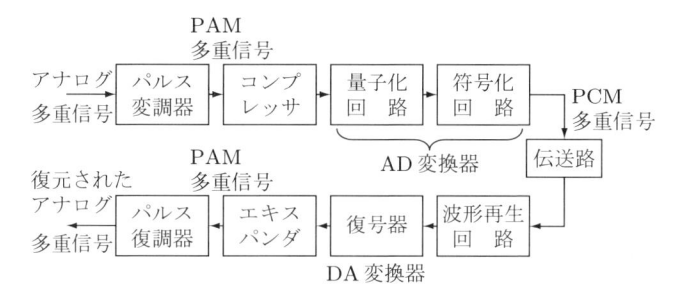

図 5.14 PCM 多重伝送システム

さく小振幅の波形である．また，振幅分布は指数分布に近く，小振幅波形が高い確率で生じる．量子化雑音は，5.4 節で述べたようにステップ幅の関数であり，ステップ幅を一様とすると，振幅の大きい信号の SN 比は高いが，振幅が小さい信号ほど SN 比は悪くなる．そこで，量子化レベル数が一定ならば，小振幅信号に対してはステップ幅を狭く，大振幅信号のときは広くとるようにステップ幅を変化させればよい．このように，ステップ幅に変化をもたせることによって，振幅の大きい信号の SN 比を多少犠牲にしても，振幅の小さい信号の SN 比を改善することができる．実際には，不等間隔の量子化器を用いる代わりに，量子化器の前に，入力の大きい PAM 信号の振幅を押さえ，入力の小さい PAM 信号の振幅は拡大させるような特性の**コンプレッサ** (圧縮器，compressor) を置いている．コンプレッサの出力は一様ステップ幅で量子化されるが，コンプレッサの入出力特性は小さい振幅入力ほど勾配が急になっているから，小さい振幅入力に対するステップ数は多くなる．受信側には，コンプレッサと逆の伸張動作によって，もとの波形に戻す**エキスパンダ** (伸張器，expander) が置かれる．エキスパンダとコンプレッサを総称して**コンパンダ** (圧伸器，compander) とよんでいる．コンパンダの入出力特性を図 5.15 に示す．

音声 24 チャネルを PCM 伝送する場合の波形の関係を図 5.16 に示す．各チャネルの音声信号は，いずれも低域フィルタによって $|f| < f_m = 4$ [kHz] に帯域制限されているものとする．アナログ音声信号から標本抽出された PAM 信号のパルスは，$2^7 = 128$ レベルに量子化されて 7 ビットに符号化されるが，さらに接続のための信号伝送用符号を加えるので 8 ビット構成になる．PAM 伝送では，標本化パルス間の間隔は 1 チャネルについて $1/2f_m = 125$ [μs] であるが，24 チャネルの PAM 多重伝送になると隣接パルス間の間隔はその 1/24 になり，5.2 [μs] の間隔になる．PCM 多重伝送方式では，PAM 多重伝送の場合のパルス間隔 5.2 [μs] の中に 8 ビットの PCM パルスが挿入されるので，隣接パルス間の間隔は 1/8 に狭まり，0.65 [μs] の間隔になる．

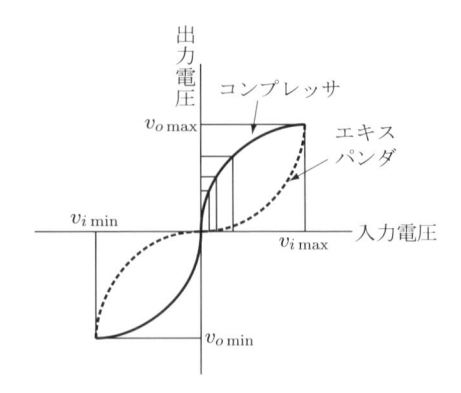

図 5.15 コンパンダの入出力特性

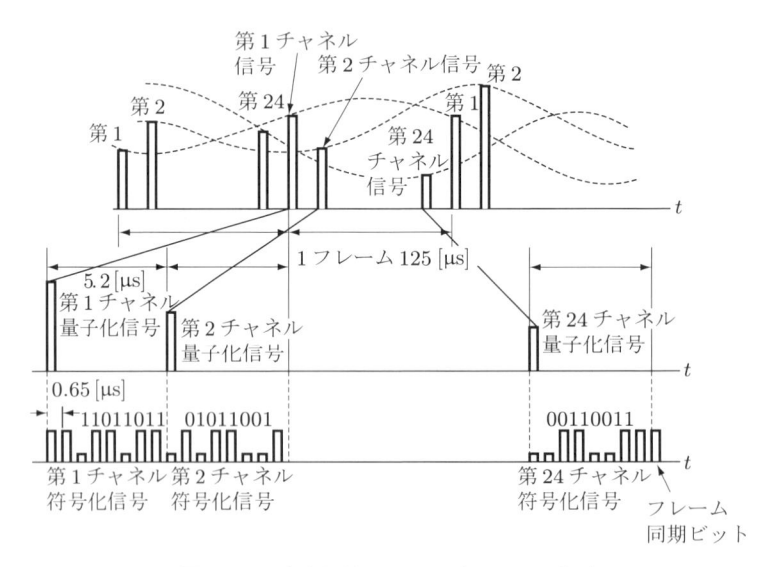

図 5.16 音声信号の 24 チャネル PCM 伝送

　PCM 多重伝送方式では，各チャネルについてパルス群の始まりから次のパルス群の始まりまでの間をフレームとよぶ．フレームの長さはナイキスト間隔に等しい．このフレームを区別するために，さらにタイミング用の同期パルスを挿入する．PCM 多重伝送において，ビットを単位として測った伝送速度 (ビットレート) は一般に

$$\text{伝送速度} = [(\text{伝送信号の符号化ビット数} \times \text{チャネル数})$$
$$+ \text{フレーム同期ビット数}] \times \text{標本化周波数} \quad [\text{bits/s}] \tag{5.49}$$

で計算される．したがって，PCM-24 方式の伝送速度は次のようになる．

$$\text{伝送速度} = [(8 \times 24) + 1] \times 8[\text{kHz}] = 1.544 \quad [\text{Mbits/s}] \tag{5.50}$$

N チャネルの信号を時分割伝送する PAM 多重方式では，単一チャネル伝送のパルス間に N 個のパルスを収容しなければならないから，伝送帯域幅は N 倍に増加する．PCM 多重伝送では一つの PAM 信号標本が n 符号群 (n ビット) のパルスに置きかわるから，必要帯域幅はさらに n 倍されたものになる．また，パルスが分離しやすいようにパルス間に短い**保護時間** (guard time) を設けるが，これによっても伝送帯域幅はいくぶん増加する．

演習問題

5.1 アナログ信号
$$m(t) = B S_a(\pi B t)$$
を標本化し，PAM 伝送したい．ナイキスト間隔 T_s およびナイキスト周波数 f_s を求めよ．また，この信号を n 乗した波形
$$m_n(t) = B^n S_a{}^n(\pi B t), \quad n = 2, 3, \cdots$$
の T_s および f_s はいくらか．

5.2 自然標本化された波形の周波数スペクトル密度は，情報信号と周期方形パルス列のスペクトル密度の畳み込み
$$V_{\text{PAM}}(f) = S_p(f) \otimes V(f)$$
によっても求められる．方形パルス列は周期 T，時間幅 τ，振幅 A を有する波形とする．畳み込み演算を行って，式 (5.25) を導け．

5.3 単一周波数の正弦波
$$m(t) = \varDelta\tau \sin 2\pi f_m t$$
によってパルス幅変調 (PWM) された信号 $v_{\text{PWM}}(t)$ は，周期的方形パルス列のパルス幅 τ を
$$\tau - \varDelta\tau \sin 2\pi f_m t$$
とおきかえることによって得られる．$\varDelta\tau$ は最大のパルス幅偏移である．

PWM 波 $v_{\text{PWM}}(t)$ は，A を方形パルス振幅，T を周期，$f_0 = 1/T$ とすると，
$$\begin{aligned}
v_{\text{PWM}}(t) = A \Bigg[& \frac{\tau}{T} - \frac{\varDelta\tau}{T} \sin 2\pi f_m t + \frac{2}{\pi} J_0(z) \sin\left(\frac{\pi\tau}{T}\right) \cos 2\pi f_0 t \\
& - \frac{2}{\pi} J_1(z) \cos\left(\frac{\pi\tau}{T}\right) \{\sin 2\pi(f_0 + f_m)t - \sin 2\pi(f_0 - f_m)t\} \\
& + \frac{2}{\pi} J_2(z) \sin\left(\frac{\pi\tau}{T}\right) \{\cos 2\pi(f_0 + 2f_m)t + \cos 2\pi(f_0 - 2f_m)t\} - \cdots \Bigg]
\end{aligned}$$

のように表されることを示せ. ここに, $z = \pi\Delta\tau/T$ であり, $f_m \ll f_0$ とする.

5.4 ガウス分布信号, 方形波信号, 正弦波信号について, PCM 伝送における量子化 SN 比 (表 5.2) を導け.

― コラム ―

多元接続

時分割多重伝送は複数の離散的な標本を時分割で伝送する手法であることに触れた. このような分割多重伝送の原理は携帯電話システム等において, 複数のユーザが同一周波数帯を共用するための多元接続技術に活用されている.

無線通信を行うための周波数資源には限りがあり, 携帯電話が使用可能な周波数帯は潤沢に存在しているわけではない. したがって, 携帯電話サービスを提供する会社には, 限られた周波数帯を複数のユーザで効率よく共用する技術が求められている. この要求を背景に, 携帯電話システムの世代交代と多元接続方式の変更には深い関係がある. 第 1 世代では周波数分割多元接続 (frequency division multiple access ; FDMA) を採用し, 第 2 世代では時分割多元接続 (time d.m.a. ; TDMA), 第 3 世代では符号分割多元接続 (code d.m.a. ; CDMA), 第 3.9 世代では直交周波数分割多元接続 (orthogonal frequency d.m.a. ; OFDMA) へと変遷している.

図 5.17 に各種多元接続方式による周波数共用の様子を示す.

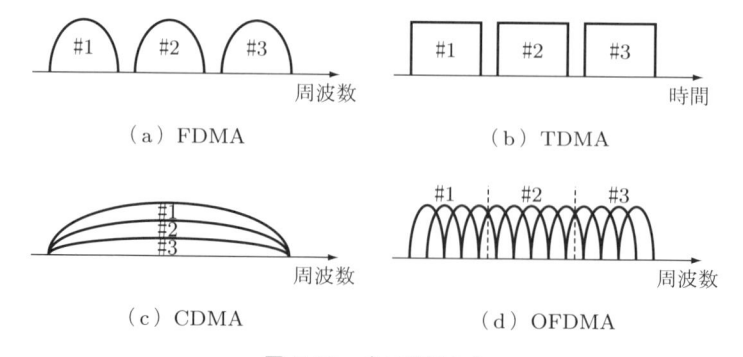

図 5.17 多元接続方式

(a) FDMA は各ユーザのスペクトルが衝突しないように, 中心周波数の異なる搬送波に設定する. この方式では, 各ユーザのスペクトルをフィルタだけで分離できるため, その実現の容易性を理由に, 古くから利用されており最も実績のある多元接続方式である.

(b) TDMA では時間的に信号が衝突しないように, ユーザの信号時間を制限する. 衝突を避けるためには, 高精度の送信タイミングの制御が必要であり, FDMA に

比べ要求される技術レベルは高いものの，昨今では，多種多様なシステムに活用されている．

(c) CDMAは，ユーザに固有の直交符号を用いて，信号スペクトルを拡散（広帯域化）し多重する方式である．任意ユーザの符号は，他ユーザの符号とは直交しているため，受信側では，ユーザ固有の拡散符号を用いて，情報の抽出を行うことができる．

(d) OFDMAは，送受信機の離散フーリエ変換対により形成された直交した狭帯域周波数群を利用して，周波数共用をする技術である．図中の半楕円のピーク部は，他の半楕円の0地点であるため，この部分を利用して情報を伝達すれば，漏話（混信）の影響を受けない．

世代交代するにつれて，要求される技術レベルは格段に上がるものの，効率良く周波数共用可能となるが，これは携帯電話システムが要求する条件を満たすために進化した結果であり，OFDMAがいかなるシステムにとっても効率の良いものであると断言しているわけではないことに注意されたい．　　　　　　　　　　　(参考文献 [15])

第 6 章

ディジタル変調方式

5 章ではアナログ情報信号をディジタル符号化する PCM 方式について述べた．最近では，コンピュータの普及に伴って，ディジタルデータを伝送する場合が多い．ディジタルビット (符号) やシンボル (記号) を遠方へ伝送するには，適当なベースバンド波形を用いて搬送波を変調する方法がとられる．現用の通信回線は急速にディジタル化されつつあるが，とりわけ，放送，衛星通信や移動通信の分野ではディジタル伝送技術を抜きにしては考えられない．搬送波には，アナログ変調の場合と同様に高い周波数の正弦波が用いられ，無線方式の場合は小規模のアンテナを使って効率よく遠距離の通信を行うことができる．変調過程では，ディジタル信号によって，正弦搬送波の振幅，周波数，あるいは位相を変化させている．基本的な変調方式は，振幅シフトキーイング (ASK)，周波数シフトキーイング (FSK)，位相シフトキーイング (PSK) などである．本章では，2 進符号伝送の場合を中心に，代表的なディジタル変調方式とそれらの復調法について説明し，さらに，伝送路や受信機のフロントエンドで加わるガウス雑音によるビットやシンボルの誤り率特性について考察する．

6.1 振幅シフトキーイング

ディジタル符号に応じて正弦搬送波の振幅 (包絡線) を変化させる変調方式を**振幅シフトキーイング** (amplitude shift keying；ASK) という．2 進符号の伝送において，一方の信号レベルを 0 にする方式は**オンオフキーイング** (on-off keying；OOK) とよばれる．変調信号としては，短い (しかし，搬送波の周期 $1/f_c$ に比べて十分長い) 時間 T の間持続する低域パルスが用いられる．

変調信号を方形パルスとすると，OOK 方式ではディジタル符号を

$$\left. \begin{array}{l} s_1(t) = A\cos 2\pi f_c t, \quad \text{符号 1 のとき} \\ s_0(t) = 0, \quad\quad\quad\quad\quad\;\, \text{符号 0 のとき} \end{array} \right\}, \quad -\frac{T}{2} \leqq t \leqq \frac{T}{2} \quad (6.1)$$

のように対応させて伝送する．式 (6.1) では低域波形として方形パルスを考えているが，実用的には**二乗余弦** (raised cosine) **パルス** (表 1.1 参照) のような波形も用

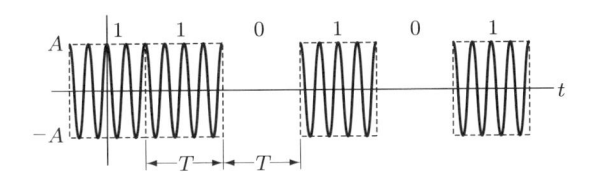

図 6.1 OOK 信号の波形

いられる．図 6.1 に方形パルスを用いる OOK 信号の波形を示す．電信用語を用いて，ビット 1, 0 を**マーク** (mark)，**スペース** (spece) とよぶこともある．

OOK 信号伝送時の受信機入力は，式 (6.1) の信号に，伝送路，アンテナ，受信機の高周波や中間周波の増幅部などからの雑音が重畳したものになる．これらの雑音は主にガウス雑音と考えてよい．ディジタル通信における受信機の重要な機能は，雑音の加わった信号がマーク (ビット 1) かスペース (ビット 0) かの判定であって，アナログ通信のように送信波形を忠実に復元することではない．OOK 信号の復調には非同期検波と同期検波が用いられる．以下，これら二つの検波法と**ビット誤り率** (bit error probability) について述べる．

OOK 信号の**非同期検波** (noncoherent detection) は図 6.2 のような構成によるもので，後述する同期検波に比べて構成が簡易であり，一般的である．帯域フィルタは，雑音を除き，信号パルスの判定が正しく行われるように帯域を制限するのが目的である．帯域フィルタ出力の包絡線を得るために，3.2 節の AM 復調で述べた包絡線検波 (あるいは整流検波) が行われる．符号の判定はパルス受信時間中のある瞬間でなされるから，この標本時点においてパルスの振幅を強め，雑音をできる限り抑えることのできる受信機を設計することが望ましい．このような最適受信の考え方と設計法，動作については 7 章で述べる．ここでは，標本時点において隣接パルスからの影響 (符号間干渉) はなく，送受信機間における符号伝送のタイミング同期は正確に保たれている理想状態を仮定する．

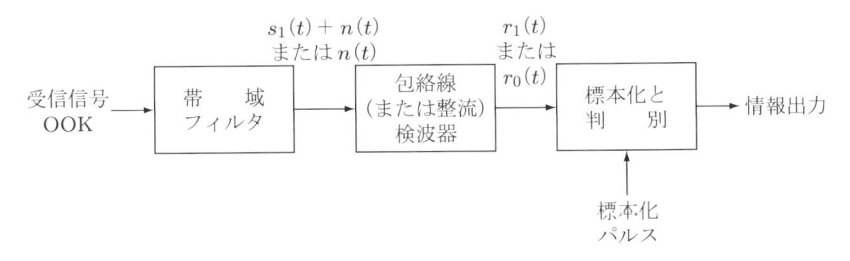

図 6.2 OOK 信号の非同期検波

スペース信号が伝送されているとき，受信機の帯域フィルタ出力は狭帯域雑音のみであるから，

$$n(t) = x(t)\cos 2\pi f_c t - y(t)\sin 2\pi f_c t \tag{6.2}$$

によって表される．ここに，$x(t)$ と $y(t)$ は平均値 0 の低域ガウス成分である．

マーク信号が伝送されているときのフィルタ出力は，マーク信号と雑音の和であるから

$$s_1(t) + n(t) = [A + x(t)]\cos 2\pi f_c t - y(t)\sin 2\pi f_c t \tag{6.3}$$

となる．

包絡線検波器を通過させると，マーク伝送のときには

$$R_1(t) = \sqrt{[A + x(t)]^2 + y^2(t)} \tag{6.4}$$

が出力に得られる．また，スペース伝送のときには，雑音の包絡線

$$R_0(t) = \sqrt{x^2(t) + y^2(t)} \tag{6.5}$$

が出力に現れる．

マークとスペースの判定は，パルス持続時間中のある時刻において包絡線検波器の出力を標本化し，その値をもとにして判定する．一般的な波形のパルス信号の場合には標本はふつうピーク値となる時点でとられる．

マーク伝送のとき，受信包絡線標本値の確率密度関数は仲上-ライス分布になるから，

$$p_1(R) = \frac{R}{N}\exp\left[-\frac{R^2 + A^2}{2N}\right] I_0\left(\frac{AR}{N}\right) \tag{6.6}$$

と表せる．N は標本時刻におけるガウス雑音の平均電力で

$$N = \overline{x^2(t)} = \overline{y^2(t)} \tag{6.7}$$

である．

また，スペース伝送のときの受信包絡線分布はレイリー分布になり，

$$p_0(R) = \frac{R}{N}\exp\left(-\frac{R^2}{2N}\right) \tag{6.8}$$

と表される．

マーク，スペースのどちらが送られているかは，標本時点 $t = T_s$ における包絡線の値がスレショルド値 R_T を超えているかどうかによって判定する．すなわち

$$\left.\begin{array}{l} R(T_s) > R_T \text{のとき　マークと判定} \\ R(T_s) < R_T \text{のとき　スペースと判定} \end{array}\right\} \tag{6.9}$$

である．

判定の誤りの一つは，ビット 1 (マーク) が伝送されているにもかかわらず，受信機では雑音のために包絡線の標本値がスレショルド値以下になって，ビット 0 (スペース) と判定される誤りである．これは信号を見落とす誤りであり，レーダ用語では**信号棄却の誤り** (incorrect dismissal) とよんでいる．

マークをスペースと誤る確率は

$$P_{e1} = \int_0^{R_T} p_1(R)\,dR$$
$$= \int_0^{R_T} \frac{R}{N} \exp\left[-\frac{R^2+A^2}{2N}\right] I_0\left(\frac{AR}{N}\right) dR \quad (6.10)$$

と表される．この積分は，マーカムの Q 関数

$$Q(x,y) = \int_y^\infty \exp\left(-\frac{t^2+x^2}{2}\right) I_0(xt)t\,dt \quad (6.11)$$

を用いるならば，

$$P_{e1} = 1 - Q(\sqrt{2\gamma},\ \alpha) \quad (6.12)$$

と表される．ただし，

$$\gamma = \frac{A^2}{2N}, \quad \alpha = \frac{R_T}{\sqrt{N}} \quad (6.13)$$

である．γ はマーク信号について，帯域通過フィルタ出力の標本時点における平均の SN 比 (信号対雑音電力比) で，振幅 A の正弦波の平均電力 $A^2/2$ と平均雑音電力 N との比で定義される．本書では γ を SN 比とよぶことにするが，CN 比 (搬送波対雑音電力比) とよばれることも多い．α は雑音電圧の実効値で正規化されたスレショルドレベルである．

いま一つの誤りは，伝送ビットが 0 (スペース) であるにもかかわらず，標本時点における雑音の値が大きくなって，包絡線がスレショルド値を上回り，ビット 1 (マーク) と判定されてしまう誤りである．この種の誤りは，レーダ用語では**警報誤り** (false alarm) とよんでいる．スペースをマークに誤る確率は

$$P_{e0} = \int_{R_T}^\infty p_0(R)\,dR = \int_{R_T}^\infty \frac{R}{N}\exp\left(-\frac{R^2}{2N}\right) dR = \exp\left(-\frac{\alpha^2}{2}\right) \quad (6.14)$$

と表される．ここで求めた二つの誤り率 P_{e1} と P_{e0} は，図 6.3 の斜線で示される面積に相当する．

マークとスペースが全体的に見て 50 % ずつの割合で送信されている (ビットの生起確率 1/2) とすると，上で求めた 2 種のビット誤り率の平均として

$$P_e = \frac{1}{2}(P_{e1} + P_{e0})$$

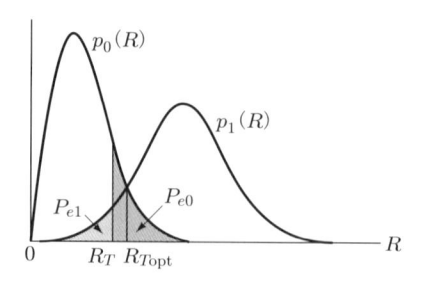

図 6.3 OOK 非同期検波出力の確率密度関数とビット誤り率

$$= \frac{1}{2}\left[1 - Q(\sqrt{2\gamma},\ \alpha) + \exp\left(-\frac{\alpha^2}{2}\right)\right] \quad (6.15)$$

が得られる．図 6.3 からわかるように，固定スレショルド (R_T 一定) の下では，SN 比が大きくなると仲上-ライス分布 $p_1(R)$ のピークは右に移動するから，マークをスペースと誤る誤り率 P_{e1} は次第に減少する．しかし，スペースをマークと誤る確率 P_{e0} は一定のままで変化しないので，平均のビット誤り率 P_e は SN 比がいかに大きくなっても $P_{e0}/2$ 以下にはならない．

次に，ビット誤り率 P_e を最小にする**最適スレショルド** (optimum threshold) の値を求める．式 (6.15) を $\alpha(=R_T/\sqrt{N})$ で微分して 0 とおくことにより，最適値は

$$I_0(\alpha\sqrt{2\gamma})\exp(-\gamma) = 1 \quad (6.16)$$

の解であることがわかる．この関係は式 (6.6) と式 (6.8) を等しくおいたものであり，最適のスレショルド値 R_{Topt} は図 6.3 に示す二つの確率密度関数の交点における包絡線レベルである．式 (6.16) を解いて最適のスレショルド値を正確に求めることは容易ではないが，信号レベルが十分高い条件の下では，近似的に

$$R_{Topt} \approx \frac{A}{2} \quad (6.17)$$

とおいてよく，マーク信号の包絡線レベルの半分に設定すればよい．

SN 比が十分高い状態では，式 (6.15) において，マークの Q 関数の値は 1 に近く，ビット誤りの大部分はスペースをマークと判定する誤り (警報誤り) P_{e0} になる．このとき，最適スレショルドにおけるビット誤り率は

$$P_e \approx \frac{1}{2}\exp\left(-\frac{\gamma}{4}\right), \quad \gamma \gg 1 \quad (6.18)$$

と表される．

非同期検波では，帯域フィルタ出力における包絡線の値のみによってビットを判定するので，受信機は入力波の高周波位相を知る必要はなかった．したがって，非同期検波は伝送路において OOK 信号が位相変化を受けた場合にも有効な方法であ

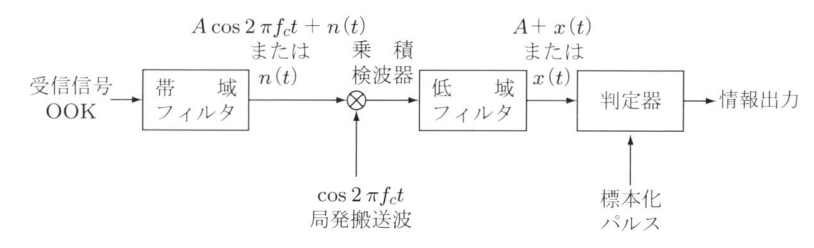

図 **6.4** OOK 信号の同期検波

る．**同期検波** (coherent detection, synchronous detection) によって OOK 信号のビットを判定するためには，受信機は送信信号の高周波位相を正確に知らねばならず，非同期検波法に比べると構成が複雑になる．

同期検波による OOK 受信機の構成を図 6.4 に示す．同期検波では，受信機において送信信号と位相同期のとれた正弦搬送波を準備し，帯域フィルタ出力との積をつくる．低域フィルタは，信号の低域成分を完全に通過させ，搬送波の 2 倍の周波数成分を除去するためのものである．

受信機における帯域フィルタの出力は，非同期検波の場合と同様，スペースとマーク信号に対応してそれぞれ式 (6.2)，(6.3) によって与えられる．したがって，同期検波ののちでは，マーク伝送のとき

$$u(t) = A + x(t) \tag{6.19}$$

となり，またスペース伝送のときには

$$u(t) = x(t) \tag{6.20}$$

になる．A はマーク信号の帯域フィルタ出力における振幅を，$x(t)$ はガウス雑音の低域同相成分を表す．ガウス雑音の平均値は 0，平均電力は N である．なお，共通の係数 1/2 は省略している．最後に，ビット判定のため，適当な時刻においてパルス標本をとる過程は非同期検波の場合と同じである．同期検波では，式 (6.19)，(6.20) からわかるように，雑音の低域成分のうち，信号と直交する成分 $y(t)$ が除かれる．このため，以下に考察するように，非同期検波の場合に比べてビット誤り率が小さくなるのである．

マークが伝送されているとき，上記標本値の確率密度関数は，平均値 A，分散 N のガウス分布になり，次式で表される．

$$p_1(u) = \frac{1}{\sqrt{2\pi N}} \exp\left[-\frac{(u-A)^2}{2N}\right] \tag{6.21}$$

また，スペース伝送のときには，平均値は 0 だから

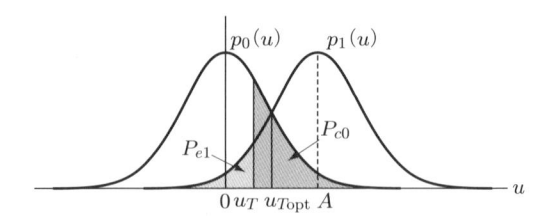

図 6.5 OOK 同期検波出力の確率密度関数とビット誤り率

$$p_0(u) = \frac{1}{\sqrt{2\pi N}} \exp\left(-\frac{u^2}{2N}\right) \tag{6.22}$$

と表される．図 6.5 に OOK 同期検波における標本出力の確率密度関数を示す．

同期検波の場合も符号の判定は，適当なスレショルド値 u_T を設定し，

$$\left.\begin{array}{l} u(T_s) > u_T \text{のとき　マークと判定} \\ u(T_s) < u_T \text{のとき　スペースと判定} \end{array}\right\} \tag{6.23}$$

のように判定する．ビット誤り率の計算は，標本出力の確率密度関数がガウス分布に代わっただけで手法は同じである．

同期検波の場合，マーク伝送時においてこれをスペースと誤る確率は

$$\begin{aligned} P_{e1} &= \int_{-\infty}^{u_T} p_1(u)\, du = \int_{-\infty}^{u_T} \frac{1}{\sqrt{2\pi N}} \exp\left[-\frac{(u-A)^2}{2N}\right] du \\ &= 1 - \frac{1}{2}\operatorname{erfc}\left(\frac{\alpha}{\sqrt{2}} - \sqrt{\gamma}\right) \end{aligned} \tag{6.24}$$

となる．ここで，

$$\gamma = \frac{A^2}{2N}, \quad \alpha = \frac{u_T}{\sqrt{N}} \tag{6.25}$$

は，マーク信号の標本時点における SN 比，および雑音電圧の実効値で正規化されたスレショルド値である．

誤差補関数については，

$$\operatorname{erfc}(x) + \operatorname{erfc}(-x) = 2 \tag{6.26}$$

の関係があるから，式 (6.24) は次のように表すこともできる．

$$P_{e1} = \frac{1}{2}\operatorname{erfc}\left(\sqrt{\gamma} - \frac{\alpha}{\sqrt{2}}\right) \tag{6.27}$$

また，スペース伝送のときにマークと判定してしまうビット誤り率は，式 (6.22) を用いて

$$P_{e0} = \int_{u_T}^{\infty} p_0(u)\,du = \int_{u_T}^{\infty} \frac{1}{\sqrt{2\pi N}} \exp\left(-\frac{u^2}{2N}\right) du$$
$$= \frac{1}{2}\operatorname{erfc}\left(\frac{\alpha}{\sqrt{2}}\right) \tag{6.28}$$

と計算される．マークとスペースが生起確率 1/2 で送信されているならば，平均のビット誤り率は，

$$P_e = \frac{1}{2}\left[\frac{1}{2}\operatorname{erfc}\left(\sqrt{\gamma}-\frac{\alpha}{\sqrt{2}}\right) + \frac{1}{2}\operatorname{erfc}\left(\frac{\alpha}{\sqrt{2}}\right)\right] \tag{6.29}$$

と求められる．

図 6.5 から明らかなように，固定スレショルド (u_T 一定) の場合において，SN 比が増加すると，$p_1(u)$ が右に移動し，マークをスペースに誤る確率 P_{e1} は次第に減少する．しかし，スペースをマークに誤る警報誤り率 P_{e0} は一定にとどまる．この性質は非同期検波の場合と同じである．

ビット誤り率 P_e を最小にする最適スレショルドレベルは，図 6.5 に示す二つのガウス分布の交点に対応するレベルで，

$$u_{T\mathrm{opt}} = \frac{A}{2} \tag{6.30}$$

であり，マーク信号包絡線レベルの半分である．

最適スレショルドの場合には，明らかに

$$P_{e1} = P_{e0} \tag{6.31}$$

であり，マークとスペースの送出確率が 1/2 のときの平均ビット誤り率 P_e は

$$P_e = \frac{1}{2}\operatorname{erfc}\left(\frac{\sqrt{\gamma}}{2}\right) \tag{6.32}$$

のように求められる．また，SN 比が高く，$\gamma \gg 1$ ならば，

$$\operatorname{erfc}(x) \approx \frac{1}{x\sqrt{\pi}}\exp(-x^2), \quad x \gg 1 \tag{6.33}$$

であるから，最適スレショルドの場合のビット誤り率は

$$P_e \approx \frac{1}{\sqrt{\pi\gamma}}\exp\left(-\frac{\gamma}{4}\right), \quad \gamma \gg 1 \tag{6.34}$$

のように近似される．

実用上は SN 比が高く，誤り率が低いときが重要である．この場合，式 (6.18) と式 (6.34) を比較するとわかるように，同期検波のほうが係数が小さくビット誤り率は低い．しかし，ビット誤り率の値はいずれも指数関数によって決定されるから，相違はほとんどない．このように，OOK の場合には，受信機を同期検波のような

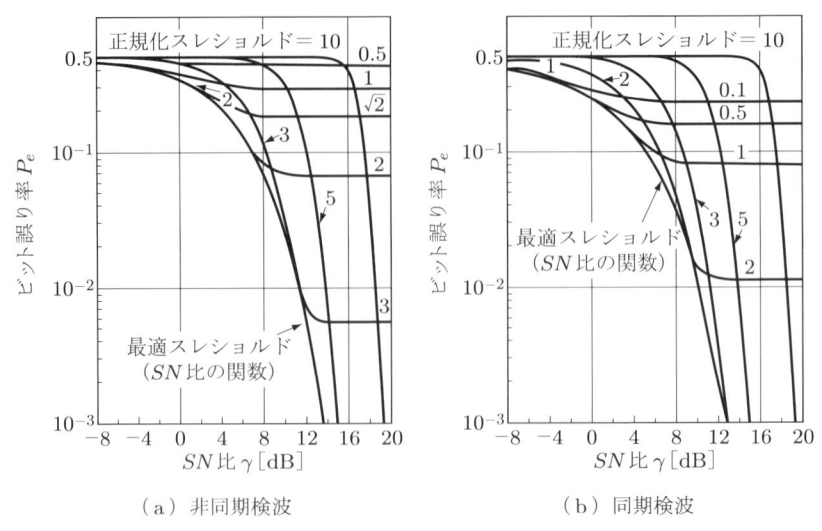

図 6.6 OOK 非同期検波と同期検波のビット誤り率
(S. スタイン, J. J. ジョーンズ著, 関 英男監訳:現代の通信回線理論, 図 10-4, 図 10-6, 森北出版 (1976) より引用)

複雑な構成にしても，ビット誤り率は非同期検波とあまり変わらず，それほど改善されない．図 6.6 に OOK の非同期検波と同期検波のビット誤り率の曲線を示す．

6.2 周波数シフトキーイング

周波数シフトキーイング (frequency shift keying ; FSK) は，ビットごとに周波数の異なる搬送波パルスを対応させる方式である．2 進 FSK は，ビット 1 (マーク)，ビット 0 (スペース) にそれぞれ搬送波周波数 f_1, f_0 のパルスを対応させ，

$$\left.\begin{array}{l} s_1(t) = A\cos 2\pi f_1 t, \quad \text{ビット 1 のとき} \\ s_0(t) = A\cos 2\pi f_0 t, \quad \text{ビット 0 のとき} \end{array}\right\}, \quad -\frac{T}{2} \leq t \leq \frac{T}{2} \quad (6.35)$$

のように伝送する．FSK 信号の波形の例を図 6.7 に示す．図では低域の変調信号として一定振幅 A の方形波の場合を考えているが，実際には方形波よりもなめらかに変化する波形も用いられる．OOK はスレショルドを設定して判定するので，フェージングによって振幅変動を受けるとビット誤りが増加するという欠点があるが，FSK は異なった周波数のパルスを使うので，広い伝送帯域を必要とするものの，フェージングの影響を受けにくく，雑音に対しても強い．

FSK 信号の検波にも OOK と同様に非同期検波と同期検波がある．次にこれらの検波法とビット誤り率について述べる．なお，信号パルスのタイミング同期は完

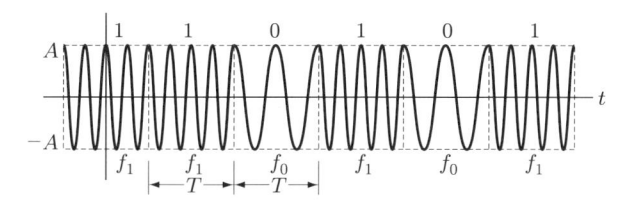

図 6.7　FSK 信号の波形

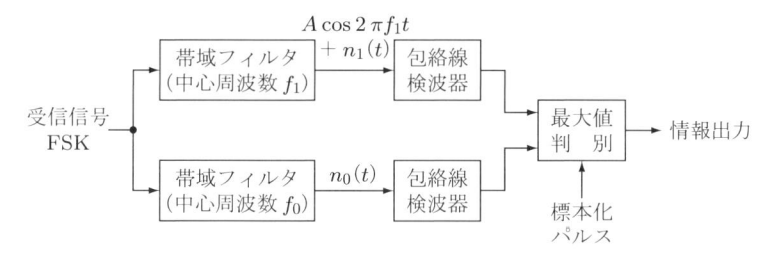

（a）非同期検波（f_1 送信のとき）

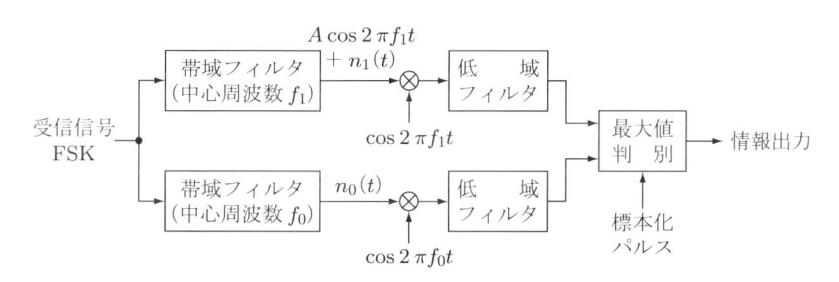

（b）同期検波（f_1 送信のとき）

図 6.8　FSK 信号の非同期検波と同期検波

全であるとし，符号間干渉のない理想状態を仮定する．FSK 信号の検波には，これらのほかに通常の FM 検波器を使用する方法も行われる．

　2 進 FSK 信号の**非同期検波**は，図 6.8 (a) に示すように，まず受信信号をマーク，スペース信号の搬送波周波数を中心周波数とする一対の帯域フィルタに通す．次に帯域フィルタ出力を包絡線検波し，得られた二つの検波出力をパルス持続時間中の適当な時刻において標本化したのち，標本パルスの大きさを比較してビットを判定する．非同期検波では搬送波の位相を知ることは不要であり，FSK 信号の簡易な検波法として広く用いられる．FSK 信号は短い時間幅のパルスで，スペクトルは搬送周波数を中心に広がっているから，一方のフィルタに信号が加わると，信号の含まれない側のフィルタもいくぶん応答する．しかし，マークとスペースの搬送波周波

数差を適切に選べば，信号の含まれない側のフィルタ出力が標本時点において影響を受けることはない．

FSK では，マーク，スペースの受信に応じて二つの帯域フィルタのいずれかに信号が含まれる．信号の含まれる側の帯域フィルタ出力は信号と雑音の和であり，信号が含まれない側の出力には雑音だけが現れる．帯域フィルタ出力には式 (6.2)，(6.3) を用い，f_c の代わりに f_0 または f_1 とおきかえればよい．

信号の含まれる側の包絡線検波器出力の標本値は仲上-ライス分布であって，その確率密度関数は

$$p(R_1) = \frac{R_1}{N} \exp\left[-\frac{R_1^2 + A^2}{2N}\right] I_0\left(\frac{AR_1}{N}\right) \tag{6.36}$$

と表される．ただし，A は標本時点における信号レベルであり，N は平均雑音電力を表す．

信号が含まれない側の包絡線検波器には雑音だけが加わるから，その出力における標本値はレイリー分布になり，確率密度関数は

$$p(R_0) = \frac{R_0}{N} \exp\left(-\frac{R_0^2}{2N}\right) \tag{6.37}$$

のように表される．

ビットの誤りは $R_0 > R_1$ のときに生じ，その確率は

$$P_e = \mathrm{prob}(R_0 > R_1) = \int_0^\infty p(R_1) \left[\int_{R_1}^\infty p(R_0)\, dR_0\right] dR_1 \tag{6.38}$$

で与えられる．式 (6.36)，(6.37) を代入して積分すると，ビット誤り率は

$$P_e = \frac{1}{2} \exp\left(-\frac{A^2}{4N}\right) = \frac{1}{2} \exp\left(-\frac{\gamma}{2}\right) \tag{6.39}$$

と求められる．ここに，

$$\gamma = \frac{A^2}{2N} \tag{6.40}$$

であり，信号が含まれている帯域フィルタ出力の標本時点における SN 比を表す．このように，FSK 非同期検波のビット誤り率は SN 比の指数関数で表される．

2進 FSK 信号の**同期検波**のための受信機は図 6.8 (b) に示す構成のものが用いられる．同期検波の場合には，周波数の異なる二つの搬送波について，送信波形と周波数だけでなく位相まで正確に同じ波形を準備する必要があり，同期が重要な問題になる．一対の帯域フィルタを通過した FSK 信号は，送信されるマーク，スペース信号と周波数，位相の一致した局発信号がそれぞれ乗算される．乗積器出力の高域成分は低域フィルタで除かれ，それらの出力が標本時点で比較される．

いま，搬送波周波数 f_1 のマーク信号が送られているものとすると，中心周波数 f_1 の帯域フィルタの出力は次式で表される．

$$s_1(t) + n_1(t) = [A + x_1(t)]\cos 2\pi f_1 t - y_1(t)\sin 2\pi f_1 t \tag{6.41}$$

このとき，スペース信号を通過させる中心周波数 f_0 の帯域フィルタの出力は，漏話などのない理想状態の下では雑音だけであり，

$$n_0(t) = x_0(t)\cos 2\pi f_0 t - y_0(t)\sin 2\pi f_0 t \tag{6.42}$$

と表される．ここに，A は変調信号の振幅であり，$x_1(t)$，$y_1(t)$，$x_0(t)$，$y_0(t)$ はガウス雑音の低域同相，直交成分を表す．

図 6.8 (b) において，信号を含む (マーク) 側の低域フィルタに現れる出力は次のようになる．

$$u_1(t) = A + x_1(t) \tag{6.43}$$

また，信号を含まない (スペース) 側の低域フィルタ出力は

$$u_0(t) = x_0(t) \tag{6.44}$$

のように表される．このように，同期検波では雑音の低域直交成分が除かれる．なお，共通の係数 1/2 は省略している．

ビットの判定は一つのパルスにつき 1 回，適当な時刻において低域フィルタ出力を標本化し，その標本値を比較することによって行う．信号を含む側の低域フィルタ出力の標本値は平均値 A のガウス分布であり，信号を含まない側は平均値 0 のガウス分布になる．雑音の平均電力は次のようなる．

$$N = \overline{x_0{}^2} = \overline{x_1{}^2} \tag{6.45}$$

ビット誤り率は標本時点において，$u_0 > u_1$ となる確率であるが，これはまた，

$$z = x_0 - x_1 > A \tag{6.46}$$

となる確率でもある．ガウス成分 x_0，x_1 は互いに独立であり，また，ガウス変数の差の平均値はそれぞれの平均値の差になり，分散は各分散の和になるという性質によって，

$$\bar{z} = 0, \quad \overline{z^2} = \overline{x_0{}^2} + \overline{x_1{}^2} = 2N \tag{6.47}$$

であることがわかる．したがって，z の確率密度関数は

$$p(z) = \frac{1}{\sqrt{4\pi N}}\exp\left(-\frac{z^2}{4N}\right) \tag{6.48}$$

と表される．

ビットの誤りは $z > A$ のとき生じ，その確率は

$$P_e = \int_A^\infty p(z)\,dz = \frac{1}{\sqrt{4\pi N}} \int_A^\infty \exp\left(-\frac{z^2}{4N}\right) dz$$
$$= \frac{1}{2}\,\mathrm{erfc}\left(\sqrt{\frac{\gamma}{2}}\right) \tag{6.49}$$

と求められる．SN 比が高い状態では，近似的に次式で表される．

$$P_e \approx \frac{1}{\sqrt{2\pi\gamma}} \exp\left(-\frac{\gamma}{2}\right), \quad \gamma \gg 1 \tag{6.50}$$

FSK においても，高い SN 比の下では，非同期検波も同期検波もビット誤り率に関する限りほとんど同じ特性である．同期検波の利点は SN 比が低い状態において現れる．

6.3 位相シフトキーイング

位相シフトキーイング (phase shift keying；PSK) は，振幅，周波数ともに一定な正弦搬送波を用い，その位相を伝送符号に対応して変化させる方式で，ビット誤り率および帯域幅の両面において優れている．PSK は，放送，移動通信，衛星通信など現用のディジタル回線において圧倒的に多く使われている．

2 進 PSK は正弦搬送波に π [rad] 離れた二つの位相を対応させるから，

$$\left.\begin{array}{l} s_1(t) = A\cos 2\pi f_c t, \quad \text{ビット 1 のとき} \\ s_0(t) = -A\cos 2\pi f_c t, \quad \text{ビット 0 のとき} \end{array}\right\}, \quad -\frac{T}{2} \leqq t \leqq \frac{T}{2} \tag{6.51}$$

のように信号パルスが伝送される．OOK はオンオフパルスで正弦搬送波を振幅変調したものであったが，PSK は変調信号に双極性パルスを用いた ASK であるとも考えられる．低域パルスの周期は搬送波の周期に比べて十分長い．PSK 信号の波形を図 6.9 に示す．

PSK は位相を変化させることによって情報を伝送するので，非同期検波はなく，図 6.10 に示すような構成の**同期検波**が用いられる．受信波と乗積をとるために必要な基準搬送波は，搬送波再生回路を用いれば受信信号から抽出できる．以下は，受

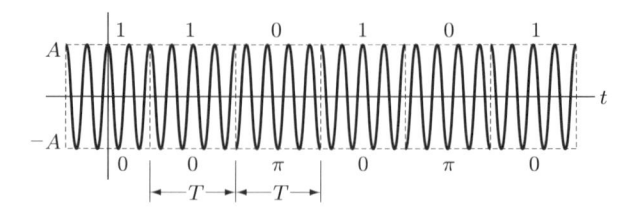

図 6.9 PSK 信号の波形

6.3 位相シフトキーイング **145**

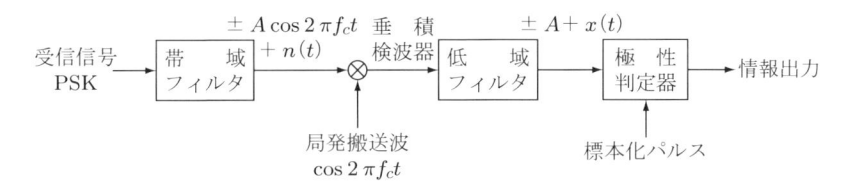

```
受信信号      ±A cos 2πf_c t       ±A + x(t)
PSK   →[帯域  ]→  +n(t)  →⊗→[垂積]→[低域]→[極性]→ 情報出力
      [フィルタ]          [検波器][フィルタ][判定器]
                    ↑              ↑
              局発搬送波          標本化パルス
              cos 2πf_c t
```

図 **6.10** PSK 信号の同期検波

信機においてつねに正確な位相基準が利用でき,送受信パルスの時間同期も正確な理想的状態の下でのビット誤り率について考える.

PSK 伝送では,帯域フィルタの出力はつねに信号と雑音の和であり,マーク(ビット 1)とスペース(ビット 0)の伝送に対応して,それぞれ

$$v(t) = [\pm A + x(t)]\cos 2\pi f_c t - y(t)\sin 2\pi f_c t \tag{6.52}$$

となる.A は低域方形波の振幅であり,符号 + はマーク,− はスペース伝送の場合に対応する.ここに,$x(t)$ と $y(t)$ はガウス雑音の低域成分である.

局発搬送波との乗積ののち,低域フィルタを通過した出力は,マーク伝送の場合には,

$$u(t) = A + x(t) \tag{6.53}$$

と表され,スペース伝送のときには

$$u(t) = -A + x(t) \tag{6.54}$$

になる.以前と同様に,共通の係数 1/2 は省略している.

ビットの判定は,一つのパルスにつき 1 回抽出した標本値の正負によって行う.明らかに,標本値はそれぞれ平均 A と $-A$ のガウス分布に従う.図 6.11 に,マーク(ビット 1)とスペース(ビット 0)伝送における検波器出力の確率密度 $p_1(u)$ と $p_0(u)$ を示す.OOK 同期検波の場合と比べるとわかるように,PSK 信号のビット

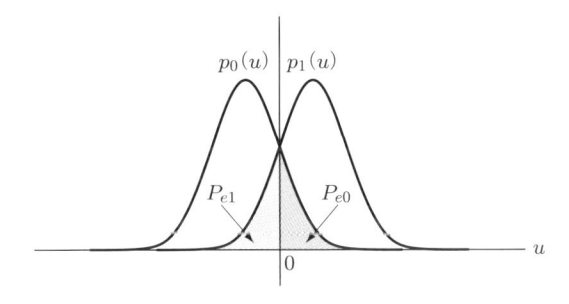

図 **6.11** PSK 同期検波出力の確率密度関数とビット誤り率

間距離は 2 倍になっているので，ビットの判定が比較的容易になる．符号の生起確率を 1/2 とすれば，マークをスペースに誤る確率 P_{e1} とスペースをマークに誤る確率 P_{e0} は等しく，ビット誤り率は

$$P_e = P_{e1} = P_{e0} = \int_0^\infty \frac{1}{\sqrt{2\pi N}} \exp\left[-\frac{(u_+ A)^2}{2N}\right] du = \frac{1}{2}\mathrm{erfc}(\sqrt{\gamma}) \tag{6.55}$$

と求められる．ここに，γ は帯域通過フィルタ出力の標本時点における SN 比で，$\gamma = A^2/(2N)$ である．

式 (6.55) において，SN 比が高く，$\gamma \gg 1$ の場合には，式 (6.33) に示した誤差補関数の漸近式によって，ビット誤り率は次のように近似される．

$$P_e \approx \frac{1}{2\sqrt{\pi\gamma}} \exp(-\gamma), \quad \gamma \gg 1 \tag{6.56}$$

例題 6.1 PSK 信号の同期検波に用いる局発搬送波に，$\Delta\phi$ ($|\Delta\phi| < \pi/2$) の位相誤差 (オフセット) が生じたとすると，ビット誤り率は

$$P_e = \frac{1}{2}\mathrm{erfc}(\sqrt{\gamma}\cos\Delta\phi) \tag{6.57}$$

と表されることを示せ．ただし，γ は帯域通過フィルタ出力の標本時点における SN 比である．

解 マーク信号が伝送されている場合を考えると，乗積検波器では，

$$v(t)c(t) = \{[A + x(t)]\cos 2\pi f_c t - y(t)\sin 2\pi f_c t\}\cos(2\pi f_c t + \Delta\phi) \tag{6.58}$$

の演算が行われる．低域フィルタ出力は，三角関数の積を和に変形した結果において搬送波の 2 倍の周波数成分を除いたものである．したがって，

$$u_1(t) = A\cos\Delta\phi + x(t)\cos\Delta\phi + y(t)\sin\Delta\phi \tag{6.59}$$

となる．

同様にして，スペースが伝送されたときには

$$u_0(t) = -A\cos\Delta\phi + x(t)\cos\Delta\phi + y(t)\sin\Delta\phi \tag{6.60}$$

になる．係数の 1/2 は省略している．

低域フィルタ出力における雑音成分を

$$z(t) = x(t)\cos\Delta\phi + y(t)\sin\Delta\phi \tag{6.61}$$

とおくと，$x(t)$ と $y(t)$ が平均値 0，分散 N の互いに独立なガウス変数であることから，$z(t)$ もまたガウス変数になり，

$$\overline{z(t)} = 0, \quad \overline{[z(t) - \overline{z(t)}]^2} = N \tag{6.62}$$

であることがわかる．

ビット誤り率は，式 (6.55) の積分において，A の代わりに $A\cos\Delta\phi$ とおけばよい．それゆえ，次式の結果が得られる．

$$P_e = \frac{1}{2} \operatorname{erfc}\left(\sqrt{\gamma} \cos \Delta\phi\right) \tag{6.63}$$

6.4 差動位相シフトキーイング

PSK では，絶対的な位相基準に対して 0 [rad], π [rad] のように位相変化させ，ディジタル情報 (ビット 1,0) を送る方式であった．**差動位相シフトキーイング** (differentially phase shift keying ; DPSK) は，隣接する搬送波パルス間の相対位相差を変化させることによりディジタル符号を伝送する方式である．

2 進 DPSK では，$0 \to 0$ [rad], $\pi \to \pi$ [rad] のように，一つ前のパルスと現在のパルスとの間に位相の変化がないときにはビット 1 (マーク) が伝送され，$0 \to \pi$ [rad], $\pi \to 0$ [rad] のように，π [rad] だけ位相が変化したときにはビット 0 (スペース) が伝送される．DPSK では PSK ほど長時間にわたる位相の安定性は要求されない．

DPSK 信号の検波は，図 6.12 に示すように，1 ビット前の受信パルスをその持続時間 T だけ遅延させておき，これと現在の受信パルスとの乗積をとる方法によって行われ，**遅延検波** (differentially coherent detection) とよばれる．すなわち，遅延させた先行パルスを基準波とする同期検波を行ってビットを判定するわけである．PSK と異なり，DPSK では基準波にも雑音が含まれる．

DPSK 伝送に使われる信号波形を，PSK の場合と同じ一定振幅 A の正弦波 $A\cos 2\pi f_c t$ あるいは $-A\cos 2\pi f_c t$ とする．いま，$A\cos 2\pi f_c t$ が連続して送られるマーク伝送の場合を仮定し，これがスペースと判定されるビット誤りの確率を計算する．

帯域フィルタ通過ののち，1 ビット遅延した受信 DPSK 波と現在の受信波は，

$$v_1(t) = [A + x_1(t)]\cos 2\pi f_c t - y_1(t)\sin 2\pi f_c t \tag{6.64}$$

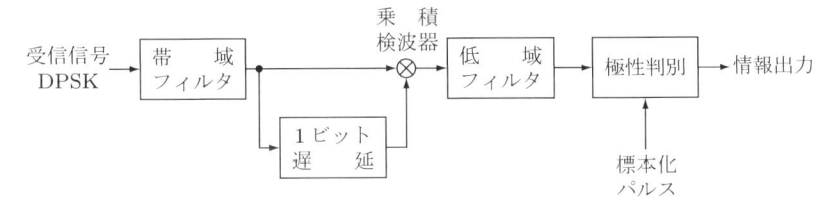

図 **6.12** DPSK 信号の遅延検波

$$v_2(t) = [A + x_2(t)] \cos 2\pi f_c t - y_2(t) \sin 2\pi f_c t \tag{6.65}$$

と表される．ここに，$x_1(t)$, $y_1(t)$, $x_2(t)$, $y_2(t)$ はガウス雑音の低域同相，直交成分であり，添字はタイムスロットを区別するためである．簡単のため，雑音成分の間に相関はないものと仮定する．

ここで，

$$\left.\begin{array}{l} X_1(t) = A + x_1(t), \quad Y_1(t) = y_1(t) \\ X_2(t) = A + x_2(t), \quad Y_2(t) = y_2(t) \end{array}\right\} \tag{6.66}$$

とおくと，式 (6.64), (6.65) は

$$v_1(t) = X_1(t) \cos 2\pi f_c t - Y_1(t) \sin 2\pi f_c t \tag{6.67}$$

$$v_2(t) = X_2(t) \cos 2\pi f_c t - Y_2(t) \sin 2\pi f_c t \tag{6.68}$$

と書きかえられる．新しく得られた低域成分 X_1, Y_1, X_2, Y_2 もまた互いに独立なガウス変数になり，それらの平均値および分散は次のようになる．

$$\left.\begin{array}{ll} \overline{X_1} = \overline{X_2} = A, & \overline{Y_1} = \overline{Y_2} = 0 \\ \overline{(X_1 - A)^2} = \overline{(X_2 - A)^2} = N, & \overline{Y_1^2} = \overline{Y_2^2} = N \end{array}\right\} \tag{6.69}$$

ただし，N は標本時点における雑音の平均電力を表す．

上の二つの出力 $v_1(t)$ と $v_2(t)$ の積をつくり，さらに，低域フィルタに通して 2 倍の周波数成分を除くと，検波器出力として

$$Z = X_1 X_2 + Y_1 Y_2 \tag{6.70}$$

が得られる．雑音がない状態では，上のような $A \cos 2\pi f_c t$ を連続して送るマーク伝送のときには，$Z = A^2 > 0$ になる．マーク伝送で，$-A \cos 2\pi f_c t$ が引き続き送られるときにも $Z = (-A)^2 > 0$ である．逆に，スペース伝送のときには，$Z = A(-A) < 0$ となる．それゆえ，マーク伝送のときのビット誤り率は $Z < 0$ となる確率であり，

$$P_e = \mathrm{prob}(X_1 X_2 + Y_1 Y_2 < 0) \tag{6.71}$$

と表される．

P_e を求めるために，まず，

$$\begin{aligned} X_1 X_2 + Y_1 Y_2 = \frac{1}{4} \Big\{ & [(X_1 + X_2)^2 + (Y_1 + Y_2)^2] \\ & - [(X_1 - X_2)^2 + (Y_1 - Y_2)^2] \Big\} \end{aligned} \tag{6.72}$$

と変形する．式 (6.72) で

$$\left.\begin{array}{l} U_1 = X_1 + X_2, \quad V_1 = Y_1 + Y_2 \\ U_2 = X_1 - X_2, \quad V_2 = Y_1 - Y_2 \end{array}\right\} \tag{6.73}$$

とおけば，これらは互いに独立なガウス変数になり，平均値と分散は

$$\left.\begin{array}{l} \overline{U_1} = 2A, \quad \overline{U_2} = 0, \quad \overline{V_1} = \overline{V_2} = 0 \\ \overline{(U_1 - 2A)^2} = \overline{U_2^2} = 2N, \quad \overline{V_1^2} = \overline{V_2^2} = 2N \end{array}\right\} \tag{6.74}$$

で与えられる．さらに，

$$R_1{}^2 = U_1{}^2 + V_1{}^2, \quad R_2{}^2 = U_2{}^2 + V_2{}^2 \tag{6.75}$$

とおきかえると，ビット誤り率は，式 (6.71) の代わりに

$$P_e = \mathrm{prob}(R_1 < R_2) \tag{6.76}$$

を計算すればよい．

2.6 節で述べた仲上-ライス分布の誘導過程を参考にすれば，式 (6.75) の確率変数 R_1 は仲上-ライス変数になり，その確率密度関数は，

$$p(R_1) = \frac{R_1}{2N} \exp\left[-\frac{R_1{}^2 + 4A^2}{4N}\right] I_0\left(\frac{AR_1}{N}\right) \tag{6.77}$$

のように表されることがわかる．また，R_2 の分布はレイリー分布になり

$$p(R_2) = \frac{R_2}{2N} \exp\left(-\frac{R_2{}^2}{4N}\right) \tag{6.78}$$

と表される．

式 (6.77) と式 (6.78) を用いると，DPSK のビット誤り率は，積分

$$P_e = \int_0^\infty p(R_1) \left[\int_{R_1}^\infty p(R_2) dR_2\right] dR_1 \tag{6.79}$$

によって求められる．

この演算は非同期 FSK の場合と同様であり，式 (6.39) において，A, N にそれぞれ 2 倍した値を代入すればよい．したがって，

$$P_e = \frac{1}{2} \exp\left[-\frac{(2A)^2}{4(2N)}\right] = \frac{1}{2} \exp\left(-\frac{A^2}{2N}\right) \tag{6.80}$$

と求められる．帯域フィルタ出力の標本時点における SN 比 $\gamma = A^2/2N$ を用いれば，DPSK のビット誤り率は次式のように表せる．

$$P_e = \frac{1}{2} \exp(-\gamma) \tag{6.81}$$

式 (6.81) の結果を式 (6.56) と比較すればわかるように，DPSK のビット誤り率はつねに同期 PSK より大きくなる．しかし，SN 比の高い状態において，これら二つの誤り率の違いはほとんどない．

6.5 ビット誤り率特性の比較

代表的なディジタル通信方式について，伝送路で加わるガウス雑音によるビット誤り率を2進信号の場合について考察してきたが，これらのビット誤り率はいずれも帯域フィルタ出力における SN 比 γ の関数として表され，結果を一覧表にすると表6.1のようになる．また，ビット誤り率特性の曲線は図6.13に示されている．OOK の判定スレショルドは最適値に選ばれている場合である．

図から明らかなように，同期 PSK は同じ誤り率を実現するのに必要な SN 比が最も低くてよく，FSK に比べて伝送帯域幅も少なくてすむ．このような特性の違いはマーク，スペースに使用される信号波形に関係する．二つのパルス波形の相関を

表 6.1　2進ディジタル変調方式のビット誤り率 (γ は SN 比)

	非同期検波	同期検波 誤差関数表示	同期検波 指数関数近似 ($\gamma \gg 1$)
OOK	$(1/2)\exp(-\gamma/4)$, $\gamma \gg 1$ (最適スレショルド)	$(1/2)\mathrm{erfc}(\sqrt{\gamma}/2)$ (最適スレショルド)	$(1/\sqrt{\pi\gamma})\exp(-\gamma/4)$ (最適スレショルド)
FSK	$(1/2)\exp(-\gamma/2)$	$(1/2)\mathrm{erfc}(\sqrt{\gamma/2})$	$(1/\sqrt{2\pi\gamma})\exp(-\gamma/2)$
PSK	DPSK $(1/2)\exp(-\gamma)$ (遅延検波)	$(1/2)\mathrm{erfc}(\sqrt{\gamma})$	$(1/2\sqrt{\pi\gamma})\exp(-\gamma)$

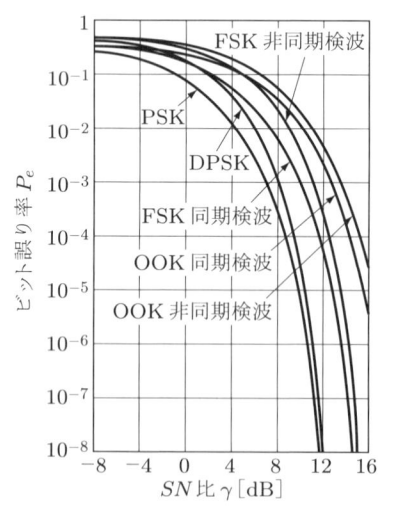

図 6.13　2進信号のビット誤り率特性
(桑原守二監修：ディジタルマイクロ波通信，図3.22,
企画センター (1985) より引用)

表すパラメータとして，相関係数

$$\lambda = \frac{\int_0^T s_1(t) s_0(t)\, dt}{\sqrt{\int_0^T s_1{}^2(t)\, dt \int_0^T s_0{}^2(t)\, dt}} \tag{6.82}$$

が用いられる．FSK では，マーク，スペースのパルス波形の相関係数は $\lambda = 0$ になり，互いに**直交** (orthogonal) 関係にあるといわれる．OOK も二つの波形の積の積分が 0 になることから直交波形に含められる．PSK 伝送に用いられる二つのパルス波形は $\lambda = -1$ になり，**反平行** (antiparallel) 関係にあるといわれる．直交信号に比べると反平行信号では二つの波形の違いが大きいので，雑音が加わっても識別しやすい．

次に，同じ信号方式について非同期検波と同期検波を比較すると，同期検波のほうが符号誤り率は低く，その程度は SN 比が低いほど著しい．すでに述べたように，同期検波では，送信搬送波と位相同期した局発搬送波を必要とするので，受信機の構成が複雑となるが，信号と直交した雑音成分が除かれるために誤り率が低くなるのである．実用のディジタル通信系は SN 比が高い (誤り率が小さい) 状態で動作する場合が多いが，このような領域では検波法による違いはなくなり，同期検波も非同期検波も同じような誤り率特性になる．符号誤り率はいずれも SN 比の指数関数で近似される．この場合，同一の誤り率を実現するのに必要な SN 比を比較すると，FSK は OOK より 3 [dB] 少なくてすむ．しかし，OOK においては，マークとスペースが全体として 50 % ずつ送信され，スペース伝送の際は電力が送られていないことを考えると，OOK と FSK の誤り率特性に差異はないともいえる．PSK は FSK に比べて 3 dB だけ SN 比は少なくてよい．これは，同一誤り率を実現するのに PSK の送信電力は FSK の 1/2 でよいことを意味する．

6.6 M 進信号

これまでは 2 進の ASK (OOK)，FSK，PSK，DPSK 信号について考察してきたが，さらに多振幅，多周波数，多位相，差動多位相の波形を使用すれば，多値伝送が可能である．これらはそれぞれ MASK，MFSK，MPSK，MDPSK とよばれる．**M 進信号** (M-ary signal) を用いる方式において，$M = 2^k$ とおくと，一つの搬送波パルスの伝送によって，k 個の 2 進パルス列に相当する $k = \log_2 M$ [bits] の情報量をまとめて送ることが可能であるから，情報伝送速度を k 倍に向上させることができる．

MASK は M 個のレベルの異なった振幅値をとる波形を用いて伝送する方式で，2進 ASK の拡張である．搬送波パルスの振幅の大きさは帯域幅に関係しないから，MASK の伝送帯域幅は2進 ASK と変わらない．これは，MASK の1ビットあたりの帯域幅が2進 ASK の $1/\log_2 M$ 倍でよいことを意味する．このように，MASK は振幅レベル数を増すことによって情報速度を向上させることができるが，反面，信号の平均電力が M^2 に比例して (k の増加に対して指数的に) 増加する．また，ビットあたりの伝送電力は2進 ASK の $M^2/\log_2 M$ 倍になる．MASK 信号の検波は非同期または同期検波で，スレショルドにより判定する．MASK は帯域が制限されている伝送路に適した信号形式である．

MFSK は M 進信号のそれぞれに周波数の異なるパルス波形を対応させる方式で，伝送帯域幅は M に比例して増加するものの，送信電力は2進 FSK の場合と変わらない．したがって，MFSK は，衛星回線のように帯域よりも電力に制約を受ける通信に適した信号形式である．MFSK の同期検波は，位相の同期した基準搬送波を多く必要とするためにあまり用いられず，もっぱら非同期検波によっている．非同期検波では，周波数の異なる M 個の受信信号を，それぞれの搬送波周波数に合った帯域フィルタに通したのち，後続の包絡線検波器に導き，出力の標本値を比較して判定する．

MPSK は同一周波数の搬送波を用い，

$$\left.\begin{aligned} s_n(t) &= A\cos(2\pi f_c t + \phi_n), \quad 0 \leq t \leq T \\ \phi_n &= \frac{2\pi}{M}(n-1), \quad n = 1, 2, \cdots, M \end{aligned}\right\} \quad (6.83)$$

のように位相を変化させる方式である．MPSK の信号配置は図 6.14 のようになる．MPSK は，伝送電力や伝送帯域幅を増すことなく情報伝送速度を $\log_2 M$ 倍にする

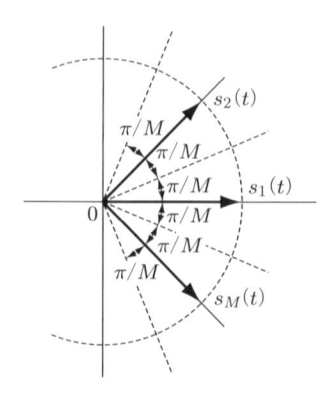

図 **6.14** MPSK の信号配置

ことができるので，現用のディジタル通信回線に広く実用化されている．MPSK の検波は，$\cos 2\pi f_c t$ と $\sin 2\pi f_c t$ を基準波にもつ二つの位相検波器を用い，論理回路によって検波出力成分の比を求めるか，あるいは，式 (6.83) と同じ M 個の信号の候補を準備し，同期検波によって最大出力を選ぶ方法による．

遅延検波を用いる **MDPSK** も信頼性が高いので，衛星通信，移動通信を始めとして多方面に実用されている．4 相 DPSK の検波は 2 進 DPSK の遅延検波器を二つ用い，一方は位相差の余弦 $\cos \Delta\phi$ を，他は正弦 $\sin \Delta\phi$ ($\Delta\phi$ は送信信号間の位相差) を計算させて符号判定している．

M 進信号の誤り率は，k 個のビット (符号) 列からなるシンボル (記号あるいは符号語) の誤り率で，**シンボル誤り率** (symbol error probability) とよばれる．シンボル誤りが生じるときは，つねに他のシンボルにランダムに等確率で誤るものとすれば，ビット誤り率 P_{eb} とシンボル誤り率 P_e との関係は次式のようになる．

$$P_{eb} = \frac{2^{k-1}}{2^k - 1} P_e \tag{6.84}$$

4 相 PSK はとくに広く実用されている信号方式で，**直交位相 PSK**(quaternary phase shift keying ; QPSK) ともよばれている．検波には図 6.15 のような構成の受信機を用い，二つの標本出力の正負のビットの組合せによってシンボルを判定する．次に 4 相 PSK のガウス雑音によるシンボル誤り率を導く．

4 相 PSK では，$\pi/2$ [rad] ずつ位相の異なった信号 $s_1(t)$, $s_2(t)$, $s_3(t)$, $s_4(t)$ が，それぞれ一対の 2 進符号に相当する情報 (2 [bits]) を運ぶ．図 6.16 において，信号 $s_1(t)$ が送られている場合を考える．このときには，信号 $s_1(t)$ に雑音の重畳した受信信号の合成ベクトルが，標本時点において第 1 象限にあれば正しく判定されるが，それ以外の象限に入ると誤りになる．合成ベクトル先端の座標 (x, y) の確率密度関数は次のように表される．N は雑音の平均電力である．

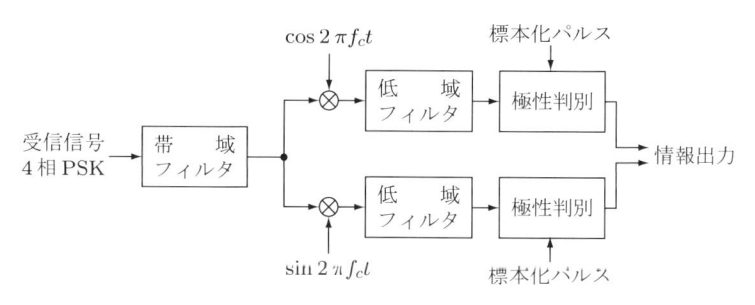

図 6.15 4 相 PSK の同期検波

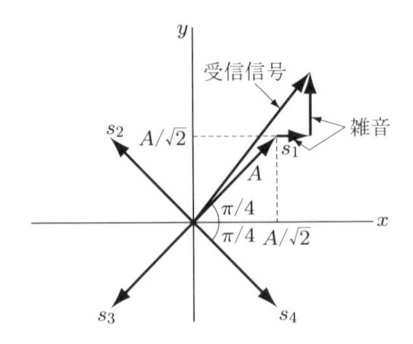

図 6.16 4相 PSK(QPSK) の受信信号ベクトル (s_1 送信のとき)

$$p(x) = \frac{1}{\sqrt{2\pi N}} \exp\left[-\frac{(x - A/\sqrt{2})^2}{2N}\right] \tag{6.85}$$

$$p(y) = \frac{1}{\sqrt{2\pi N}} \exp\left[-\frac{(y - A/\sqrt{2})^2}{2N}\right] \tag{6.86}$$

ガウス変数 x, y は互いに独立であるから，シンボルが正しく判定される確率は

$$P_c = \text{prob}(x > 0) \cdot \text{prob}(y > 0)$$

$$= \left[1 - \frac{1}{2}\text{erfc}\left(\sqrt{\frac{\gamma}{2}}\right)\right]^2 \tag{6.87}$$

である．したがって，シンボル誤り率は

$$P_e = 1 - P_c$$

$$= \text{erfc}\left(\sqrt{\frac{\gamma}{2}}\right)\left[1 - \frac{1}{4}\text{erfc}\left(\sqrt{\frac{\gamma}{2}}\right)\right] \tag{6.88}$$

となる．ここに，γ は帯域フィルタ出力の標本時点におけるシンボルあたりの SN 比で，$\gamma = A^2/2N$ である．

実際の通信では，SN 比は十分大きいと考えてよく，誤差補関数の積の項は無視できるから，

$$P_e \approx \text{erfc}\left(\sqrt{\frac{\gamma}{2}}\right), \quad \gamma \gg 1 \tag{6.89}$$

のように近似できる．

直交位相 PSK(QPSK) は次式で表される．

$$v(t) = Au_I(t)\cos 2\pi f_c t - Au_Q(t)\sin 2\pi f_c t \tag{6.90}$$

この式で，低域信号の同相成分 $u_I(t)$ と直交成分 $u_Q(t)$ は伝送されるシンボルに応じて ± 1 の値をとり，シンボル時間 $T = 2T_b$ 持続する方形波である．**オフセット**

QPSK (offset quaternary phase shift leying ; OQPSK) は，$u_I(t)$ と $u_Q(t)$ の極性を T ごとに同時に変化させるのではなく，ビット時間 $T_b(=T/2)$ だけオフセットさせ，T_b ごとに交互に変化させてビットを伝送する方式である．

QPSK の場合，シンボル速度 $1/T = 1/(2T_b)$ で最大位相変化 π [rad] であるのに対し，OQPSK では，ビット速度 $1/T_b$ で最大 $\pi/2$ [rad] の変化である．急激な位相変化の波形を帯域制限すると振幅変動が生じるため，非線形回路を用いる通信回線では，隣接チャネル干渉を引き起こす原因となる．この点，位相変化の少ない OQPSK の方が優位である．

最小シフトキーイング (minimum shift keying, MSK) は，低域波形として，方形パルスの代わりになめらかな正弦波形パルスを用いる方式で，同相，直交成分にそれぞれシンボル持続時間 $T = 2T_b$ の半波パルス (周期 $2T = 4T_b$ の正弦波の半周期分) を対応させ，伝送符号に応じてそれらの極性を制御することによって行われる．MSK 信号は

$$v(t) = A\left[u_I(t)\cos\frac{2\pi t}{4T_b}\right]\cos 2\pi f_c t - A\left[u_Q(t)\sin\frac{2\pi t}{4T_b}\right]\sin 2\pi f_c t \quad (6.91)$$

のように表される．$u_I(t)$, $u_Q(t)$ の符号はいずれもシンボル持続時間 $T = 2T_b$ にわたって一定であり，$u_I(t)$ の符号変化が生じるのは $\cos 2\pi t/4T_b = 0$ になる時点のみ，$u_Q(t)$ の符号が変化するのは $\sin 2\pi t/4T_b = 0$ になる時点のみである．

式 (6.91) は次式のように変形される．

$$\begin{aligned}v(t) &= A\frac{u_I(t) - u_Q(t)}{2}\cos 2\pi\left(f_c - \frac{1}{4T_b}\right)t \\ &\quad + A\frac{u_I(t) + u_Q(t)}{2}\cos 2\pi\left(f_c + \frac{1}{4T_b}\right)t\end{aligned} \quad (6.92)$$

この式で，$u_I(t)$ と $u_Q(t)$ が同符号か異符号かによって係数のいずれかは 0 になる．このことから，MSK は 2 進 FSK の特別な場合であることがわかる．MSK のビット区間における搬送波の位相変化は直線状で，$\pm 2\pi\cdot\frac{1}{4T_b}t$ であるから，ビット時間 T_b における位相変化量は $\pm 2\pi\cdot\frac{1}{4T_b}T_b = \pm\frac{\pi}{2}$ となる．図 6.17 に伝送ビット列と低域同相，直交波形および MSK 波を示す．

2 進 FSK において，周波数 f_1, f_0 を持つ二つの搬送波がビット区間 T_b にわたって直交性を満足する条件は，

$$f_1 = (m+n)\frac{1}{4T_b} = (m+n)\frac{f_b}{4}, \quad f_0 = (m-n)\frac{1}{4T_b} = (m-n)\frac{f_b}{4}$$

$$m, n = 1, 2, \cdots \; (m > n) \quad (6.93)$$

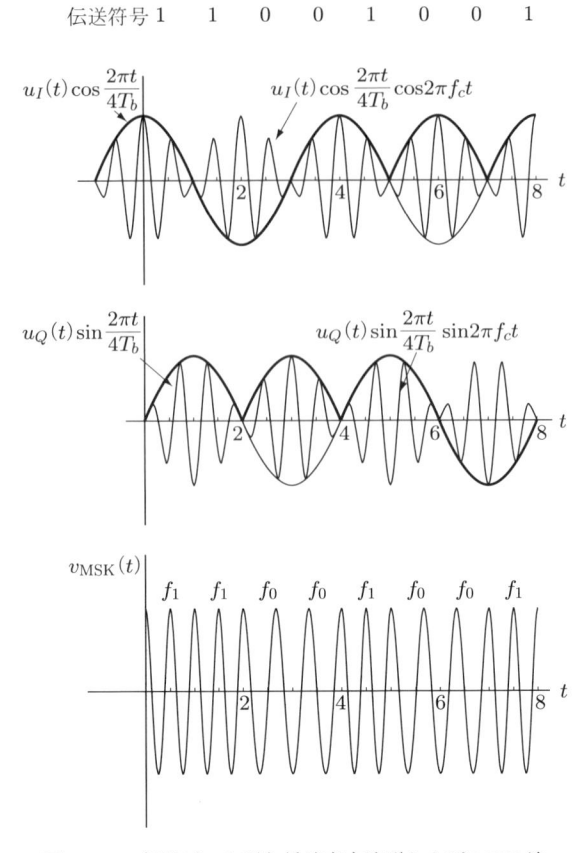

図 6.17 伝送ビット列と低域直交波形および MSK 波

であり，MSK における周波数 $f_1 = f_c + (1/4T_b)$, $f_0 = f_c - (1/4T_b)$ の二つの波形はこの直交条件を満足する．ただし，$f_c = (f_1 + f_2)/2 = m/4T_b$ である．直交性を満足する 2 波の周波数差が最小となるのは，$n = 1$ の場合で，

$$f_1 - f_0 = \frac{1}{2T_b} = \frac{f_b}{2} \tag{6.94}$$

となる．MSK はこの場合であり，最小 (周波数) シフトキーイングの名称はここから来ている．MSK の変調指数は 0.5 である．

MSK のシンボル誤り率特性は QPSK (OQPSK) と同一であるが，MSK はスペクトル集中性の面で優れている．図 6.18 に電力スペクトル密度の比較を示す．図から明らかなように，主ローブの占有帯域幅を比べると，QPSK (OQPSK) の場合は $2 \times 0.5 f_b = 1.0 f_b$ であるが，MSK の場合は $2 \times 0.75 f_b = 1.5 f_b$ であり，1.5 倍広くなる．しかしながら，MSK のサイドローブは QPSK に比べて急激に減少する．実

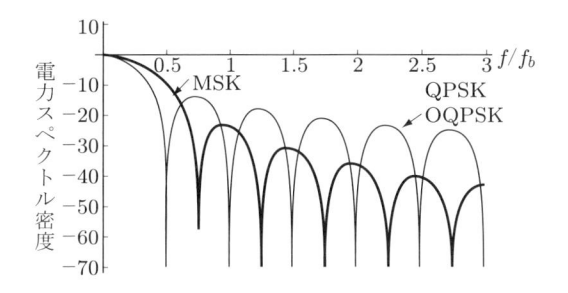

図 6.18 MSK と QPSK (OQPSK) の電力スペクトル特性
(直流成分が 0 [dB] となるように正規化したもの)

際,QPSK のスペクトル密度が $1/f^2$ で減少するのに対して,MSK のスペクトル密度は $1/f^4$ で減少する.99 %の電力が含まれる帯域幅を比較すると,QPSK が $8f_b$ であるのに対し,スペクトル集中性に優れる MSK ではわずか $1.2f_b$ に過ぎない.

M 相 PSK で,M の値が大きいときのシンボル誤り率は,SN 比が高い状態において近似的に

$$P_e \approx \mathrm{erfc}\left(\frac{\pi\sqrt{\gamma}}{M}\right) = \mathrm{erfc}\left(\frac{\pi\sqrt{k\gamma_b}}{M}\right), \quad \gamma \gg 1 \tag{6.95}$$

と表せる (例題 6.2).γ_b は 1 記号のもつ情報ビット数 $k = \log_2 M$ で正規化したビットあたりの SN 比で,$\gamma_b = \gamma/k$ である.

シンボル誤り率一定の下で相数 M を変化させたときの MPSK の信号電力と情報速度,信号の伝送に必要な帯域幅の関係を考える.図 6.14 において,M が大きくなると正しく判定される領域は次第に狭くなるから,そのままではシンボル誤り率が増加する.信号の帯域幅を不変として,M が大きくなってもシンボル誤り率を一定に維持しようとするには,式 (6.95) から SN 比 γ,すなわち,信号電力を M^2 に比例して増加させねばならない.このとき,情報速度は $\log_2 M$ に比例して増加していく.

情報速度を一定にして動作させる場合を考えると,シンボル誤り率を定められた値に保つためには,ビットあたりの SN 比 γ_b,したがって,送信電力を $M^2/\log_2 M$ 倍に増さなければならない.情報速度一定の条件の下では,信号パルス (シンボル) の伝送速度を $1/\log_2 M$ に比例して変化させればよい.このことは,必要な信号帯域幅もまた係数 $1/\log_2 M$ だけ狭くてよいことを意味する.図 6.19 に M 相 PSK のシンボル誤り率特性を示す.

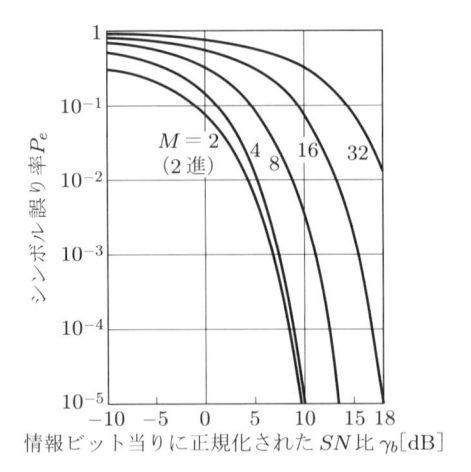

図 6.19 MPSK 同期検波のシンボル誤り率 (S. スタイン，J. J. ジョーンズ著，関 英男監訳：現代の通信回線理論，図 14-3．森北出版 (1976) より引用)

例題 6.2 MPSK のシンボル誤り率は相数 M が大きく，SN 比 γ の高い状態では，

$$P_e \approx \mathrm{erfc}\left(\frac{\pi\sqrt{\gamma}}{M}\right), \quad \gamma \gg 1 \tag{6.96}$$

と近似されることを示せ．

解 図 6.14 において，M 進信号パルスの一つ $s_1(t) = A\cos 2\pi f_c t$ が送信されているとする．この場合には，信号と雑音の和からなる受信信号ベクトルの標本時点における位相 ϕ が，

$$-\frac{\pi}{M} < \phi \leq \frac{\pi}{M} \tag{6.97}$$

の範囲にあればシンボルは正しいと判定され，それ以外の領域に入ると誤りになる．

搬送波にガウス雑音の加わった受信波の位相確率密度関数を $p(\phi)$ とすると，シンボルが正しく判定される確率は

$$P_c = \int_{-\pi/M}^{\pi/M} p(\phi)\,d\phi \tag{6.98}$$

と表される．位相確率密度 $p(\phi)$ は，SN 比が高い条件の下では，式 (2.179) で近似される（$\phi_0 = 0$ である）．この式で，雑音の平均電力を N と表すと，$\sigma^2 = N$ である．

したがって，シンボルが正しく判定される確率は

$$P_c \approx \frac{A}{\sqrt{2\pi N}} \int_{-\pi/M}^{\pi/M} \cos\phi \exp\left(-\frac{A^2 \sin^2\phi}{2N}\right) d\phi$$

$$= \frac{2}{\sqrt{\pi}} \int_0^{\frac{A\sin\pi/M}{\sqrt{2N}}} \exp(-t^2)\,dt = \mathrm{erf}\left(\frac{A\sin\pi/M}{\sqrt{2N}}\right) = \mathrm{erf}\left(\sqrt{\gamma}\sin\frac{\pi}{M}\right) \tag{6.99}$$

と表される．ここに，γ は SN 比で，$\gamma = A^2/(2N)$ である．

M が大きい条件の下では，さらに簡単になり，次のように近似される．

$$P_c \approx \mathrm{erf}\left(\frac{\pi\sqrt{\gamma}}{M}\right) \tag{6.100}$$

それゆえ，シンボル誤り率は

$$P_e = 1 - P_c \approx \mathrm{erfc}\left(\frac{\pi\sqrt{\gamma}}{M}\right), \quad M \gg 1,\ \gamma \gg 1 \tag{6.101}$$

となる．式 (6.101) の結果は，特定の送信信号についての誤り率であるが，位相 ϕ_n の配置が対称で，シンボルの送出確率もすべて同一ならば，他の送信信号についても成り立つ．それゆえ，式 (6.101) は MPSK 伝送における平均のシンボル誤り率そのものを表している．

6.7 直交振幅変調

ディジタル通信では，通信回線における伝送容量の増加と周波数利用効率の向上を目指して，いっそう高能率な多値変調方式が追求されてきた．前節では代表的な多値変調について述べたが，さらに高能率な多値変調として，**直交振幅変調** (quadrature amplitude modulation；QAM) がある．現在，多くのディジタル回線においては，QAM が世界的に主流になっている．

QAM は搬送パルスの振幅と位相の両方を同時に変化させる変調方式で，基本的なものは，図 6.20 に示すように 16 個の信号点を格子状に配置する **16 QAM** である．しかし，最近では変復調技術，波形のひずみ補償技術，干渉低減技術の進歩とともに，さらに効率の優れた **64 QAM** や **256 QAM**，**1024 QAM** へと移行しつつある．図 6.21 は，ディジタルマイクロ波回線における多値変調方式と，伝送容

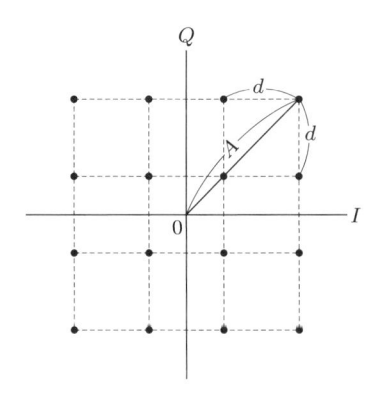

図 **6.20**　16 QAM の信号配置

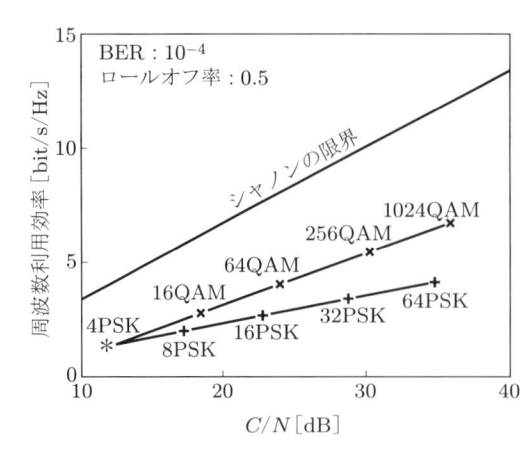

160 第6章 ディジタル変調方式

図 6.21 変調方式と周波数利用効率の関係
(小檜山賢二ほか：マイクロ波無線中継方式, 電子通信学会誌, Vol.73, No.8, 図1(1990) より引用)

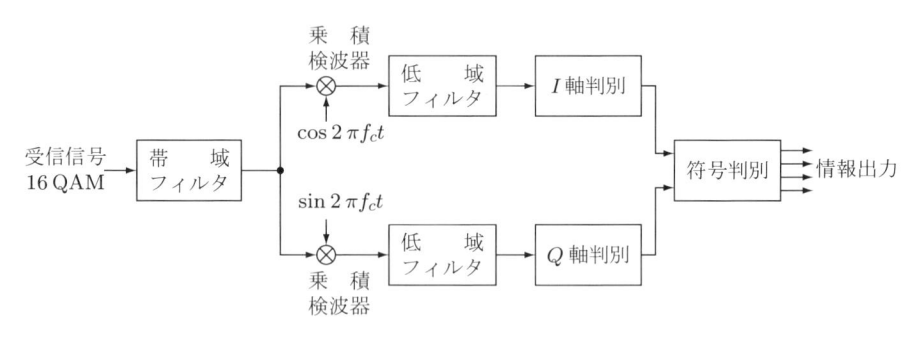

縦軸は1Hz当り何ビットの情報を送れるかを示したもので，高いほど周波数を有効に用いていることになる．

ロールオフ率は送信スペクトルの整形の度合いを示したもので，小さい程占有帯域が狭くてすむが，反面スペクトル整形が難しくなり，また伝搬ひずみの影響を受けやすくなる．

図 6.22 16 QAM 復調器の構成

量，周波数利用効率の推移を示したものである．

　QAMの復調は位相を知る必要上，同期検波によって行われる．16 QAM の復調器は図 6.22 の構成で，受信信号は 2 分岐され，$\cos 2\pi f_c t$ と $\sin 2\pi f_c t$ のように $\pi/2$ [rad] 位相の異なった再生搬送波がそれぞれ乗ぜられる．余弦搬送波がかけられるチャネルを同相 (I) チャネル，正弦搬送波がかけられるチャネルを直交 (Q) チャネルとよんでいる．記号の判定は，両チャネルにおける低域フィルタ出力標本の組合せによってなされる．

　次に 16 QAM のガウス雑音によるシンボル誤り率を計算する．信号配置は対称であるから第 1 象限のみについて考察すればよい．図 6.23 に示すように，第 1 象限には s_1, s_2, s_3, s_4 の四つの信号点があり，判定領域の境界は各信号点を結ぶ垂直

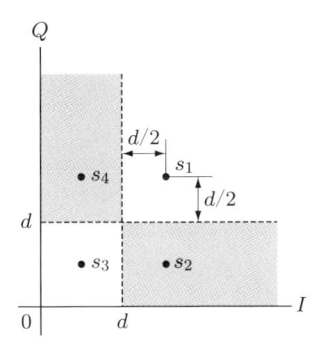

図 6.23　16 QAM の第 1 象限における信号配置

2 等分線である．最小信号間距離を d として，信号 s_1 が正しく判定される確率は

$$P_{c1} = \left[\frac{1}{\sqrt{2\pi N}} \int_d^\infty \exp\left\{-\frac{(x-3d/2)^2}{2N}\right\} dx\right]^2$$

$$= \left[1 - \frac{1}{2}\operatorname{erfc}\left(\frac{d}{2\sqrt{2N}}\right)\right]^2 \tag{6.102}$$

になる．同様な考え方で，s_2 と s_4 が正しく判定される確率は

$$P_{c2} = P_{c4} = \left[1 - \frac{1}{2}\operatorname{erfc}\left(\frac{d}{2\sqrt{2N}}\right)\right]\left[1 - \operatorname{erfc}\left(\frac{d}{2\sqrt{2N}}\right)\right] \tag{6.103}$$

となり，また，s_3 が正しく判定される確率は次のように求められる．

$$P_{c3} = \left[1 - \operatorname{erfc}\left(\frac{d}{2\sqrt{2N}}\right)\right]^2 \tag{6.104}$$

結局，正しくシンボルが判定される確率は平均として，

$$P_c = \frac{1}{16}(4P_{c1} + 8P_{c2} + 4P_{c3})$$

$$= \left[1 - \frac{3}{4}\operatorname{erfc}\left(\frac{d}{2\sqrt{2N}}\right)\right]^2 \tag{6.105}$$

となる．シンボル誤り率は次式で表される．

$$P_e = 1 - P_c \tag{6.106}$$

16 QAM 波の振幅最大値を A とすると，

$$d = \frac{\sqrt{2}}{3}A \tag{6.107}$$

である．振幅は，A，$\sqrt{5}A/3$，$A/3$ の 3 種類であるから，平均の電力は

$$S = \frac{1}{2} \cdot \frac{1}{16}\left[4A^2 + 8\left(\frac{\sqrt{5}A}{3}\right)^2 + 4\left(\frac{A}{3}\right)^2\right] = \frac{5}{18}A^2 \tag{6.108}$$

と表される．それゆえ，16 QAM のシンボル誤り率は

$$P_e = 1 - \left[1 - \frac{3}{4}\operatorname{erfc}\left(\frac{A}{6\sqrt{N}}\right)\right]^2 \tag{6.109}$$

となる．平均の SN 比は

$$\gamma = \frac{S}{N} = \frac{5A^2}{18N} \tag{6.110}$$

であるから，P_e はまた次のようにも表せる．

$$P_e = 1 - \left[1 - \frac{3}{4}\operatorname{erfc}\left(\sqrt{\frac{\gamma}{10}}\right)\right]^2 \tag{6.111}$$

実用の通信回線では SN 比は十分大きい．それゆえ，シンボル誤り率は式 (6.111) の括弧の項の二乗を展開して最初の 2 項までをとると，近似的に

$$P_e \approx \frac{3}{2}\operatorname{erfc}\left(\sqrt{\frac{\gamma}{10}}\right), \quad \gamma \gg 1 \tag{6.112}$$

と表せる．

16 QAM は 2 進 PSK に比べると 10 倍，4 相 PSK に比べると 5 倍の電力が必要である．しかし，情報速度はそれぞれ，4 倍，2 倍に増加する．16 値以上の多値伝送では，PSK よりも QAM の方が誤り率特性は良好である．図 6.24 は，16 値伝送について，ASK，PSK，QAM のシンボル誤り率特性の比較を示したものである．

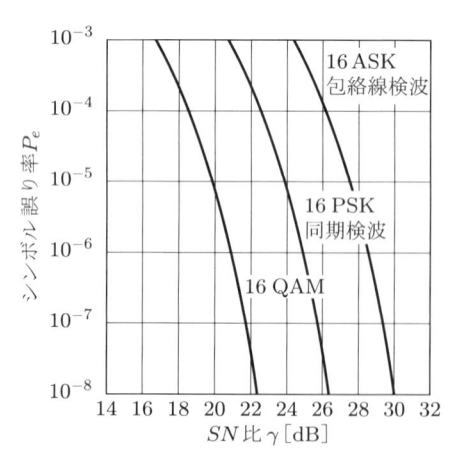

図 **6.24**　16 値変調方式のシンボル誤り率特性
(桑原守二監修：ディジタルマイクロ波通信，図 3.35，企画センター (1985) より引用)

演習問題

6.1 Q 関数に関する次の関係式を証明せよ.

(1) $Q(x, 0) = 1$
(2) $Q(0, y) = \exp(-y^2/2)$
(3) $\displaystyle\int_0^\infty \exp\left(-\frac{p^2 x^2}{2}\right) Q(ax, b) x\, dx = \frac{1}{p^2} \exp\left[-\frac{p^2 b^2}{2(p^2 + a^2)}\right]$

6.2 誤差補関数に関する次の関係式を証明せよ.

(1) $\mathrm{erfc}(x) + \mathrm{erfc}(-x) = 2$
(2) $\mathrm{erfc}(x) \approx \dfrac{1}{\sqrt{x\pi}} \exp(-x^2) \quad x \gg 1$

6.3 OOK 非同期検波における平均ビット誤り率は式 (6.15) で与えられる. 最適スレショルドと SN 比の関係を表す式 (6.16) を導け.

6.4 OOK 同期検波における平均ビット誤り率は式 (6.29) で与えられる. 最適スレショルドは, $u_{Topt} = A/2$ であることを導け.

6.5 MSK の変調指数は 0.5 であることを示せ.

6.6 M 進信号のビット誤り率とシンボル誤り率を関係づける式 (6.84) を導け.

6.7 MFSK の非同期検波は M 個の帯域フィルタ出力を包絡線検波し, 最大出力を選びシンボルを判定する. シンボル誤り率は

$$P_e = \sum_{k=1}^{M-1} (-1)^{k+1} \frac{{}_{M-1}C_k}{k+1} \exp\left[-\frac{k\gamma}{k+1}\right]$$

と表されることを示せ. ただし, $\gamma(= A^2/2N)$ は信号が加わっている帯域フィルタ出力の標本時点における SN 比である.

6.8 M 値 QAM の信号配置が図 6.25 に示されている. $M = 2^{2k} (k = 2, 3, \cdots)$ である. 信号の最大振幅を A, 最小信号間距離を d_M とする. 次の問いに答えよ.

(1) 最小の信号間距離は次式で表されることを示せ.

$$d_M = \frac{\sqrt{2}}{\sqrt{M} - 1} A$$

(2) シンボル誤り率は

$$P_e \approx 2\left(1 - \frac{1}{\sqrt{M}}\right) \mathrm{erfc}\left[\frac{\sqrt{2\gamma_p}}{2(\sqrt{M} - 1)}\right], \quad \gamma_p \gg 1$$

と近似されることを導け. ただし, γ_p は最大振幅をもつ信号の電力対雑音電力比で, $\gamma_p = A^2/(2N)$ である.

図 6.25

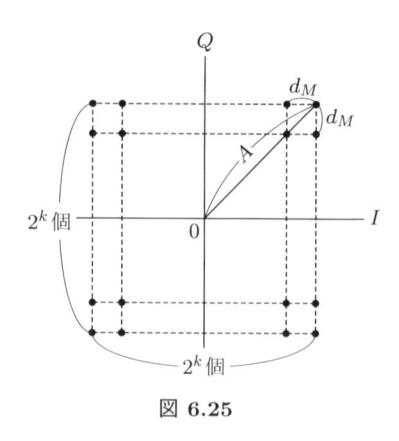

─ コラム ─

通信路符号化

　図 6.21 に示した周波数利用効率には理論的限界があり，シャノン限界として知られている．同図では，PSK と QAM が達成可能な周波数利用効率とシャノン限界には隔たりがあるため，低いビット誤り率を保ったまま，送信電力の削減が可能であることを示唆している．

　シャノン限界に漸近するための方策として，通信路符号化による誤り訂正が有名である．誤り訂正とは，通信路を経て到達した受信信号に含まれる不確定性 (例えば，ガウス変数の雑音) により生じたビット判定誤りを受信機側で訂正するための仕組みである．受信機側で誤り訂正を行うためには，送信機側で予め通信路符号化が施されている必要がある．その最も簡単な符号化は繰り返し符号である．例えば，図 6.26 に示すように，1 ビットの情報を 3 ビット繰り返すことで符号を生成する．符号ビット系列を伝送した結果，雑音等の影響により判定が誤り，ビットが反転したとしても，情報ビットへの復号過程で多数決をとり，誤りの訂正が可能である．

　繰り返し符号は誤り訂正能力が低いが，畳み込み符号 (convolutional code)，ブロック符号 (block code) 等のより複雑な通信路符号化の検討が勢力的に行われている．その結果，4PSK ではシャノン限界に非常に漸近するターボ符号 (turbo code) や低密度パリティチェック符号 (low density parity check code ; LDPC) の実用化が進んでいる．

　ここで注意すべき点は，前述の繰り返し符号の通信路符号化を用いると，1 ビットの情報を送るためには，3 ビットの符号が必要となり，伝送速度が低下してしまう．しかし，図 6.21 に示したように，シャノン限界に対して大幅な隔たりがある通信方式で伝送したとしても，無駄にエネルギーが消費されるため，望ましくはない．通信路符号

化のように伝送速度の最大値が制限されても，シャノン限界に漸近させることで，高い電力効率で通信を行うことが基本的には望ましい．

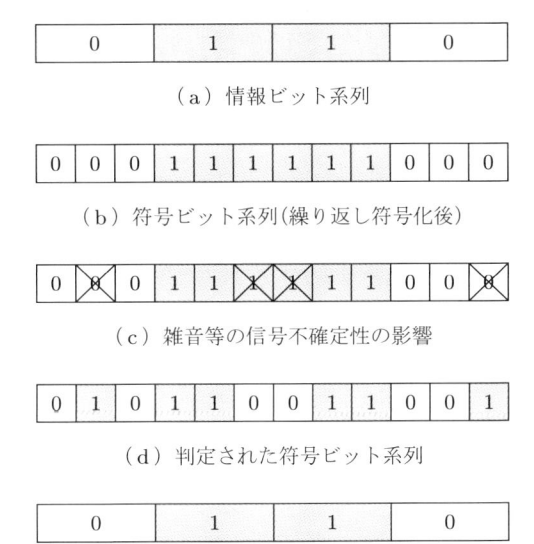

| 0 | 1 | 1 | 0 |

（a）情報ビット系列

| 0 | 0 | 0 | 1 | 1 | 1 | 1 | 1 | 1 | 0 | 0 | 0 |

（b）符号ビット系列(繰り返し符号化後)

| 0 | ✗ | 0 | 1 | 1 | ✗ | ✗ | 1 | 1 | 0 | 0 | ✗ |

（c）雑音等の信号不確定性の影響

| 0 | 1 | 0 | 1 | 1 | 0 | 0 | 1 | 1 | 0 | 0 | 1 |

（d）判定された符号ビット系列

| 0 | 1 | 1 | 0 |

（e）復号された情報ビット系列(多数決)

図 6.26　通信路符号化の基礎

(参考文献 [29])

第 7 章

最適信号検出の理論

ディジタル信号伝送における受信機の主要な動作は，雑音の存在下で受信された信号が，あらかじめ定められた有限個の信号集合のどれに対応するかを正しく判定することである．それゆえ，ディジタル通信ではビット (シンボル) 誤り率をできる限り小さくすることに努力が払われ，この目的のためには受信波形をむしろひずませることも行われる．これはアナログ通信の受信機が送信波形の忠実な復元を第一とするのと対照的である．受信機では，まず受信波に加わっている不要な雑音を除去し，信号の処理に必要な程度に帯域を制限するための帯域フィルタを通過させる．そののち，受信波は変調方式に応じて検波され，最後に適当な時点において標本をとることによって，ビットの判定がなされる．これまでの理論から，ビット誤り率は共通してこの帯域フィルタ出力における SN 比の関数で表され，SN 比の増加とともに減少することを知った．それゆえ，帯域フィルタが SN 比を大きくするように設計されていれば，ビット誤り率を小さくできるはずである．本章では，物理的に実現の容易な準最適フィルタ，SN 比を最大にし，ビット誤り率を最小にする最適フィルタについて述べ，さらにベイズ検定に基づく最適受信機の理論について概説する．

7.1 準最適フィルタと出力 SN 比

フィルタの特性と出力 SN 比の関係を理解するために，図 7.1 に示される RC 低域フィルタ，または RL 低域フィルタに方形パルス信号が加わった場合について考える．これらのフィルタは，後述する最適フィルタほどの出力 SN 比は得られないが，物理的に実現しやすいフィルタであり，**準最適フィルタ** (suboptimum filter) とよばれる．上述の低域フィルタの伝達関数は

$$H(f) = \frac{1}{1+jf/B} \tag{7.1}$$

と表される．B は振幅特性が 3 [dB] 低下するところまでの帯域幅であって，RC フィルタであれば $B = 1/2\pi CR$，RL フィルタならば $B = R/2\pi L$ である．

時刻 $t = 0$ において，一定振幅 A の方形パルスが RC 低域フィルタに加わり，時

(a) RC 低域フィルタ　　(b) RL 低域フィルタ

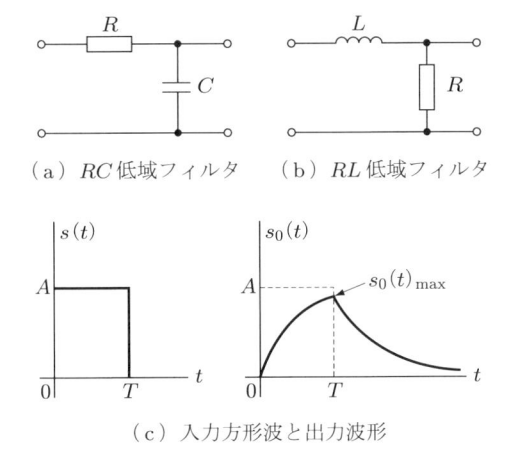

(c) 入力方形波と出力波形

図 **7.1**　準最適フィルタと時間応答

間 T にわたって持続するものとする．このフィルタの出力における時間応答は，

$$s_o(t) = \begin{cases} A\left[1 - \exp\left(-\dfrac{t}{\tau}\right)\right], & 0 \leqq t \leqq T \\ A\left[1 - \exp\left(-\dfrac{T}{\tau}\right)\right]\exp\left(-\dfrac{t-T}{\tau}\right), & t > T \end{cases} \tag{7.2}$$

と表される．ただし，τ は時定数で $\tau = CR$ である．

出力信号 $s_o(t)$ の最大は時刻 $t = T$ において生じ，

$$s_o(t)_{\max} = s_0(T) = A\left[1 - \exp\left(-\frac{T}{\tau}\right)\right] \tag{7.3}$$

である．また，入力で加わる白色雑音の電力スペクトル密度を $n_0/2$ と表すと，出力における白色雑音の平均電力は，

$$N = \frac{n_0}{2}\int_{-\infty}^{\infty}\frac{df}{1+(f/B)^2} = \frac{n_0}{2}\pi B = \frac{n_0}{4\tau} \tag{7.4}$$

と求められる．

式 (7.3) と式 (7.4) より，信号ピーク値の二乗と平均雑音電力の比で定義される出力の SN 比，すなわちピーク SN 比は

$$\gamma_p = \frac{s_o{}^2(T)}{N} = \frac{4A^2 T}{n_0}\cdot\frac{[1-\exp(-T/\tau)]^2}{T/\tau} \tag{7.5}$$

となる．式 (7.5) は，帯域幅 B を用いて書き直すと，次のように表せる．

$$\gamma_p = \frac{2A^2 T}{n_0}\cdot\frac{[1-\exp(-2\pi BT)]^2}{\pi BT} \tag{7.6}$$

後述するように，最大の出力 SN 比を実現するフィルタは最適フィルタとよばれ，その伝達特性は入力信号の波形 (または周波数スペクトル) と雑音の電力スペクトル密度によって決定される．白色雑音の下で最適フィルタは整合フィルタとよばれ，出力におけるピーク SN 比は信号のエネルギー E と雑音の電力スペクトル密度 $n_0/2$ の比によって，

$$\gamma_{popt} = \frac{2E}{n_0} \tag{7.7}$$

のように与えられる．振幅 A，時間幅 T の低域方形パルスならば，波形の有するエネルギーは $E = A^2 T$ である．

RC 準最適フィルタの最適フィルタと比較した出力のピーク SN 比は，

$$\frac{\gamma_p}{\gamma_{popt}} = \frac{[1 - \exp(-2\pi BT)]^2}{\pi BT} \tag{7.8}$$

になる．図 7.2 は BT を横軸にとって相対 SN 比を描いたものである．

また，同図には，帯域幅 B で，伝達関数が

$$H(f) = \begin{cases} \exp(-j2\pi f t_0), & |f| \leq B \\ 0, & |f| > B \end{cases} \tag{7.9}$$

の理想低域フィルタと，伝達関数が

$$H(f) = \exp\left[-0.35\left(\frac{f}{B}\right)^2 - j2\pi f t_0\right], \quad -\infty < f < \infty \tag{7.10}$$

で与えられるガウスフィルタについても示されている．RC フィルタが多段接続されたものはガウスフィルタに近い特性になる．

図 7.2 からわかるように，準最適フィルタの BT の値を適当に選べば，出力のピーク SN 比は最適フィルタの値にきわめて近くなる．RC フィルタは $BT \approx 0.2$ のと

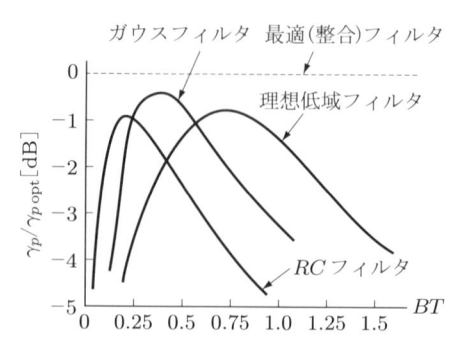

図 7.2 準最適フィルタ出力におけるピーク SN 比 (低域方形パルス入力)

(a) RLC 帯域フィルタ

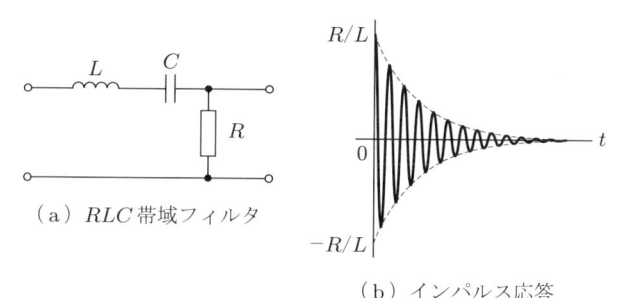

(b) インパルス応答

図 7.3 RLC 帯域フィルタとインパルス応答

きにピーク SN 比は最大になり，最適フィルタを用いたときに比べて 1 [dB] 下まわるだけである．理想低域フィルタでは $BT \approx 0.7$，ガウスフィルタでは $BT \approx 0.4$ のとき，SN 比はいずれも最大に達するが，最適 (整合) フィルタに比べた劣化量はわずかで，それぞれ 0.8 [dB] および 0.5 [dB] にすぎない．

次に，狭帯域系の場合について考える．振幅 A，時間幅 T の正弦波パルスは次のように表される．ここに，$T \gg 1/f_c$ である．

$$s(t) = \begin{cases} A\sin 2\pi f_c t, & 0 \leq t \leq T \\ 0, & t < 0,\ t > T \end{cases} \tag{7.11}$$

RLC 帯域フィルタが図 7.3 に示される回路構成であるとすると，その伝達関数は，狭帯域の条件

$$\frac{1}{\sqrt{LC}} \gg \frac{R}{2L} \tag{7.12}$$

のもとで，正の周波数部分において

$$H(f) \approx \frac{1}{1 + j(f - f_c)/B}, \quad f > 0 \tag{7.13}$$

となる．ここに，

$$f_c \approx \frac{1}{2\pi\sqrt{LC}} \tag{7.14}$$

に選ばれており，

$$B = \frac{1}{2\pi(2L/R)} \tag{7.15}$$

である．この RLC 狭帯域フィルタのインパルス応答は

$$h(t) \approx \begin{cases} \dfrac{R}{L}\exp\left(-\dfrac{Rt}{2L}\right)\cos 2\pi f_c t, & t \geq 0 \\ 0, & t < 0 \end{cases} \tag{7.16}$$

（a）入力信号　　　　　　　　（b）出力信号

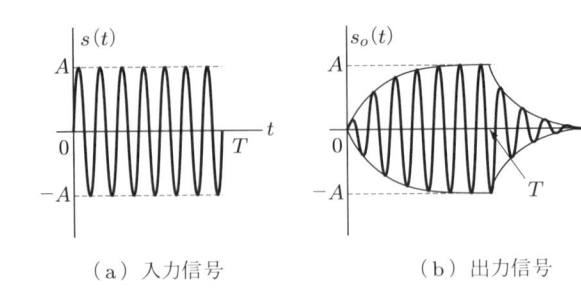

図 7.4　RLC 帯域フィルタの入力と出力の波形

で与えられる．

式 (7.11) の帯域パルスが，時刻 $t = 0$ においてこのフィルタに加わった場合の出力は，

$$s_o(t) = \begin{cases} A\left[1 - \exp\left(-\dfrac{Rt}{2L}\right)\right]\sin 2\pi f_c t, & 0 \leqq t \leqq T \\ A\left[1 - \exp\left(-\dfrac{RT}{2L}\right)\right]\exp\left[-\dfrac{R(t-T)}{2L}\right]\sin 2\pi f_c t, & t > T \end{cases}$$

(7.17)

と表される．入出力波形は図 7.4 に示されている．

RLC 帯域フィルタの場合，最適フィルタと比較した出力のピーク SN 比の相対値は，低域フィルタと同じ結果になり，式 (7.8) によって与えられる．式 (7.11) の正弦波パルスのもつエネルギーは $E = A^2 T/2$ である．また，帯域フィルタの帯域幅は低域フィルタの帯域幅の 2 倍になるから，$2BT \approx 0.4$ のとき SN 比は最大になる．同様に，理想帯域フィルタでは $2BT \approx 1.5$，ガウス帯域フィルタでは $2BT \approx 1$ において最大になる．

上の理論では単一のパルスのみを考えたが，実際の通信では連続したパルス列を受信するので，単一パルスの結果がそのまま適用できるとは限らない．雑音を除く目的でフィルタの帯域を狭くすると，時定数が大きくなり，符号間干渉が生じやすくなる．符号間干渉を避けるため時定数を小さくする要求と，雑音を排除するために狭帯域にする要求との賢明な妥協が必要になる．符号間干渉の問題は最適フィルタにおいても同様に生じるが，後述するように，積分放電フィルタでは標本を得た直後に短時間でフィルタを放電し，後続パルスへの影響が残らないようにしている．

例題 7.1　振幅 A，時間幅 T の低域の方形パルスが，伝達関数

$$H(f) = \begin{cases} \exp(-j2\pi f t_0), & |f| \leq B \\ 0, & |f| > B \end{cases} \tag{7.18}$$

の理想低域フィルタを通過した場合の出力波形を求めよ．ここに，t_0 はフィルタによる時間遅延であり，B は通過帯域幅である．また，$t = t_0$ における出力のピーク SN 比はどのように表されるか．ただし，入力雑音は電力スペクトル密度 $n_0/2$ の白色雑音とする．

■ **解** 理想低域フィルタのインパルス応答は，式 (7.18) を逆フーリエ変換すればよく，次式で表される．

$$\begin{aligned} h(t) &= \int_{-B}^{B} \exp[j2\pi f(t-t_0)]\,df = B\frac{\sin \pi B(t-t_0)}{\pi B(t-t_0)} \\ &= BS_a[\pi B(t-t_0)] \end{aligned} \tag{7.19}$$

フィルタの出力は，入力の方形パルスと $h(t)$ との畳み込みで与えられ，次のように表される．

$$\begin{aligned} s_o(t) &= A\int_{-T/2}^{T/2} h(t-\tau)\,d\tau \\ &= AB\int_{-T/2}^{T/2} S_a[\pi B(t-t_0-\tau)]\,d\tau \end{aligned} \tag{7.20}$$

積分の結果は，

$$s_o(t) = \frac{A}{\pi}\left\{S_i\left[2\pi B\left(t-t_0+\frac{T}{2}\right)\right] - S_i\left[2\pi B\left(t-t_0-\frac{T}{2}\right)\right]\right\} \tag{7.21}$$

になる．ここに，$S_i(x)$ は**正弦積分** (sine integral) とよばれ，次式で定義される関数である．

$$S_i(x) = \int_0^x \frac{\sin t}{t}\,dt = \int_0^x S_a(t)\,dt \tag{7.22}$$

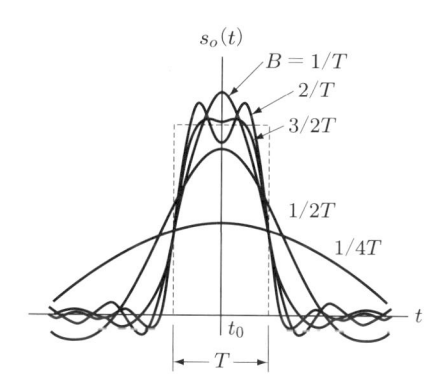

図 **7.5** 理想低域フィルタの出力応答 (方形インパルス入力)

理想フィルタでは，入力が加わる以前にも出力に応答が存在することになるので，物理的に実現は困難である．しかし，時間遅延 t_0 を大きくとれば，理想特性に近いフィルタに近づけることは可能である．式 (7.21) で求められた出力波形 $s_o(t)$ は，パルスの時間幅 T とフィルタの通過帯域幅 B との積に依存する．図 7.5 はパルスの時間幅 T を一定にし，帯域幅 B を変化させた場合の $s_o(t)$ を描いたものである．$B = 1/T$ のとき $s_o(t)$ のピークは最大に達する．

次に，フィルタ出力において，時刻 $t = t_0$ のときのピーク SN 比と BT との関係を求める．式 (7.21) より，信号のピーク電力は

$$s_o{}^2(t_0) = 4\left(\frac{A}{\pi}\right)^2 S_i{}^2(\pi BT) \tag{7.23}$$

となる．フィルタ出力における平均雑音電力は

$$N = \int_{-B}^{B} \frac{n_0}{2} df = n_0 B \tag{7.24}$$

になる．

したがって，$t = t_0$ におけるピーク SN 比 γ_p は，

$$\gamma_p = \frac{s_o{}^2(t_0)}{N} = \frac{4A^2 T}{\pi n_0}\left[\frac{S_i{}^2(\pi BT)}{\pi BT}\right] \tag{7.25}$$

と表される．また，最適フィルタと比較したピーク SN 比の相対値は，

$$\frac{\gamma_p}{\gamma_{p\,\text{opt}}} = \frac{2}{\pi}\left[\frac{S_i{}^2(\pi BT)}{\pi BT}\right] \tag{7.26}$$

で与えられる．この結果は図 7.2 に描かれている．

7.2 最適フィルタ

任意の入力信号波形 (時間幅 T のパルス) が与えられたとして，出力 SN 比を最大にするフィルタの伝達特性を求める．入力パルスの周波数スペクトル密度を $S(f)$ とし，求めるフィルタの伝達関数を $H(f)$ とすれば，標本時点 $T_s (\leqq T)$ における出力信号の値は，

$$s_o(T_s) = \int_{-\infty}^{\infty} S(f)H(f)\exp(j2\pi f T_s)\,df \tag{7.27}$$

と表される．また，入力雑音の電力スペクトル密度を $G(f)$ とすると，出力における平均雑音電力は

$$N = \int_{-\infty}^{\infty} G(f)|H(f)|^2 df \tag{7.28}$$

になる．

時刻 T_s における出力のピーク SN 比は次式で表される．

$$\gamma_p = \frac{s_o{}^2(T_s)}{N} = \frac{\left|\int_{-\infty}^{\infty} S(f)H(f)\exp(j2\pi fT_s)\,df\right|^2}{\int_{-\infty}^{\infty} G(f)|H(f)|^2\,df} \tag{7.29}$$

式 (7.29) において, $S(f)$ と $G(f)$ が与えられている場合, フィルタの伝達関数 $H(f)$ をどのように選べば SN 比 γ_p を最大にできるであろうか. この問題を解くには**シュワルツの不等式** (Schwartz inequality) を用いるのがよい. シュワルツの不等式によると, $X(f)$ と $Y(f)$ を任意の複素関数とするとき,

$$\left|\int_{-\infty}^{\infty} X(f)Y(f)\,df\right|^2 \leqq \left[\int_{-\infty}^{\infty} |X(f)|^2\,df\right]\left[\int_{-\infty}^{\infty} |Y(f)|^2\,df\right] \tag{7.30}$$

であり, 等号は

$$X(f) = kY^*(f) \tag{7.31}$$

のときに成立する. ここに, k は任意の複素定数である.

式 (7.30) において,

$$X(f) = H(f)\sqrt{G(f)}, \quad Y(f) = \frac{S(f)}{\sqrt{G(f)}}\exp(j2\pi fT_s) \tag{7.32}$$

とすれば,

$$\left|\int_{-\infty}^{\infty} S(f)H(f)\exp(j2\pi fT_s)\,df\right|^2$$
$$\leqq \left[\int_{-\infty}^{\infty} G(f)|H(f)|^2\,df\right]\left[\int_{-\infty}^{\infty} \frac{|S(f)|^2}{G(f)}\,df\right] \tag{7.33}$$

が成り立つ. それゆえ, 式 (7.29) の出力ピーク SN 比は

$$\gamma_p \leqq \int_{-\infty}^{\infty} \frac{|S(f)|^2}{G(f)}\,df \tag{7.34}$$

となり, 右辺がその最大値を与える.

出力 SN 比が最大になり, 等号が成り立つのは

$$H(f)\sqrt{G(f)} = k\left[\frac{S(f)}{\sqrt{G(f)}}\exp(j2\pi fT_s)\right]^*$$
$$= k\frac{S^*(f)}{\sqrt{G(f)}}\exp(-j2\pi fT_s) \tag{7.35}$$

のときで, 伝達関数が次式になる場合である.

$$H(f) = k\frac{S^*(f)}{G(f)}\exp(-j2\pi fT_s) \tag{7.36}$$

標本時点 $t = T_s$ における信号の値は

$$s_o(T_s) = k \int_{-\infty}^{\infty} \frac{|S(f)|^2}{G(f)} df \tag{7.37}$$

になり，平均の雑音電力は

$$N = k^2 \int_{-\infty}^{\infty} \frac{|S(f)|^2}{G(f)} df \tag{7.38}$$

と表される．したがって，式 (7.36) の伝達関数をもつフィルタは，出力において最大のピーク SN 比

$$\gamma_{p\ opt} = \int_{-\infty}^{\infty} \frac{|S(f)|^2}{G(f)} df \tag{7.39}$$

を実現し，検波後のビット誤り率を最小にすることができる．このようなフィルタを**最適フィルタ** (optimum filter) とよぶ．

式 (7.36) から明らかなように，最適フィルタの振幅特性は信号の周波数スペクトル密度に比例し，雑音の電力スペクトル密度に反比例している．このフィルタは複素共役によって信号の位相を相殺し，信号のすべての周波数成分が同位相になって和が最大になるように働く．最適フィルタは一定の時間遅れを伴うので，周波数に対する位相特性は直線である．

雑音が白色雑音の場合には，電力スペクトル密度 $G(f)$ は周波数にかかわらず一定であるから，

$$G(f) = \frac{n_0}{2} \tag{7.40}$$

と表せる．このとき，最適フィルタの伝達関数は

$$H(f) = k' S^*(f) \exp(-j2\pi f T_s) \tag{7.41}$$

になる．ただし，$k' = 2k/n_0$ である．

実数信号については $S^*(f) = S(-f)$ であるから，対応するインパルス応答は，フーリエ変換の性質

$$s(-t) \longleftrightarrow S(-f) \tag{7.42}$$

および，T_s の時間遅れを考慮すると，次式のように求められる．

$$h(t) = k' s(T_s - t) \tag{7.43}$$

すなわち，白色雑音のもとにおける最適フィルタのインパルス応答は，信号波形を時間反転して T_s だけ遅延させたものであることがわかる．

図 7.6 に信号波形 $s(t)$ とインパルス応答 $h(t)$ との関係を示す．$T_s < T$ でインパルスが入力される以前に応答が現れ，信号が入力し終わらないうちに判定する同図 (c)

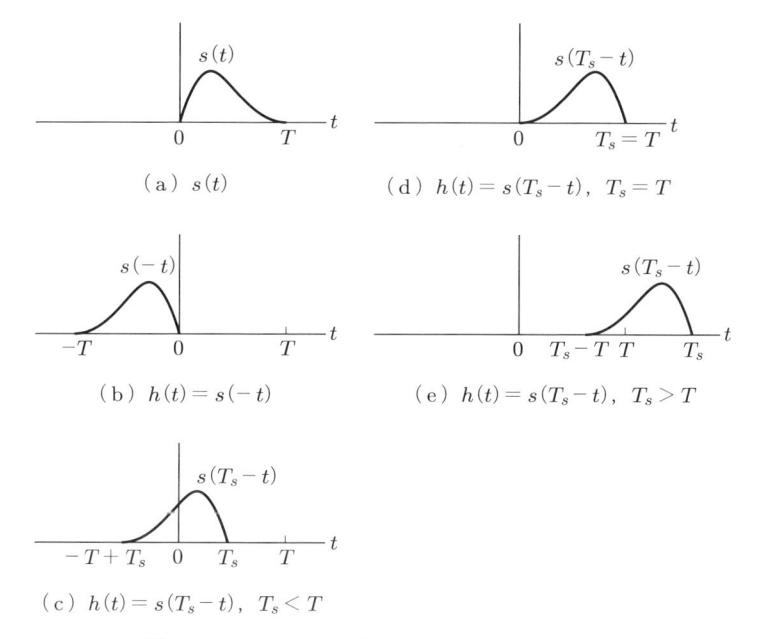

図 7.6 信号波形と最適フィルタのインパルス応答

のようなフィルタは実現不可能である．実現可能なフィルタは同図 (d), (e) のようなインパルス応答をもつフィルタであるが，このうち $T_s = T$ となる同図 (d) のインパルス応答のフィルタは，信号パルスの最終時点で判定するもので，判定までの時間が最も少ない適当なフィルタである．このように，白色雑音の下でインパルス応答

$$h(t) = s(T - t) \tag{7.44}$$

をもつ最適フィルタをとくに**整合フィルタ** (matched filter) という．ここでは，簡単のために係数 $k' = 1$ にしている．

整合フィルタ出力における信号の値は

$$s_o(t) = s(t) \otimes h(t) = \int_{-\infty}^{\infty} s(t - \tau) s(T - \tau) \, d\tau \tag{7.45}$$

あるいは，

$$s_o(t) = \int_{-\infty}^{\infty} |S(f)|^2 \exp[j2\pi f(t - T)] \, df \tag{7.46}$$

と表される．

上の結果から，時刻 $t = T$ において $s_o(t)$ は最大になり，さらに $t = T$ を中心にして左右対称であることがわかる．入力の信号 $s(t)$ は $0 \leqq t \leqq T$ の有限時間に限られるから，出力 $s_o(t)$ は $0 \leqq t \leqq 2T$ にわたって存在する．判定時刻 $t = T$ におけ

る信号出力と平均雑音電力は，それぞれ

$$s_o(T) = \int_{-\infty}^{\infty} |S(f)|^2 \, df = E \tag{7.47}$$

$$N = \frac{n_0 E}{2} \tag{7.48}$$

になり，標本時点における最大のピーク SN 比は

$$\gamma_{p \text{ opt}} = \frac{s_o{}^2(T)}{N} = \frac{2E}{n_0} \tag{7.49}$$

と表される．E は信号波のエネルギーである．このように，整合フィルタの標本時点における出力のピーク SN 比は，信号のエネルギーと雑音の電力スペクトル密度のみで表され，信号波の形状に関係しない．

7.3 積分放電整合フィルタおよび相関受信機

一定振幅 A，時間幅 T の低域方形パルス

$$s(t) = \begin{cases} A, & 0 \leqq t \leqq T \\ 0, & t < 0, \ t > T \end{cases} \tag{7.50}$$

を考える．整合フィルタのインパルス応答は

$$h(t) = s(T-t) = \begin{cases} A, & 0 \leqq t \leqq T \\ 0, & t < 0, \ t > T \end{cases} \tag{7.51}$$

と表され，同じ方形波形になる．

時間幅 T の信号パルスの場合には，$0 \leqq t \leqq 2T$ にわたって出力が現れ，この出力は畳み込み

$$s_o(t) = s(t) \otimes h(t) \tag{7.52}$$

によって求められる．$s_o(t)$ は時間 $0 \leqq t \leqq T$ において，

$$s_o(t) = \int_0^t A^2 \, d\tau = A^2 t \tag{7.53}$$

となるから，フィルタは時定数 T をもつ理想積分器として動作する．

また，時間 $T < t \leqq 2T$ においては，式 (7.53) を $t = T$ で折り返した波形になり，

$$s_o(t) = \int_0^T A^2 \, d\tau = A^2(2T - t) \tag{7.54}$$

のように表される．

次に，搬送波ディジタル伝送に用いられる方形波包絡線の帯域パルス信号，

$$s(t) = \begin{cases} A\sin 2\pi f_c t, & 0 \leqq t \leqq T \\ 0, & t < 0,\ t > T \end{cases} \tag{7.55}$$

を考える．ここで，$f_c T = $ 整数 $\gg 1$ である ($f_c T$ が整数でなくても，$f_c T \gg 1$ でさえあれば，以下の結果は近似的に正しい)．

整合フィルタのインパルス応答は，

$$h(t) = \begin{cases} -A\sin 2\pi f_c t, & 0 \leqq t \leqq T \\ 0, & t < 0,\ t > T \end{cases} \tag{7.56}$$

となる．また，出力 $s_o(t)$ は $0 \leqq t \leqq T$ において

$$s_o(t) = -A^2 \int_0^t \sin 2\pi f_c(t-\tau)\sin 2\pi f_c \tau\, d\tau \tag{7.57}$$

と表される．ここで，三角関数の積を和に変形したのち積分すると，

$$s_o(t) = \frac{A^2}{2}\left[t\cos 2\pi f_c t - \frac{\sin 2\pi f_c t}{2\pi f_c}\right] \tag{7.58}$$

のように求められる．

考察している信号は帯域パルスで，f_c は十分大きいから，式 (7.58) は近似的に

$$s_o(t) \approx \frac{A^2}{2}t\cos 2\pi f_c t, \quad 2\pi f_c \gg 1 \tag{7.59}$$

と表せる．区間 $T < t \leqq 2T$ では，$s_o(t)$ は $t = T$ に対して式 (7.59) を折り返した波形になる．

整合フィルタ出力の標本時点 $t = T$ における値と平均雑音電力は，いずれも入力信号の波形にはよらず，波形のもつエネルギーだけに関係する．したがって，低域パルスでも帯域パルスでも同じように

$$s_o(T) = E, \quad N = \frac{n_0}{2} \tag{7.60}$$

と表される．また，ピーク SN 比は

$$\gamma_{p\ \text{opt}} = \frac{2E}{n_0} \tag{7.61}$$

のように表される．なお，帯域パルスの場合には，ピーク SN 比の代わりに平均 SN 比が用いられることが多い．平均 SN 比を γ とすれば，整合フィルタ出力においては

$$\gamma_{\text{opt}} = \frac{E}{n_0} \tag{7.62}$$

である．信号が低域および帯域の方形パルスの場合について，インパルス応答と出力信号波形を図 7.7 に示す．

(a) 低域系

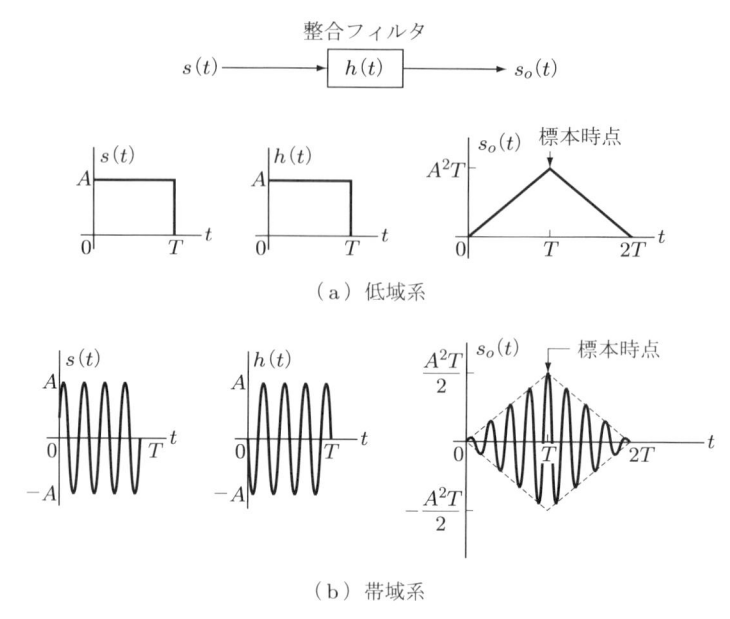

(b) 帯域系

図 7.7　整合フィルタと入出力波形

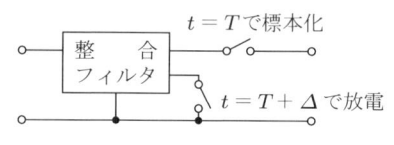

図 7.8　積分放電整合フィルタの構成

　実際の通信では，伝送パルスはただ一つではなく，パルス列となって整合フィルタに入力する．このため先行パルスの影響が残り，残響振動によって避けられぬ符号間干渉が生じて符号誤りの原因になる．準最適フィルタの多くも符号間干渉を生じる．符号間干渉を避ける対策の一つは，図 7.8 に示すように，パルス波形の最後の時点 $t=T$ において標本化した直後に，短時間でフィルタを放電し，次のパルス入力に備えて初期状態に戻す方法である．このようなフィルタは**積分放電フィルタ**(integrate and dump filter) とよばれる．

　整合フィルタには受信信号と雑音の和が入力する．受信入力を $v(t)$，整合フィルタのインパルス応答を

$$h(t) = s(T-t) \tag{7.63}$$

とすると，フィルタ出力は

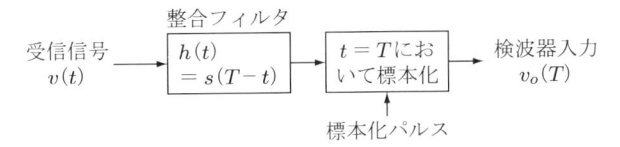

7.3 積分放電整合フィルタおよび相関受信機

(a) 整合フィルタの受信機

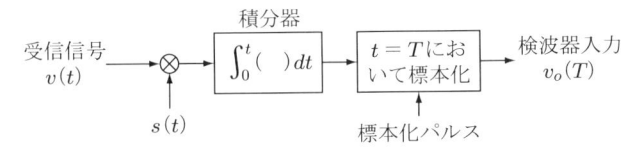

(b) 相関受信機

図 7.9 整合フィルタと相関受信機との対応

$$v_o(t) = \int_{-\infty}^{\infty} v(\tau) s(T - t + \tau) \, d\tau \tag{7.64}$$

と表される.標本時点における出力は

$$v_o(T) = \int_0^T v(\tau) s(\tau) \, d\tau \tag{7.65}$$

となる.これらの式は信号と受信波との相関をとる演算と見なすことができる.このことから,整合フィルタは**相関受信機** (correlation receiver) と等価であり,同期検波に等しいと考えられる.これらの関係を図 7.9 に示す.

例題 7.2 図 7.10 (a), (b) に示されるパルス波形は,それぞれ

$$(1) \quad s(t) = \begin{cases} \dfrac{A}{T} t, & 0 \leqq t \leqq T \\ 0, & t < 0,\ t > T \end{cases} \tag{7.66}$$

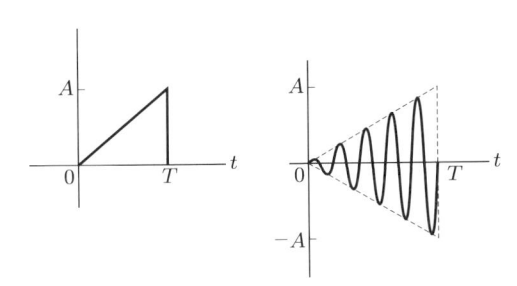

(a) 低域パルス　　(b) 搬送波パルス

図 7.10 三角パルス

(2) $$s(t) = \begin{cases} \dfrac{A}{T} t \sin 2\pi f_c t, & 0 \leqq t \leqq T \\ 0, & t < 0,\ t > T \end{cases} \tag{7.67}$$

と表される．白色雑音の下でこれらの信号を受信するために用いられる整合フィルタのインパルス応答と出力の時間波形を求めよ．

■ **解** (1) 整合フィルタのインパルス応答は次式によって与えられる．

$$h(t) = s(T-t) \tag{7.68}$$

したがって，三角形の低域パルス信号については次式のようになる．

$$h(t) = \begin{cases} \dfrac{A}{T}(T-t), & 0 \leqq t \leqq T \\ 0, & t < 0,\ t > T \end{cases} \tag{7.69}$$

整合フィルタの出力は，畳み込み積分

$$s_o(t) = \int_{-\infty}^{\infty} s(\tau) s(\tau - t + T)\, d\tau \tag{7.70}$$

によって求められる．

それゆえ，図 7.11 を参照すればわかるように，$0 \leqq t \leqq T$ においては

$$\begin{aligned} s_o &= \left(\frac{A}{T}\right)^2 \int_0^t \tau(\tau - t + T)\, d\tau \\ &= \frac{1}{6}\left(\frac{At}{T}\right)^2 (3T - t) \end{aligned} \tag{7.71}$$

となり，また，$T < t \leqq 2T$ の範囲では

$$\begin{aligned} s_o(t) &= \left(\frac{A}{T}\right)^2 \int_{t-T}^{T} \tau(\tau - t + T)\, d\tau \\ &= \frac{1}{6}\left(\frac{A}{T}\right)^2 (2T - t)^2 (t + T) \end{aligned} \tag{7.72}$$

である．$s_o(t)$ は，図 7.12 (a) に示すように，$t = T$ について対称な波形になる．

$t = T$ において整合フィルタの出力は最大で，

$$s_o(T) = \frac{A^2 T}{3} \tag{7.73}$$

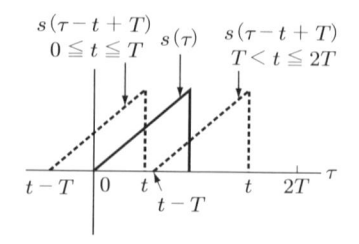

図 7.11 低域三角パルスの時間推移

（a）低域パルス　　　　（b）搬送波パルス

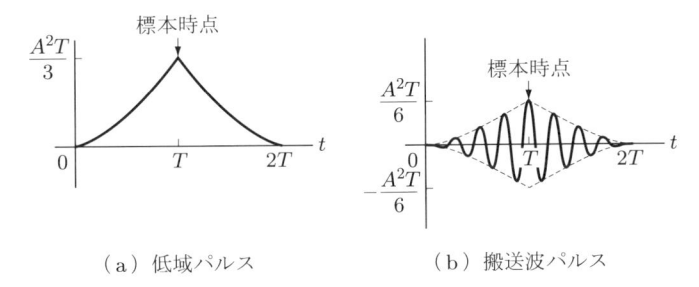

図 **7.12**　整合フィルタの出力波形 (三角パルス入力)

となる．この場合，波形のもつエネルギーは

$$E = \int_0^T \left(\frac{A}{T}\right)^2 t^2 \, dt = \frac{A^2 T}{3} \tag{7.74}$$

であるから，$t = T$ における整合フィルタの出力は信号波形のもつエネルギーに等しいことがわかる．

(2) 搬送波周波数 f_c は十分大きく，$f_c T = $ 整数 $\gg 1$ が成り立つものとする．三角形状の帯域信号パルスに対する整合フィルタのインパルス応答は

$$h(t) = \begin{cases} -\dfrac{A}{T}(T-t)\sin 2\pi f_c t, & 0 \leqq t \leqq T \\ 0, & t < 0, \; t > T \end{cases} \tag{7.75}$$

と表される．
$0 \leqq t \leqq T$ におけるフィルタの出力は

$$s_o(t) = \left(\frac{A}{T}\right)^2 \int_0^t \tau(\tau - t + T) \sin 2\pi f_c \tau \sin 2\pi f_c (\tau - t) \, d\tau$$

$$\approx \frac{1}{12}\left(\frac{At}{T}\right)^2 (3T - t) \cos 2\pi f_c t \tag{7.76}$$

となる．また，$T < t \leqq 2T$ の範囲においては，式 (7.76) を $t = T$ に対して折り返した波形になる．出力の波形を図 7.12 (b) に示す．

7.4　最適受信機

7.2 節で述べた最適フィルタは，信号波形や雑音によってその伝送特性が決定され，出力 SN 比を最大にすることのできるフィルタであった．しかし，最適フィルタはあくまでも受信信号のフィルタリング (filtering) が目的であって，信号の判定を行う機能を有するものではない．本節では，**ベイズ** (Bayes) **検定法**とよばれる統計的決定理論に基づいて信号判定を行う**最適受信機** (optimum receiver) について

述べる．これまでと同様に2進符号伝送の場合を仮定し，送信信号の候補は受信側において完全に知られているものとする．

スペース，マークを表す時間幅 T の信号パルス $s_0(t)$, $s_1(t)$ のいずれかが送信されるものとする．伝送路において雑音 $n(t)$ が加わるので，受信機入力 $z(t)$ は次式で表される．

$$z(t) = s_i(t) + n(t), \quad 0 \leqq t \leqq T \tag{7.77}$$

ただし，$i = 0, 1$ である．雑音 $n(t)$ は平均値 0 のガウス雑音である．

ベイズの検定法を用いるために，まず受信機入力 $z(t)$ から互いに独立な統計的標本 $z_1, z_2, \cdots, z_k$ を選択することを考える．ガウス雑音 $n(t)$ はランダム過程であり，しかも有限区間 $(0, T)$ であるから，独立なランダム係数の展開表現としては，**カルネン - レーベ**(Karhunen-Loeve)**展開**とよばれる直交展開が適している．カルネン - レーベ展開によれば，ガウス雑音 $n(t)$ は次のように直交展開される．

$$n(t) = \sum_{j=0}^{\infty} n_j \phi_j(t), \quad 0 \leqq t \leqq T \tag{7.78}$$

ただし，n_j は互いに独立なガウス変数であり，$\phi_j(t)$ は積分方程式

$$\int_0^T R_n(t - t') \phi_j(t') dt' = \sigma_j^2 \phi_j(t) \tag{7.79}$$

を満足する正規直交関数である．$R_n(\tau)$ は $n(t)$ の自己相関関数，σ_j^2 は n_j の分散である．

直交関数 $\phi_j(t)$ を用いると，式 (7.77) の $z(t)$ は，

$$z(t) = \sum_{j=0}^{\infty} z_j \phi_j(t), \quad 0 \leqq t \leqq T \tag{7.80}$$

のように表せる．ただし，

$$z_j = \int_0^T z(t) \phi_j(t) \, dt = s_{ij} + n_j \tag{7.81}$$

$$s_{ij} = \int_0^T s_i(t) \phi_j(t) \, dt, \quad i = 0, 1 \tag{7.82}$$

である．ここに，z_j は分散が σ_j^2 で，$i = 0$ のときには平均値 s_{0j}，また，$i = 1$ のときには平均値 s_{1j} の互いに独立なガウス変数である．

ベイズの検定法では，この z_j を必要な $z(t)$ の標本として選ぶわけであるが，重要な点は，このようにして統計的に独立な標本を得た点にある．なぜなら，z_j は互いに独立であるから，$\{z_1, z_2, \cdots, z_k\}$ に対する結合確率密度関数が容易に求まるの

で，まず，$z_1, z_2, \cdots, z_k$ からなる近似的なゆう度比を求め，その後，$k \to \infty$ とすることによって検定を行えるからである．

ベイズ検定は，信号の決定に伴う平均損失を最小にする決定方略であって，受信機は**ゆう度比** (likelihood ratio) とよばれる条件付き確率密度の比

$$\Lambda(\boldsymbol{Z}) = \frac{p(z_1, z_2, \cdots, z_k | \boldsymbol{S}_1)}{p(z_1, z_2, \cdots, z_k | \boldsymbol{S}_0)} \tag{7.83}$$

を，判定スレショルド値 η と比べることによって，送信信号が $s_1(t)$ か $s_0(t)$ であるかの決定を行う．ただし，

$$\boldsymbol{Z} = \{z_1, z_2, \cdots, z_k\}, \quad \boldsymbol{S}_i = \{s_{i1}, s_{i2}, \cdots, s_{ik}\} \tag{7.84}$$

である．

信号 $s_0(t)$ と $s_1(t)$ の送出確率をそれぞれ p_0, p_1 とし，また，受信機が $s_0(t)$ を $s_1(t)$ と誤って判定した場合の損失を L_{01}，逆に $s_1(t)$ を $s_0(t)$ と誤って判定した場合の損失を L_{10}，さらに，信号が正しく判定された場合の損失を 0 とすれば，判定スレショルド値 η は次式のように表される．

$$\eta = \frac{p_0 L_{01}}{p_1 L_{10}} \tag{7.85}$$

ベイズ検定によれば，ほかのどのような方略を用いても，これより小さな平均損失になることはないという意味での最適受信機が得られる．

誘導の詳細は省略するが，上の結果から，白色ガウス雑音の下において，ベイズ検定による最適受信機の構成が導かれる．この検定は，もし

$$\frac{2}{n_0} \int_0^T s_1(t) z(t) \, dt - \frac{2}{n_0} \int_0^T s_0(t) z(t) \, dt$$
$$> \log_e \eta + \frac{1}{n_0} \int_0^T s_1^2(t) \, dt - \frac{1}{n_0} \int_0^T s_0^2(t) \, dt \tag{7.86}$$

であれば $s_1(t)$ が送信されたとし，不等号が逆向きの場合には $s_0(t)$ が送信されたと決定することと等価である．ここで注目すべきことは，式 (7.86) の左辺の各項は $s_1(t)$ および $s_0(t)$ に対する整合フィルタあるいは相関器の出力であり，これらの出力差を右辺の信号エネルギー差を含む判定スレショルド値と比較している点である．式 (7.86) の左辺の積分を y_1, y_2，右辺を η_0 とおいて，この最適受信機の構成を示すと図 7.13 のようになる．

二つの信号 $s_1(t), s_2(t)$ が等エネルギーで，しかも $\eta = 1$ の場合には，式 (7.86) の検定は

$$\int_0^T s_1(t) z(t) \, dt > \int_0^T s_0(t) z(t) \, dt \tag{7.87}$$

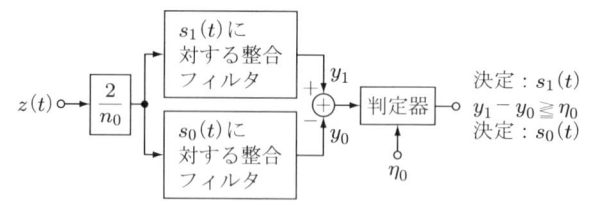

184 第 7 章 最適信号検出の理論

（a）整合フィルタ形受信機

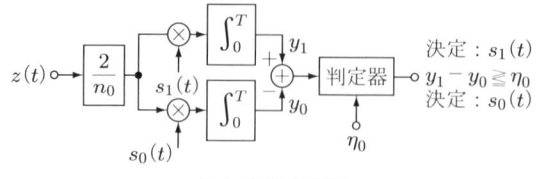

（b）相関受信機

図 7.13 式 (7.86) に基づく二つの等価な最適受信器

と表されるので，最適受信機は二つの整合フィルタまたは相関器の出力を単に比較するだけになる．

2進の搬送波ディジタル通信方式について，ベイズ検定に伴うビット誤り率は次のように求められる．二つの2進データ波形は等エネルギーとし，白色雑音を仮定する．さらに，2進データそれぞれの生起確率は等確率 ($p_0 = p_1 = 1/2$) とし，また，決定操作に伴う2種類の損失は等しい ($L_{01} = L_{10}$) とする．これらの条件下においては，式 (7.85) から明らかなように $\eta = 1$ となり，最適受信機は式 (7.87) に従う決定を行うことになる．

最適受信機のビット誤り率は次式で表される．

$$P_e = \frac{1}{2} \operatorname{erfc}\left[\frac{\sqrt{(1-\lambda)E}}{2n_0}\right] \tag{7.88}$$

E は信号のエネルギー，λ は二つの信号波形の相関係数で，それぞれ

$$E = \int_0^T s_0{}^2(t)\,dt = \int_0^T s_1{}^2(t)\,dt \tag{7.89}$$

$$\lambda = \frac{1}{E} \int_0^T s_0(t)s_1(t)\,dt, \quad |\lambda| \leqq 1 \tag{7.90}$$

で与えられる．

そこで，この平均ビット誤り率 P_e を最小とする通信方式はなにかということであるが，それは伝送に用いる2種類の信号波形の相関係数 λ の内容について考察すれば明らかになる．つまり，P_e は λ の関数であり，誤差補関数は単調減少関数で

あるので，$-1 \leqq \lambda \leqq 1$ であることを考えれば，$\lambda = -1$ (反平行信号) のとき P_e は最小値をとる．$\lambda = -1$ となるような一対の信号の代表例は PSK 信号である．最適受信機を用いた PSK のビット誤り率は

$$P_e = \frac{1}{2}\text{erfc}\left(\sqrt{\frac{E}{n_0}}\right) \tag{7.91}$$

と表され，すでに求めた式 (6.55) の γ を E/n_0 でおきかえたものになる．

二つの周波数を用いる FSK は $\lambda = 0$ の直交信号系とみなせる．これは，搬送波の周波数差が $\Delta f = |f_0 - f_1| > 4/T$ ならばスペクトルの重なりは実質上なくなるからである．この場合のビット誤り率は，

$$P_e = \frac{1}{2}\text{erfc}\left(\sqrt{\frac{E}{2n_0}}\right) \tag{7.92}$$

になり，FSK 同期検波について求めた式 (6.49) において SN 比を最大にしたものである．

OOK は，二つの信号の一方を 0 にしたもので，やはり直交信号系である．OOK のビット誤り率は，0 でない信号のエネルギーを E とすると，

$$P_e = \frac{1}{2}\text{erfc}\left(\sqrt{\frac{E}{4n_0}}\right) \tag{7.93}$$

となり，同期検波で最適スレショルドを用いる条件の下で導いた式 (6.32) において，SN 比を最大にした結果に一致する．

演習問題

7.1 帯域幅 $B(= 1/2\pi CR)$ の準最適 RC フィルタに時間幅 T の低域方形パルスが加えられている．白色雑音のもとで，最適フィルタと比較した出力のピーク SN 比 $\gamma_p/\gamma_{p\,\text{opt}}$ は，式 (7.8) によって与えられる．$BT \approx 0.2$ のときこの比は最大になり，$\gamma_p/\gamma_{p\,\text{opt}} \approx 0.816$ であることを導け．

7.2 白色雑音のもとで片側指数パルス信号 ($a > 0$)

$$s(t) = \begin{cases} \exp(-at), & 0 \leqq t \leqq T \\ 0, & t < 0,\ t > T \end{cases}$$

を検出したい．整合フィルタのインパルス応答と伝達関数を求めよ．

7.3 方形波包絡線をもつ狭帯域パルスを受信するための整合フィルタがある．インパルス応答は式 (7.56) で与えられている．この整合フィルタに搬送波周波数が Δf 離れた狭帯域パルス

$$s(t) = \begin{cases} A\sin 2\pi(f_c + \Delta f)t, & 0 \leq t \leq T \\ 0, & t < 0,\ t > T \end{cases}$$

を加えたときの出力応答 $s_o(T)$ を求めよ．ただし，$T \gg 1/f_c$, $\Delta f \ll f_c$ である．また，これから，非同期 FSK において，二つの信号の周波数が $1/T$ またはその整数倍離れていると，整合フィルタによって漏話のない検波ができることを導け．

── コラム ──

コグニティブセンシング

無線通信システムでは，周波数資源の枯渇化に伴い，限られた周波数帯で高い周波数利用効率の通信が求められている．この技術的課題に対して，周波数帯の使用頻度が時々刻々と変化する点に着目し，未使用時間を有効に使うことで周波数利用効率の改善を図る方策がコグニティブ無線である．

コグニティブ無線では，無線機が周囲の無線通信環境を認識した上で，最適な周波数帯や通信システムを適応的に切り替える．無線機に通信方式と周波数帯の異なるシステム A (例えば携帯電話) とシステム B (例えば無線 LAN) の二つが搭載されている場合には，通信要求に応じて未使用のシステムに適宜切り替えることで，通信待ちの状態を避けることができ，結果的に，早期に通信を完了することができる (同時に両方のシステムを使用しても構わない)．この手法はヘテロジニアス型とよばれる．また，無線機にシステム A のみが搭載されている場合，システム A とシステム B の中心周波数を切り替えることができれば，同様に，通信待ちの状態を回避できる (同時に両方の中心周波数を使用しても束ねて通信をしても構わない)．この手法は周波数共用型とよばれる．

このようなコグニティブ無線では，システム A とシステム B が互いの周波数使用状況を把握する必要がある．ヘテロジニアス型の場合，二つのシステムを完備しているので，その使用状況の認識は既に具備されている装置で実現できるが，周波数共用型の場合には，別途センシング機能を設ける必要がある．

センシング機能として，その構成の容易性を理由に広く利用されている手法が，7.4 節で述べたベイズ検定法に基づくエネルギー検出 (energy detection；ED) である．その目的は，式 (7.77) で与えられる受信信号が存在するか，あるいは受信信号が雑音のみで構成されているかを，受信信号のエネルギー (二乗値の累積) に基づき判断することである．他システム帯域を借用する場合には注意が必要であり，もし判断を間違えれば，既存システムに対して干渉を引き起こし，深刻な迷惑を掛ける．システム B が使用しているにもかかわらず，使用していないと判断を誤る確率は低くなければならないので，ベイズ検定法に基づき適切に損失を設定する必要がある．

(参考文献 [14])

第8章

無線通信とフェージング

　大気を伝送媒体とする無線通信において，伝搬路に生じるフェージングは受信波の振幅や位相にランダムな変動を与え，通信品質を劣化させる要因である．フェージングの周期はミリセコンドから数秒程度の短周期のものから日時や季節変化による長周期のものまでさまざまであるが，信号の伝送に直接影響を与えるのは主に短周期フェージングで，変動が深い場合は数十デシベルもの広範囲にわたってレベルが変化する．このようなフェージングは，多重波の干渉や回折，偏波面の回転，雨，雪，霧による吸収などによって生じ，長中波，短波からマイクロ波帯にいたる無線通信において，信号対雑音比の低下やビット誤り率の増加を引き起こす要因になる．フェージング対策としては，複数のアンテナや周波数を使用し，選択や合成などを行う各種のダイバーシティ技術が効果的である．本章では，フェージング通信路と時変線形フィルタ，フェージングを受けた信号の統計的性質，ディジタル通信におけるビット誤り率，代表的なダイバーシティ受信法による改善効果について述べる．

8.1　フェージング通信路と時変線形フィルタ

　大気の屈折率は，温度，湿度，気圧などの関数であり，それらが気象条件によって空間的，時間的に変化すると，電波は複数の通路に分かれて伝搬し，受信点において互いに干渉し合うようになる．さらに，地形のプロフィルによっては，海面や地表からの強い反射波が加わる場合もある．陸上固定のマイクロ波通信，とくに長距離回線の設計において重要なのは，このような多重波による干渉性フェージングである．地上波に加えて電離層からの反射波を利用する短波の通信は，電離層における電子密度や地球磁界のランダムな変化により，反射波が減衰や位相変化，偏波面の回転などを受けるため，受信波はやはり多重波干渉によって不規則に動揺する．放送の移動受信，携帯電話などの陸上移動無線においてもフェージングの影響は深刻である．移動局は周囲の建物や樹木などからの反射，回折，散乱による定在波中を走行するので，受信アンテナにはさまざまの方向から到来する多重波がランダムな位相で加わり，高速のフェージングを受けることになる．市街地において観測さ

図 8.1 市街地で観測された陸上移動無線のフェージング
(奥村善久, 進士昌明：移動通信の基礎, 図 2.17,
電子通信学会 (1986) より引用)

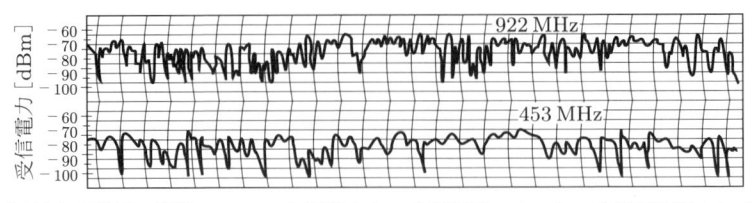

(筑波山頂送信, 距離 23 km の水海道市内, 走行速度 15 km/h, 記録区間約 50 m)

れた陸上移動無線のフェージングの記録例を図 8.1 に示す.

フェージングの生じる通信路は**フェージング通信路** (fading channel) とよばれ, 多重路伝搬によって時間変化する線形フィルタ, すなわち**時変線形フィルタ** (time-varing linear filter) と見なすことができる. 送信信号として, 搬送周波数 f_c の被変調波

$$s(t) = \mathrm{Re}\{u(t)\exp(j2\pi f_c t)\} \tag{8.1}$$

を考える.

受信波は

$$v(t) = \mathrm{Re}\{z(t-t_0)\exp[j2\pi f_c(t-t_0)]\} \tag{8.2}$$

のように表せる. ここに, $u(t)$ と $z(t)$ は変調信号の包絡線と位相を複素表示したもので, **複素包絡線** (complex envelope) とよばれる. t_0 は平均の伝搬時間である. 複素包絡線 $u(t)$ と $z(t)$ との間には

$$z(t) = \int_{-\infty}^{\infty} h(\tau;t) u(t-\tau) \, d\tau \tag{8.3}$$

の関係が成り立つ. $h(\tau;t)$ は τ についてみると, 複素包絡線を入力とする**等価低域フィルタ** (equivalent low-pass filter) のインパルス応答であって, 時刻 $t-\tau$ に入力されたインパルスの時刻 t における出力を表している.

インパルス応答 $h(\tau;t)$ と伝達関数 $H(f;t)$ は時間 t の変化につれてランダムな値をとるから, このフィルタは時変フィルタである. $H(f;t)$ と $h(\tau;t)$ とは, フーリエ変換対

$$H(f;t) = \int_{-\infty}^{\infty} h(\tau;t) \exp(-j2\pi f\tau) \, d\tau \tag{8.4}$$

$$h(\tau;t) = \int_{-\infty}^{\infty} H(f;t) \exp(j2\pi f\tau) \, df \tag{8.5}$$

によって結ばれている．

受信波の複素包絡線 $z(t)$ は

$$z(t) = \int_{-\infty}^{\infty} H(f;t)U(f)\exp(j2\pi ft)\,df \tag{8.6}$$

と表される．ここに，$U(f)$ は送信信号の複素包絡線 $u(t)$ のフーリエ変換で，

$$U(f) = \int_{-\infty}^{\infty} u(t)\exp(-j2\pi ft)\,dt \tag{8.7}$$

である．

送信信号が振幅 A の単一正弦波で，その周波数は搬送波 f_c から周波数 f' 隔たっているものとすると

$$u(t) = A\exp(j2\pi f't), \quad U(f) = A\delta(f - f') \tag{8.8}$$

と表せる．このとき，受信波の複素包絡線は

$$z(t) = AH(f';t)\exp(j2\pi f't) \tag{8.9}$$

である．したがって，式 (8.2) より，受信波は

$$v(t) = \mathrm{Re}\left\{AH(f';t-t_0)\exp[j2\pi(f_c + f')(t-t_0)]\right\} \tag{8.10}$$

となる．このように，フェージングを受けた受信波は，送信信号にその包絡線と位相をランダムに変化させる伝達関数 $H(f';t)$ が**乗積的** (multiplicative) に加わったものになる．フェージング通信路では，単一周波数の正弦波を送信した場合であっても，受信波の複素包絡線は時間的に変化し，スペクトルは広がりをもつようになる．

信号の伝送帯域内において，時間的にはランダムであるが周波数的には一様で変化しないフェージングは，**一様フェージング** (flat fading) あるいは**非選択性フェージング** (nonselective fading) とよばれる．これに対して，周波数的にも変化の様子が異なるフェージングは，**選択性フェージング** (selective fading) とよばれる．非選択性フェージングの複素低域伝達関数 $H(f;t)$ は時間のみの関数であるから，

$$H(f;t) = H(0;t) \;(= \text{時間のみの関数}) \tag{8.11}$$

とおけば，式 (8.6) は

$$\begin{aligned} z(t) &= H(0;t)\int_{-\infty}^{\infty} U(f)\exp(j2\pi ft)\,df \\ &= H(0;t)u(t) \end{aligned} \tag{8.12}$$

と表される．多重波フェージングの場合，$H(0;t)$ は実数部と虚数部がガウス分布に従う複素ガウス過程である．それゆえ，受信波の複素包絡線は送信信号の複素包絡線と周波数的には一様であるが，時間的には複素ガウス変数の係数が乗ぜられた

ものになっている．非選択性で，さらに時間変化のゆるやかなフェージング (緩慢フェージング) では，$H(0;t)$ は定数になり，少なくとも各信号パルスの持続時間において次の関係が成り立つ．

$$H(0;t) = H(0;0) \ (= 一定) \tag{8.13}$$

伝送媒体の周波数変化，時間変化の類似の程度を表し，フェージング通信路を特徴づけるために，$H(f;t)$ と $H(f+\Delta f; t+\Delta t)$ の相関係数が用いられる．これは周波数差 Δf と時間差 Δt の関数であって，$\rho(\Delta f, \Delta t)$ のように表せる．$\Delta t = 0$ は二つの単一正弦波信号が同時に受信された場合である．Δf が小さく周波数間隔が接近していると，二つの周波数のフェージングは高い相関を示すが，Δf が大きくなるにつれて相関は次第に少なくなってくる．このとき，

$$\rho(\Delta f, 0) \approx 1 \tag{8.14}$$

が成り立つ範囲では，周波数が離れても変動はほぼ一定とみなされる．式 (8.14) を満足する帯域幅を**コヒーレンス帯域幅** (coherence bandwidth) といい，記号 B_C で表す．また，単一周波数の正弦波信号を伝送したとき，時間 Δt 離れた時刻においてフェージングの変動がほぼ完全相関と考えられ，

$$\rho(0; \Delta t) \approx 1 \tag{8.15}$$

が成り立つような時間幅を，**コヒーレンス時間幅** (coherence time separation) と称し，記号 T_C で表す．

フェージング通信路では，単一インパルスを送信しても，多重通路伝搬によって到達時間が異なり，複数のインパルス列として受信される．到達インパルスの時間幅は**多重路広がり** (multipath spread) とよばれる．また，伝送媒体が時間的に移動する場合や，陸上移動無線や衛星通信など移動体を用いる通信，軌道ダイポールを用いる通信などでは，ドップラー効果によって周波数が広がる．これは**ドップラー広がり** (Doppler spread) とよばれる．多重路広がりを T_M，ドップラー広がりを B_D で表したとき，

$$T_C \approx \frac{1}{B_D}, \quad T_M \approx \frac{1}{B_C} \tag{8.16}$$

の関係がある．伝送媒体の状態は時間的に T_C 程度で変化するから，信号パルスがひずみを受けないためには，パルスの時間幅 T が T_C に比べて十分小さくなければならず，また，符号間干渉を避けるためには，T は T_M に比べて十分大きくなければならない．それゆえ，信号のパルス幅 T は

$$T_M \ll T \ll T_C \tag{8.17}$$

でなければならない．伝達関数によってフェージング通信路を分類すると，表 8.1 のようになる．B は信号の帯域幅で $B \approx 1/T$ である．

表 8.1　伝達関数によるフェージングの分類

	周波数非選択性	周波数選択性
緩　　慢 時間変動	$H(f;t) = H(0;0)$ $T + T_M \ll T_C$ $B + B_D \ll B_C$	$H(f;t) = H(f;0)$ $T + T_M \ll T_C$
高　　速 時間変動	$H(f;t) = H(0;t)$ $B + B_D \ll B_C$	$H(f;t)$

8.2　フェージングを受けた信号の統計的性質

多重波干渉によるフェージングの場合，受信波は位相がランダムに変動する多数の波から構成されるから，

$$v(t) = \sum_{k=1}^{N} R_k \cos[2\pi f_c t + \phi_k(t)] \tag{8.18}$$

と表される．R_k は成分波の包絡線，$\phi_k(t)$ は位相である．ここで，

$$x(t) = \sum_{k=1}^{N} R_k \cos \phi_k(t), \quad y(t) = \sum_{k=1}^{N} R_k \sin \phi_k(t) \tag{8.19}$$

とおくと，式 (8.18) は

$$v(t) = x(t) \cos 2\pi f_c t - y(t) \sin 2\pi f_c t \tag{8.20}$$

と表すことができる．フェージング通信路では，成分波の位相 ϕ_k は統計的に独立なランダム変数で，多くの場合一様分布で近似される．成分波の数 N が大きければ，中心極限定理によって低域同相，直交成分 $x(t)$, $y(t)$ はガウス変数になるから，フェージング信号は 2.6 節で述べた狭帯域ガウス雑音と同様に扱える．

式 (8.20) は極座標に変換すると

$$v(t) = R(t) \cos[2\pi f_c t + \phi(t)] \tag{8.21}$$

と表せる．$R(t)$ は受信波の包絡線，$\phi(t)$ はその位相で，次式で与えられる．

$$R(t) = \sqrt{x^2(t) + y^2(t)}, \quad \phi(t) = \tan^{-1} \frac{y(t)}{x(t)} \tag{8.22}$$

受信波はまた，複素包絡線 $z(t)$ を用いて

$$v(t) = \mathrm{Re}[z(t) \exp(j2\pi f_c t)] \tag{8.23}$$

のように表すこともできる．ここでは伝搬による時間遅延の影響は考えていない．

複素包絡線 $z(t)$ は

$$z(t) = \sum_{k=1}^{N} z_k(t) = \sum_{k=1}^{N} R_k(t)\exp[j\phi_k(t)] \tag{8.24}$$

である．このとき，

$$z(t) = x(t) + jy(t) \tag{8.25}$$

であって，実数部と虚数部は互いに独立なガウス変数である．$z(t)$ は複素低域ガウス変数とよばれる．

フェージングを受けた受信信号の包絡線や位相の統計的性質は，電波の伝搬モード，周波数や地形のプロファイル (profile) などによって異なる．代表的な包絡線分布として実験的にもまた理論的にも定式化されているものは，レイリー分布，仲上-ライス分布，m 分布などである．これらの包絡線分布の確率密度関数とその分布関数は 2.4 節にまとめられている．

レイリー分布は，レイリー (Load Rayleigh) によって導かれた分布で，同じ程度の大きさの包絡線をもち，位相が広範囲にわたってランダムに変動する多数の電波が合成された場合の深いフェージングを表し，受信波が主として電離層反射波からなる短波の遠距離伝搬，マイクロ波の多重路伝搬，市街地における陸上移動無線の受信電界など，短周期の包絡線変動の確率分布として広く用いられる．

仲上 - ライス分布は，直接波のような一つの強い定常成分に多重波が重畳された場合の包絡線変動に適用され，郊外を含む陸上移動無線の瞬時変動，マイクロ波の海上回線において，直接波と海面反射波の位相変化がほとんど問題にならないような短周期の変動を近似する．また，反射体として月面を用いたレーダ信号の実測例も仲上-ライス分布のフェージング通信路を示唆している．仲上-ライス分布は，仲上稔教授 (神戸大学) がフェージング問題の統計的研究において，また ライス (S. O. Rice, ベル研究所) がランダム雑音の研究において独立に見出したものである．

m 分布は，仲上により短波帯における大規模な実験に基づいて見出されたもので，深度指標とよばれるパラメータ m の値により，中短波からマイクロ波にいたる無線通信路に発生するさまざまなタイプの包絡線変動を記述できる．パラメータ m は電力の分散 (正規化された分散) の逆数であるから，m の値が小さいほどフェージング変動は大きい．$m = 1/2$ の m 分布は**半ガウス分布** (half gaussian distribution) とよばれ，短波や長距離のマイクロ波回線において観測されるきわめて深いフェージング変動を近似する．m 分布は $m = 1$ ではレイリー分布を，m が大きくなるにしたがって次第に浅い変動を表し，$m \to \infty$ の極限はフェージング変動のない状態

(a) 確率密度関数

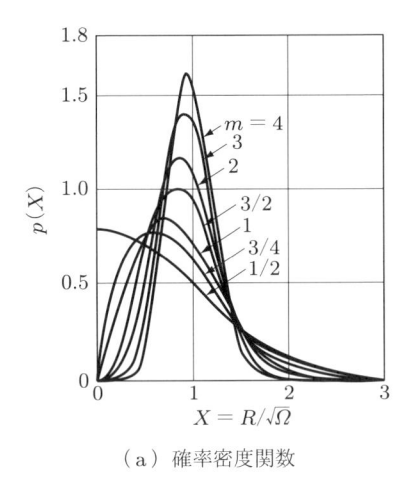

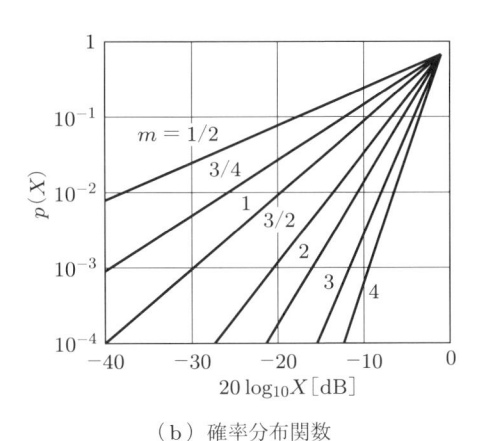

(b) 確率分布関数

図 8.2　m 分布の確率密度関数と分布関数

を表す (確率密度関数はデルタ関数になる). m 分布は, パラメータ m を

$$\Omega = \sigma + R_0{}^2, \quad m = \frac{\Omega^2}{\Omega^2 - R_0{}^4} \tag{8.26}$$

のように選ぶと, 2次と4次のモーメントが仲上-ライス分布のものと一致するから, 仲上-ライス分布を近似することができる. m 分布の確率密度関数と分布関数を図 8.2 に示す.

m 分布の 2 変数結合確率密度関数は

$$p(R_1, R_2) = \frac{4m^{m+1}(R_1 R_2)^m}{\Gamma(m)\Omega^2(1-k^2)(k\Omega)^{m-1}}$$

$$\cdot \exp\left[-\frac{m(R_1{}^2 + R_2{}^2)}{\Omega(1-k^2)}\right] I_{m-1}\left[\frac{2mk R_1 R_2}{\Omega(1-k^2)}\right]$$

$$1/2 \leqq m < \infty, \quad 0 \leqq R_1, R_2 < \infty \tag{8.27}$$

と表される. ここに, $\overline{R_1{}^2} = \overline{R_2{}^2} = \Omega$ であり, k^2 は $R_1{}^2$ と $R_2{}^2$ の間の相関係数である. $I_\nu(x)$ は第 1 種 ν 次の変形ベッセル関数である. 式 (8.27) で $m = 1$ とおくと, レイリー分布の結合確率密度関数が得られる.

例題 8.1　レイリーフェージングは受信点において多重波がランダムに干渉する結果生じる. 2.4 節で述べたハンケル変換形の特性関数 $F(\lambda)$ を用いて, レイリー分布の確率密度関数を導け. また, 仲上-ライス分布の確率密度関数を導け.

■ **解** 例題 2.3 において，二つの独立なランダムベクトルのベクトル和の確率密度関数を導いた．フェージングによる電波干渉の問題は，上記のランダムベクトル合成の問題において，成分ベクトルの振幅が小さく，その数が十分多くなった場合である．

受信成分波の数を N とすると，ハンケル変換形の特性関数は

$$F(\lambda) = \prod_{k=1}^{N} \overline{J_0(\lambda R_k)}$$

$$= \prod_{k=1}^{N} \overline{\left[1 - \frac{(\lambda R_k)^2}{4} + \frac{(\lambda R_k)^4}{64} - \cdots\right]} \tag{8.28}$$

となる．これより，成分波の包絡線 $R_k (k = 1, 2, \cdots, N)$ が小さく，しかも N が大きければ，

$$F(\lambda) \approx \exp\left(-\frac{\sigma \lambda^2}{4}\right) \tag{8.29}$$

と近似することができる．ここに，$\sigma = \sum_{k=1}^{N} \overline{R_k{}^2}$ である．

したがって，合成波包絡線の確率密度関数は，逆ハンケル変換によって

$$p(R) = R \int_0^\infty \lambda J_0(\lambda R) \exp\left(-\frac{\sigma \lambda^2}{4}\right) d\lambda$$

$$= \frac{2R}{\sigma} \exp\left(-\frac{R^2}{\sigma}\right) \tag{8.30}$$

となる．これはレイリー分布の確率密度関数を表している．

仲上-ライス分布は，一つの強い一定の成分波と N 個の多重波とが合成された場合の合成包絡線分布である．一定成分波の包絡線を R_0 とすると，ハンケル形の特性関数は

$$F(\lambda) = J_0(\lambda R_0) \prod_{k=1}^{N} \overline{J_0(\lambda R_k)} \tag{8.31}$$

となる．この場合には，上述の条件のもとで近似的に

$$F(\lambda) \approx J_0(\lambda R_0) \exp\left(-\frac{\sigma \lambda^2}{4}\right) \tag{8.32}$$

と表せる．したがって，仲上-ライス分布の確率密度関数は次のように求められる．

$$p(R) = R \int_0^\infty \lambda J_0(\lambda R) J_0(\lambda R_0) \exp\left(-\frac{\sigma \lambda^2}{4}\right) d\lambda$$

$$= \frac{2R}{\sigma} \exp\left[-\frac{R^2 + R_0{}^2}{\sigma}\right] I_0\left(\frac{2RR_0}{\sigma}\right) \tag{8.33}$$

8.3 フェージング通信路におけるビット誤り率

　伝送される信号パルスの持続時間に比べて変動のゆるやかな非選択性フェージング通信路について，代表的な2進ディジタル通信方式の平均ビット誤り率を導く．電離層伝搬無線通信，対流圏散乱見通し外通信，陸上および海上の見通し内通信回線など，実用の固定局間通信路において観測されるフェージングは，多くの場合，緩慢な周波数非選択性フェージングである．陸上移動無線のフェージングについても，ドップラー効果によるスペクトル広がりが小さければ，緩慢な非選択性フェージングとみなすことができる．

　緩慢な周波数非選択性フェージングの場合には，信号パルスは波形の持続時間中において，時間的に不変な乗積性雑音，すなわち一定の振幅と位相の変化のみを受けるものと考えてよい．6章において，すでに雑音のみによるビット(シンボル)誤り率を求めたが，その場合には，信号の包絡線はつねに一定で時間変化しないものと仮定してきた．フェージング通信路におけるビット(シンボル)誤り率は，上述の雑音のみによる誤り率を信号の包絡線を条件とする条件付き誤り率と考え，この条件付き誤り率をフェージングの包絡線分布を用いて平均化すれば得られる．フェージングの時間変動がゆるやかならば，もち込まれる位相変動は完全に追従でき，基準搬送波に繰り込まれるから，誤りの要因とはならない．このようなフェージングに関しては，信号包絡線あるいはその関数である SN 比の確率分布だけが重要である．

　ここでは，緩慢な周波数非選択性フェージング通信路を対象に，実用上重要な2進ディジタル通信方式である，FSK，PSK，DPSK について平均ビット誤り率を導く．これらの平均のビット誤り率は，すでに導いた非フェージング状態(白色ガウス雑音のみ)における誤り率 P_e から次のようにして求められる．受信信号の包絡線として，6章で用いた記号 A の代わりに R を用いると，SN 比は

$$\gamma = \frac{R^2}{2N} \tag{8.34}$$

と表される．したがって，フェージングの下での平均ビット誤り率は，γ の確率密度関数 $p(\gamma)$ を用いて，次式のように表すことができる．

$$\overline{P_e} = \int_0^\infty P_e p(\gamma)\,d\gamma \tag{8.35}$$

　フェージングの生ずる無線回線の場合，多くは0近くまで頻繁にレベルが低下する深いレイリーフェージングを想定して回線設計が行われる．そこで，まずレイリーフェージング通信路における平均ビット誤り率を求める．包絡線がレイリー分

布の場合，その確率密度関数は

$$p(R) = \frac{2R}{\Omega} \exp\left(-\frac{R^2}{\Omega}\right), \quad 0 \leqq R < \infty \tag{8.36}$$

で与えられる．ここに，$\overline{R^2} = \Omega$ である．

したがって，SN 比 γ の確率密度関数は

$$p(\gamma) = \frac{1}{\gamma_0} \exp\left(-\frac{\gamma}{\gamma_0}\right), \quad 0 \leqq \gamma < \infty \tag{8.37}$$

と表される．γ_0 は平均の SN 比で $\gamma_0 = \Omega/2N$ である．

FSK 非同期検波の平均ビット誤り率は

$$\overline{P_e} = \frac{1}{2} \int_0^\infty \exp\left(-\frac{\gamma}{2}\right) p(\gamma) d\gamma = \frac{1}{2 + \gamma_0} \tag{8.38}$$

と計算される．また，同期検波の場合は次式のようになる．

$$\overline{P_e} = \frac{1}{2} \int_0^\infty \mathrm{erfc}\left(\sqrt{\frac{\gamma}{2}}\right) p(\gamma)\, d\gamma = \frac{1}{2}\left[1 - \frac{1}{\sqrt{1 + (2/\gamma_0)}}\right] \tag{8.39}$$

同様にして，PSK の平均ビット誤り率は

$$\overline{P_e} = \frac{1}{2}\left[1 - \frac{1}{\sqrt{1 + 1/\gamma_0}}\right] \tag{8.40}$$

また，DPSK の平均ビット誤り率は

$$\overline{P_e} = \frac{1}{2(1 + \gamma_0)} \tag{8.41}$$

のようにそれぞれ求められる．

実用の通信では，平均 SN 比は十分大きく，$\gamma_0 \gg 1$ であるから，平均ビット誤り率は近似的に次のように表される．

$$\left.\begin{array}{ll}\text{非同期 FSK}: & \overline{P_e} \approx \dfrac{1}{\gamma_0} \\[2mm] \text{同期 FSK}: & \overline{P_e} \approx \dfrac{1}{2\gamma_0} \\[2mm] \text{PSK}: & \overline{P_e} \approx \dfrac{1}{4\gamma_0} \\[2mm] \text{DPSK}: & \overline{P_e} \approx \dfrac{1}{2\gamma_0}\end{array}\right\}, \quad \gamma_0 \gg 1 \tag{8.42}$$

図 8.3 にレイリーフェージング通信路における平均ビット誤り率の特性を示す．図からわかるように，フェージング通信路においても，ビット誤り率に関する限り PSK は最も優れた特性を有する信号方式である．DPSK と同期 FSK の特性は SN 比 10 [dB] 以下（誤り率 0.1 以上）の範囲は別として，実用の範囲ではほとんど一致

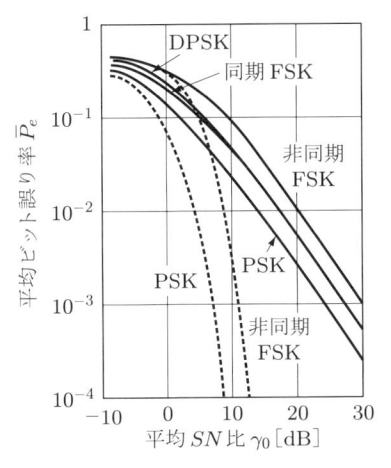

図 8.3 2進信号の平均ビット誤り率 (実線はレイリーフェージング通信路, 破線はフェージングがないときのビット誤り率)

しており，同じビット誤り率を実現するためには，PSK に比べて 3 [dB] の SN 比の増加，つまり送信電力の増加を必要とする．非同期 FSK は同期 FSK に比べてさらに 3 [dB] の電力が要求されることがわかる．式 (8.42) からも明らかなように，$\gamma_0 \gg 1$ の範囲ではビット誤り率は γ_0 に反比例し，特性曲線は直線になる．また，この範囲において，同期 FSK と非同期 FSK，あるいは PSK と DPSK のように，同じ信号方式について同期検波と非同期検波を比較すると，同期方式が非同期方式に比べて電力の点でつねに 3 [dB] 優位であり，この傾向は SN 比が大きくなっても変わらない．フェージングの生じない通信路では，γ_0 が大きくなるにつれて同期検波と非同期検波の差が次第になくなっていったのと異なる点である．図 8.3 のビット誤り率特性より，フェージングのない通信路に比べてフェージングの生じる通信路では，誤り率が 1 桁下がるごとに約 10 [dB] の電力増を必要とすることもわかる．

実用の無線通信回線に発生するフェージングは，周波数，伝搬モード，伝搬路のプロフィルなどによって変動形態が異なる．それゆえ，受信波の包絡線分布としては，変動の深さをパラメータとして含む m 分布がより一般的である．m 分布フェージングでは，SN 比 γ の確率密度関数が

$$p(\gamma) = \frac{m^m \gamma^{m-1}}{\Gamma(m)\gamma_0{}^m} \exp\left(-\frac{m\gamma}{\gamma_0}\right), \quad \frac{1}{2} \leqq m < \infty,\ 0 \leqq \gamma < \infty \quad (8.43)$$

と表される．γ_0 は平均の SN 比である．

m 分布の場合，代表的な 2 進ディジタル通信方式の平均ビット誤り率は次のように求められる．

非同期 FSK：$\overline{P_e} = \dfrac{1}{2(1+\gamma_0/2m)^m}$ (8.44)

同期 FSK：$\overline{P_e} = \dfrac{1}{2} - \dfrac{\Gamma(m+1/2)}{\sqrt{\pi}\,\Gamma(m)\sqrt{1+2m/\gamma_0}}$

$\cdot\, {}_2F_1\left[1-m,\ \dfrac{1}{2};\dfrac{3}{2};\dfrac{1}{1+2m/\gamma_0}\right]$ (8.45)

PSK：$\overline{P_e} = \dfrac{1}{2} - \dfrac{\Gamma(m+1/2)}{\sqrt{\pi}\,\Gamma(m)\sqrt{1+m/\gamma_0}}$

$\cdot\, {}_2F_1\left[1-m,\ \dfrac{1}{2};\dfrac{3}{2};\dfrac{1}{1+m/\gamma_0}\right]$ (8.46)

DPSK：$\overline{P_e} = \dfrac{1}{2(1+\gamma_0/m)^m}$ (8.47)

ここに，${}_2F_1$ は**ガウスの超幾何関数** (gauss hypergeometric function) で，

$${}_2F_1(a,\ b;c;x) = \sum_{k=0}^{\infty} \dfrac{(a)_k (b)_k}{(c)_k}\dfrac{x^k}{k!},\quad |x|<1 \tag{8.48}$$

$$(a)_0 = 1,\ (a)_k = a(a+1)(a+2)\cdots(a+k-1)$$

のように定義される．

$m=1$ の場合，m 分布はレイリー分布を表すから，式 (8.44)～(8.47) は式 (8.38)～(8.41) に一致する．また，$m \to \infty$ の極限では，包絡線変動はフェージングのない定常状態に近づくから，上述のビット誤り率は雑音のみによるビット誤り率を与える．

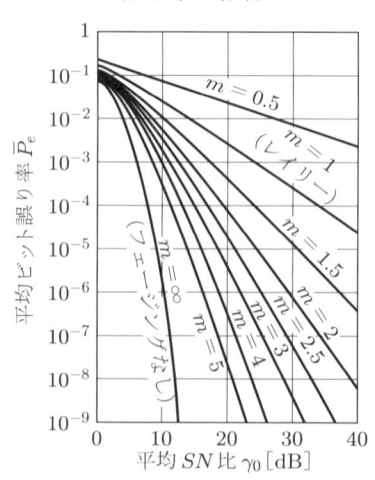

図 8.4　2進 PSK 信号の平均ビット誤り率 (m 分布フェージング通信路) (Miyagaki, Y. et al. : IEEE Trans. Commun., COM-26, No. 1, Fig. 3 (1978) より引用)

図 8.4 は 2 進 PSK について，m 分布フェージング通信路における平均ビット誤り率を m をパラメータにとって表したものである．これらの曲線から，特定のビット誤り率について，フェージングがない場合に比べて必要になる送信電力増 (システムマージン) が推定できる．

8.4 ダイバーシティ受信によるビット誤り率特性の改善

ディジタル通信の場合には，フェージングによるレベル低下によってビット誤り率が増加するが，その対策として数十デシベルも送信電力を増して対抗する方法は不経済であって賢明とはいえない．**ダイバーシティ** (diversity) は，送信電力を増加させることなく短周期のフェージングの影響を軽減することのできる優れた技術で，アナログ，ディジタル通信の区別なく実用化されている．

最も広く採用されるダイバーシティ技術は，**空間ダイバーシティ** (space diversity) とよばれる方法で，空間的に離した二つの受信アンテナを用い，これらの受信信号のうち相対的に高いレベルの側を出力信号として選択する，あるいは二つの受信信号を適当な方法で合成して出力信号とする方法である．

これは，短周期のフェージングの場合，適当な距離を隔てたアンテナの受信電界は変動の様態が異なり，相関が小さくなるため，同時に低いレベルをとるチャンスが少なくなるからである．相関の程度は，アンテナの位置，周波数，伝搬距離，伝搬モードにもよるが，短波回線では数波長，マイクロ波回線では数十波長もアンテナ間隔をとれば，フェージング変動の相関は 0 に近くなる．4 [GHz] 程度のマイクロ波の通信では，伝搬方向に垂直で，水平な位置にアンテナをおき，10〜15 [m] ほど離すとダイバーシティ効果が得られる．

陸上移動無線では，アンテナ間隔は半波長 (搬送波周波数 900 [MHz] のとき，約 15 [cm]) 程度でよい．空間ダイバーシティは送信側で行われることもあり，送受信の両方で行われることもある．また，アンテナの数をさらに増した多重ダイバーシティも可能である．

複数のアンテナを使う代わりに，離れた周波数の搬送波を用いて同じ情報信号を送れば，同時にレベルの低下が生ずるチャンスは少なくなるからダイバーシティ効果が得られる．この方法は**周波数ダイバーシティ** (frequency diversity) とよばれ，マイクロ波回線では空間ダイバーシティと同様によく用いられる．

ダイバーシティ技術としては，そのほか，水平，垂直偏波を使って同一情報信号を送り，直交する二つの偏波間で変動の相関が小さくなることを利用する**偏波ダイバーシティ** (polarization diversity)，指向性の異なるアンテナを用いて受信する**角**

度ダイバーシティ (angle diversity)，情報信号をフェージング周期に比較して十分長い時間離して繰り返し送信 (信号再送) する**時間ダイバーシティ** (time diversity) などもある．

ダイバーシティを合成受信法によって分類すると，基本的には選択，等利得合成，最大比合成になる．図 8.5 にそれぞれのダイバーシティの構成を示す．

選択ダイバーシティ (selection diversity) は，つねに受信機入力として包絡線レベルの最も高いダイバーシティ枝 (ブランチ) の信号を選択する方式で，高周波帯，中間周波帯，ベースバンド帯のいずれにおいても可能であり，早い段階で選択するほど受信系統が少なくてすむが，反面，レベル検出が複雑になり，選択時の包絡線と位相の跳躍が問題になるなどの欠点がある．実用されているのはベースバンド帯 (検波後) あるいは中間周波帯のものである．選択ダイバーシティは，後述する合成方式に比べて位相の制御が不要なので，受信機の構成は簡単になる．なお，切替レベルを設定し，入力レベルがこの切替レベル以下になると他のダイバーシティ枝に切り替える方式は**切替ダイバーシティ** (switch diversity) とよんで区別している．

等利得と最大比合成ダイバーシティは，どちらも中間周波帯において入力の位相

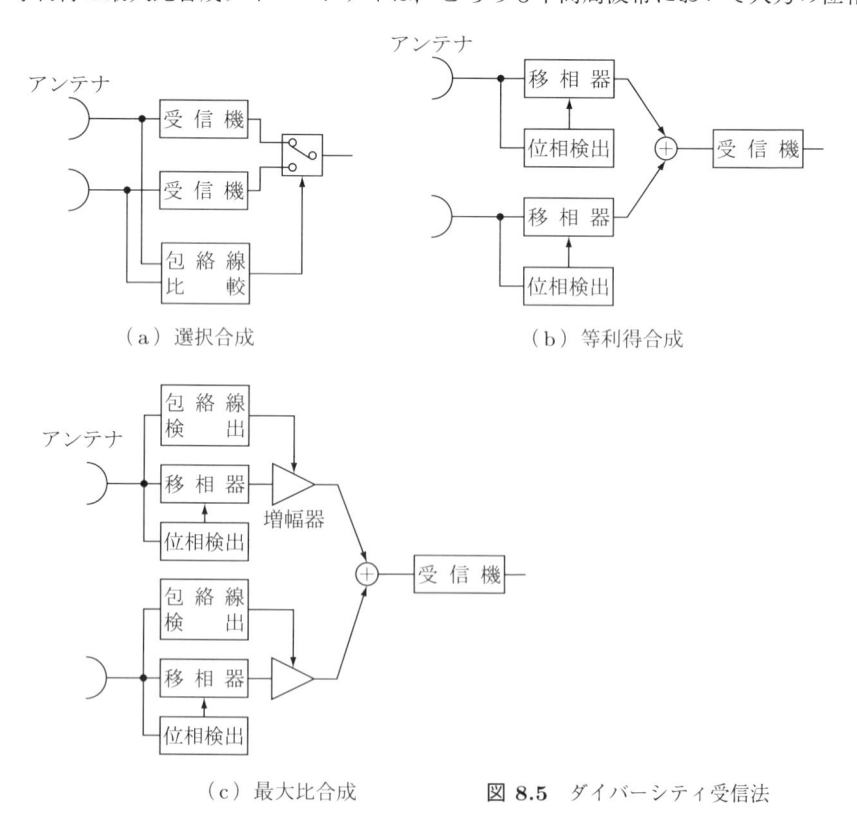

(a) 選択合成　　(b) 等利得合成

(c) 最大比合成　　図 8.5　ダイバーシティ受信法

が同相になるように移相器を制御して合成するのがふつうである．**等利得合成ダイバーシティ** (equal-gain combining diversity) は，ダイバーシティ枝入力をすべて同じ位相に合わせたのち，何ら重み付けすることなく加える方式である．等利得ダイバーシティでは最大 SN 比以外の入力もすべて利用される．**最大比合成ダイバーシティ** (maximal-ratio combining diversity) は，ダイバーシティ枝入力の位相をすべて同相になるように調整するとともに，それぞれの包絡線に比例した重み付けをし，SN 比の大きいものほど合成 SN 比への寄与が大きくなるようにして合成する方式である．このように，それぞれの包絡線に比例した重みを付けると，すべての瞬間において合成受信波の SN 比は最大になる．

上に述べた選択や合成などの受信法においては，ダイバーシティ枝における包絡線レベルと位相を雑音のない状態で知らなければならない．したがって，フェージングがゆるやかで，信号パルスの持続時間に比べて十分長い時間にわたって一定であり，この時間内に雑音の統計的性質がすべて含まれ，平均値は 0 であるとみなせなければならない．雑音の平均値が 0 とできるような積分区間においても，フェージング変動が顕著と認められるような通信路では，別な受信法を工夫する必要がある．

M 個のダイバーシティ枝を用いて選択，等利得，最大比の各合成受信を行った場合の出力 SN 比は，それぞれ

$$\text{選 択：} \gamma = \max(\gamma_1, \gamma_2, \cdots, \gamma_M) \tag{8.49}$$

$$\text{等利得：} \gamma = \frac{\left(\sum_{k=1}^{M} R_k\right)^2}{2 \sum_{k=1}^{M} N_k} \tag{8.50}$$

$$\text{最大比：} \gamma = \sum_{k=1}^{M} \gamma_k \tag{8.51}$$

と表せる．ここに，γ_k, R_k, N_k はそれぞれ第 k 番目のダイバーシティ枝における SN 比，包絡線，平均雑音電力である．

次に，レイリーフェージング通信路について，二重ダイバーシティ ($M = 2$) 受信を用いた場合における出力 SN 比の確率密度関数と分布関数を求める．ダイバーシティ枝におけるフェージング変動と雑音はいずれも独立であるとする．

二枝を用いる選択合成ダイバーシティの場合，出力の SN 比は

$$\gamma = \max(\gamma_1, \gamma_2) \tag{8.52}$$

となる．したがって，各ダイバーシティ枝の SN 比 γ_k の確率密度関数を $p(\gamma_k)$ ($k =$

1, 2) とすると，出力 SN 比の確率分布関数は

$$P(\gamma) = \int_0^\gamma \int_0^\gamma p(\gamma_1)p(\gamma_2)\,d\gamma_1 d\gamma_2 \tag{8.53}$$

と表せる．$p(\gamma_k)$ として式 (8.37) を用い，さらにダイバーシティ枝における平均の SN 比がすべて等しく，γ_0 であるとすれば

$$P(\gamma) = \left[1 - \exp\left(-\frac{\gamma}{\gamma_0}\right)\right]^2 \tag{8.54}$$

と表せる．出力の SN 比の確率密度関数は次式のようになる．

$$p(\gamma) = \frac{d}{d\gamma}P(\gamma) = \frac{2}{\gamma_0}\exp\left(-\frac{\gamma}{\gamma_0}\right)\left[1 - \exp\left(-\frac{\gamma}{\gamma_0}\right)\right] \tag{8.55}$$

等利得ダイバーシティの場合，受信波は同位相で加え合わされるから，合成出力の包絡線は各ブランチにおける信号包絡線の和となる．ダイバーシティ枝の雑音は互いに独立で，それらの平均電力を等しく $N_k = N$ とすると，合成された雑音の平均電力は $2N$ になる．それゆえ，出力の SN 比は

$$\gamma = \frac{(R_1 + R_2)^2}{2(2N)} \tag{8.56}$$

と表せる．レイリー包絡線の和

$$R = R_1 + R_2 \tag{8.57}$$

の確率分布関数は，各ダイバーシティ枝における包絡線の変動が独立ならば，

$$\begin{aligned}P(R) &= \int_0^R \int_0^{R-R_2} \frac{2R_1}{\Omega}\exp\left(-\frac{R_1{}^2}{\Omega}\right)\cdot\frac{2R_2}{\Omega}\exp\left(-\frac{R_2{}^2}{\Omega}\right)dR_1 dR_2 \\ &= 1 - \exp\left(-\frac{R^2}{\Omega}\right) - \frac{\sqrt{\pi}R}{\sqrt{2\Omega}}\exp\left(-\frac{R^2}{2\Omega}\right)\mathrm{erf}\left(\frac{R}{\sqrt{2\Omega}}\right)\end{aligned} \tag{8.58}$$

と求められる．ここに，ダイバーシティ枝における信号包絡線の二乗平均値はいずれも等しく，$\overline{R_1{}^2} = \overline{R_2{}^2} = \Omega$ である．

したがって，出力 SN 比の確率分布関数は

$$P(\gamma) = 1 - \exp\left(-\frac{\gamma}{\gamma_0}\right) - \sqrt{\frac{\pi\gamma}{2\gamma_0}}\exp\left(-\frac{\gamma}{2\gamma_0}\right)\mathrm{erf}\left(\sqrt{\frac{\gamma}{2\gamma_0}}\right) \tag{8.59}$$

となり，確率密度関数は次式で表される．

$$p(\gamma) = \frac{1}{\gamma_0}\exp\left(-\frac{\gamma}{\gamma_0}\right) - \frac{1}{2}\sqrt{\frac{\pi\gamma}{2\gamma_0}}\left(1 - \frac{\gamma}{\gamma_0}\right)\exp\left(-\frac{\gamma}{2\gamma_0}\right)\mathrm{erf}\left(\sqrt{\frac{\gamma}{2\gamma_0}}\right) \tag{8.60}$$

次に最大比合成ダイバーシティについて考える．この場合，合成出力の SN 比

8.4 ダイバーシティ受信によるビット誤り率特性の改善

$$\gamma = \gamma_1 + \gamma_2 \tag{8.61}$$

の確率密度関数とその分布関数は，それぞれ次のように求められる．

$$p(\gamma) = \frac{\gamma}{\gamma_0^2} \exp\left(-\frac{\gamma}{\gamma_0}\right) \tag{8.62}$$

$$P(\gamma) = 1 - \left(1 + \frac{\gamma}{\gamma_0}\right) \exp\left(-\frac{\gamma}{\gamma_0}\right) \tag{8.63}$$

レイリーフェージング通信路において，独立な M 個のダイバーシティ枝を用いた多重ダイバーシティの場合，選択方式と最大比合成方式について，出力 SN 比の確率密度関数と分布関数は次のように求められる．

選 択： $$p(\gamma) = \frac{M}{\gamma_0} \exp\left(-\frac{\gamma}{\gamma_0}\right) \left[1 - \exp\left(-\frac{\gamma}{\gamma_0}\right)\right]^{M-1} \tag{8.64}$$

$$P(\gamma) = \left[1 - \exp\left(-\frac{\gamma}{\gamma_0}\right)\right]^M \tag{8.65}$$

最大比合成： $$p(\gamma) = \frac{\gamma^{M-1}}{\Gamma(M)\gamma_0^M} \exp\left(-\frac{\gamma}{\gamma_0}\right) \tag{8.66}$$

$$P(\gamma) = 1 - \exp\left(-\frac{\gamma}{\gamma_0}\right) \sum_{k=0}^{M-1} \frac{1}{k!} \left(\frac{\gamma}{\gamma_0}\right)^k \tag{8.67}$$

等利得合成における表現は一般に簡単ではないが，近似的には最大比合成の結果において，γ_0 の代わりに

$$\gamma_0' = \frac{2\gamma_0}{M} \left[\frac{\Gamma\left(M + \frac{1}{2}\right)}{\sqrt{\pi}}\right]^{1/M} \tag{8.68}$$

とおきかえればよいことが知られている．

図 8.6 は，ダイバーシティ枝の数が $M = 2$, $M = 3$ の場合における SN 比の確率分布と，ダイバーシティを行わない場合 (単一ブランチ，$M = 1$) の確率分布 (累積分布) を比較のために示したものである．SN 比がその平均値に対して 20 [dB] 低くなる確率 (時間率) は，非ダイバーシティ受信では 1 [%] であるが，二重ダイバーシティの選択受信では 0.01 [%]，等利得合成法では 0.007 [%]，さらに最大比合成法では 0.005 [%] に減少する．このように，ダイバーシティ効果は最大比合成が最も優れており，次いで等利得合成，選択合成の順になる．当然ながら，ダイバーシティ枝の数が増すほど改善効果は大きくなるものの，改善効果の増加割合は単一ブランチから 2 ブランチに増した場合が最も大きい．

フェージング通信路において，ダイバーシティ受信は，低い SN 比における時間率を減少させ，ビット誤り率を減らすのに効果がある．レイリーフェージングの下

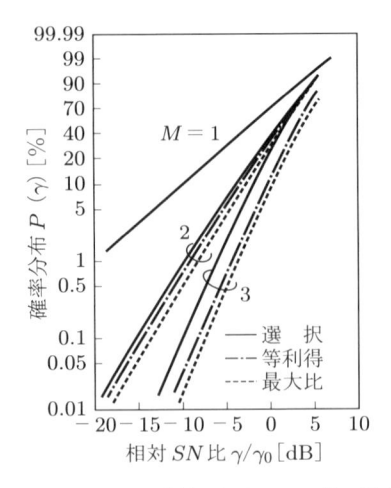

図 8.6 ダイバーシティ受信における SN 比の確率分布
(レイリーフェージング通信路)
(奥村善久,進士昌明:移動通信の基礎,図 7.6,
電子通信学会 (1986) より引用)

で独立変動の M 個のダイバーシティ枝を用いた合成受信において,ディジタル伝送の平均ビット誤り率は,上に導いた確率密度関数の式 (8.64),(8.66) を用い,雑音のみによる誤り率を,SN 比を条件とする条件付き誤り率とみて,式 (8.35) の平均演算を行うことによって求めることができる.ダイバーシティ効果の最も優れる最大比合成受信の場合を例にとると,式 (8.66) は式 (8.43) の m 分布フェージング下における SN 比の確率密度関数において,

$$m \to M, \quad \gamma_0 \to M\gamma_0 \tag{8.69}$$

とおいたものであるから,式 (8.44)〜(8.47) で導いた m 分布の場合の結果がそのまま使える.

例えば,2 進 FSK 伝送について,同期検波と非同期検波の最大比合成受信における平均ビット誤り率は次のように表される.

非同期 FSK: $\overline{P_e} = \dfrac{1}{2(1+\gamma_0/2)^M}$ (8.70)

同期 FSK: $\overline{P_e} = \dfrac{1}{2} - \dfrac{\Gamma(M+1/2)}{\sqrt{\pi}\,\Gamma(M)\sqrt{1+2/\gamma_0}}$

$$\cdot {}_2F_1\left[1-M, \frac{1}{2}; \frac{3}{2}; \frac{1}{1+2/\gamma_0}\right] \tag{8.71}$$

図 8.7 は式 (8.70),(8.71) で表される平均ビット誤り率を示したものである.

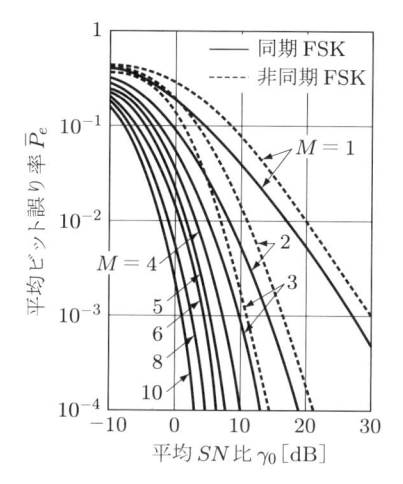

図 8.7 2進FSK信号の最大比合成ダイバーシティ受信における平均ビット誤り率(レイリーフェージング通信路)

これまではフェージングをレイリーフェージングに限定し,ダイバーシティ枝における変動が互いに独立である条件の下でダイバーシティによる改善特性を考察した.しかし,実際にはアンテナや周波数の間隔を十分にとれるとは限らないから,受信波の包絡線変動間には相関があるのが普通である.また,実用の通信回線ではフェージング変動の分布形も,周波数,伝搬距離,地形のプロファイルなどによって多様である.以下は,ダイバーシティ枝間における受信波の包絡線変動間に任意の相関が存在するものとし,変動の深度パラメータをもつ一般性のある m 分布フェージング通信路を対象に,代表的な合成受信のダイバーシティ効果を評価する.ただし,フェージング変動は信号速度に比べて十分ゆるやかとし,つねに回線の監視は可能で,受信側において位相は完全に制御できるものとしている.

m 分布フェージング通信路における二重ダイバーシティ受信の場合,二つのブランチにおける受信波包絡線の結合確率密度関数は式 (8.27) で表される.ここで,瞬時の SN 比を

$$\gamma_k = \frac{R_k{}^2}{2N}, \quad k = 1, 2 \tag{8.72}$$

と表し,ダイバーシティ枝における平均の SN 比は等しいものとして,

$$\gamma_0 = \frac{\Omega}{2N} \tag{8.73}$$

とおくと,SN 比の2変数確率密度関数は

$$p(\gamma_1, \gamma_2) = \frac{m^{m+1}(\gamma_1\gamma_2)^{(m-1)/2}}{\Gamma(m)k^{m-1}(1-k^2)\gamma_0{}^{m+1}}$$

$$\cdot \exp\left[-\frac{m(\gamma_1+\gamma_2)}{\gamma_0(1-k^2)}\right] I_{m-1}\left[\frac{2mk\sqrt{\gamma_1\gamma_2}}{\gamma_0(1-k^2)}\right]$$

$$1/2 \leqq m < \infty, \quad 0 < \gamma_1, \gamma_2 < \infty \tag{8.74}$$

となる．ただし，k^2 は $R_1{}^2$ と $R_2{}^2$ との間の相関係数 (電力相関係数) である．

式 (8.74) の変形ベッセル関数を積分表示すると，m 分布の 2 変数結合確率密度関数は次のように表せる．

$$p(\gamma_1,\gamma_2) = \frac{m^{2m}(\gamma_1\gamma_2)^{m-1}}{\sqrt{\pi}\Gamma(m-1/2)\Gamma(m)(1-k^2)^m\gamma_0^{2m}}$$

$$\cdot \int_0^\pi \sin^{2m-2}x \exp\left[-\frac{m(\gamma_1+\gamma_2-2k\sqrt{\gamma_1\gamma_2}\cos x)}{\gamma_0(1-k^2)}\right]dx \tag{8.75}$$

この表現を用いると，選択，等利得，最大比合成ダイバーシティにおける出力 SN 比の確率密度関数は，いずれも統一的に

$$p(\gamma) = \begin{cases} \int_0^1\int_0^\pi cw^{2m}M(\gamma,\,2m,\,2\gamma_0 w\sqrt{1-k^2})\,dxdy & \text{(選択, 等利得合成)} \\ \int_0^\pi cw^{2m}M(\gamma,\,2m,\,2\gamma_0 w\sqrt{1-k^2})\,dx & \text{(最大比合成)} \end{cases} \tag{8.76}$$

のように表される．ここに，$M(\gamma\,;\,m,\,\gamma_0)$ は m 分布フェージング通信路における SN 比の 1 変数確率密度関数で，

$$M(\gamma\,;\,m,\,\gamma_0) = \frac{m^m \gamma^{m-1}}{\Gamma(m)\gamma_0{}^m}\exp\left(-\frac{m\gamma}{\gamma_0}\right) \tag{8.77}$$

である．係数 c,w は合成方式によってそれぞれ次のようになる．

選　択：$\left.\begin{aligned} c &= \frac{2^{2m}(2m-1)}{\pi}y^{2m-1}\sin^{2m-2}x \\ w &= \frac{\sqrt{1-k^2}}{1+y^2-2ky\cos x} \end{aligned}\right\} \tag{8.78}$

等利得合成：$\left.\begin{aligned} c &= \frac{2(2m-1)}{\pi}(1-y^2)^{2m-1}\sin^{2m-2}x \\ w &= \frac{\sqrt{1-k^2}}{1+y^2-(1-y^2)k\cos x} \end{aligned}\right\} \tag{8.79}$

最大比合成：$\left.\begin{aligned} c &= \frac{\Gamma(m+1/2)}{\sqrt{\pi}\Gamma(m)}\sin^{2m-1}x \\ w &= \frac{\sqrt{1-k^2}}{1-k\cos x} \end{aligned}\right\} \tag{8.80}$

8.4 ダイバーシティ受信によるビット誤り率特性の改善

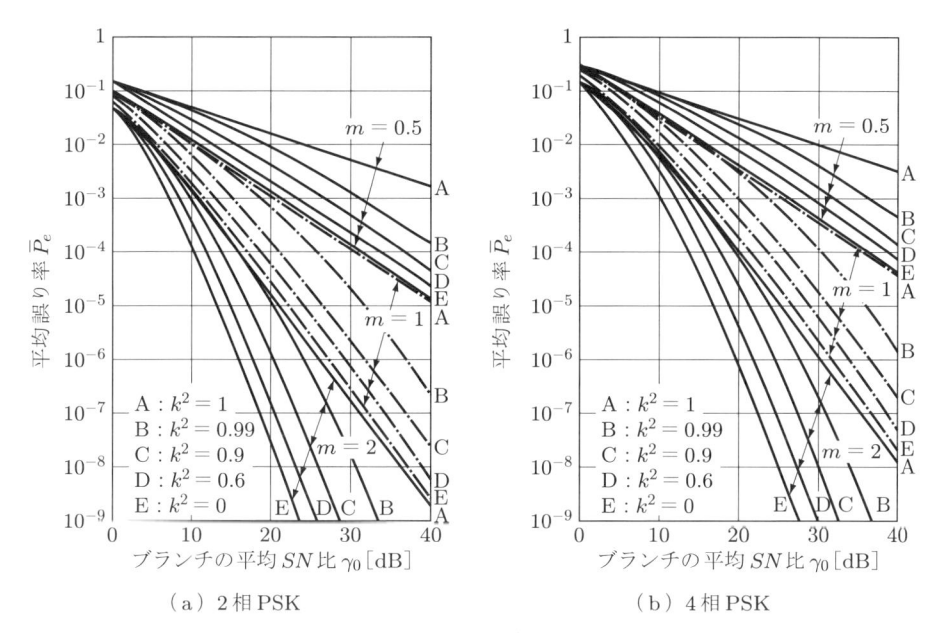

図 8.8 2相PSKと4相PSK信号の等利得合成2枝ダイバーシティ受信における平均誤り率 (m分布フェージング通信路)
(Miyagaki, Y. et al. : IEEE Trans. Commun., COM-26, No. 1, Fig.8 and Fig.9 (1978) より引用)

(a) 2相PSK　　(b) 4相PSK

A : $k^2 = 1$
B : $k^2 = 0.99$
C : $k^2 = 0.9$
D : $k^2 = 0.6$
E : $k^2 = 0$

ブランチの平均SN比 γ_0 [dB]

このようにして求められた合成出力SN比の確率密度関数を用いて，雑音のみによるビット（シンボル）誤り率の平均をとれば，ダイバーシティ受信における平均誤り率を計算することができる．図8.8は等利得合成2枝ダイバーシティ受信における2相PSKと4相PSKの平均誤り率特性を，フェージングの深度指標mとダイバーシティ枝間の電力相関係数k^2をパラメータにして描いたものである．

例題 8.2 切替ダイバーシティの一つである**スイッチアンドステイ** (switch and stay) **方式**は，一方のダイバーシティ枝の信号包絡線レベルを監視し，その値があらかじめ設定されたレベル以下に落ち込んだ場合には他方の枝に切り替え，切替先のダイバーシティ枝のレベルが切替レベル以下であっても保持される方式である．この方式では，切替動作はつねに設定レベルを下向きに切ったときに行われる．切替波形の例を図8.9に示す．切替ダイバーシティは選択方式ほどの改善は期待できないが，受信機の構成が簡単になるという利点があり，実用的である．

フェージング信号包絡線の確率密度関数を$p(R)$，切替レベルをLとする．二つのダイバーシティ枝間におけるフェージング変動が独立のとき，切替出力の確

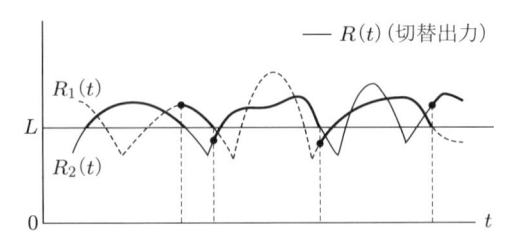

図 8.9 切替ダイバーシティ(スイッチアンドステイ方式)の信号包絡線波形

率密度関数 $q(R)$ は次式で与えられる.

$$q(R) = \begin{cases} (1+Q)p(R), & R \geq L \\ Qp(R), & 0 \leq R < L \end{cases} \tag{8.81}$$

ただし,

$$Q = \int_0^L p(R)\,dR \tag{8.82}$$

である. 以下の問いに答えよ.

(1) フェージング変動がなく,雑音のみによるビット誤り率 P_e は標本時点における信号包絡線レベル R の関数である. これを明確にするために,雑音のみによるビット誤り率を $P_e(R)$ と表しておく. 切替ダイバーシティにおいて,フェージング時の平均ビット誤り率を最小にする切替レベル L_{opt} は,

$$\int_0^\infty P_e(R)p(R)\,dR = P_e(L) \tag{8.83}$$

の解であることを示せ.

(2) 2進非同期 FSK と DPSK について,m 分布フェージングの下でこの切替ダイバーシティ受信を行ったときの最適切替レベルを求めよ.

■ 解 (1) 切替ダイバーシティ受信のときの平均ビット誤り率は

$$\begin{aligned}\overline{P_e} &= \int_0^\infty P_e(R)q(R)\,dR \\ &= \int_0^L QP_e(R)p(R)\,dR + \int_L^\infty (1+Q)P_e(R)p(R)\,dR\end{aligned} \tag{8.84}$$

と表せる. この平均ビット誤り率を最小にする最適切替レベルは,式 (8.84) を L について微分し,0 とおくことによって求められる. それゆえ,

$$\frac{d}{dL}\overline{P_e} = p(L)\left[\int_0^\infty P_e(R)p(R)\,dR - P_e(L)\right] = 0 \tag{8.85}$$

である. これより, 平均ビット誤り率を最小にする切替レベル L_{opt} は, 式 (8.83) の解であることが導かれる. 式 (8.83) の左辺はフェージング時 (非ダイバーシティ) の平均ビット

誤り率，右辺は無フェージング時の信号レベル L に対するビット誤り率であるので，L_opt はフェージング下において単一受信した場合の平均ビット誤り率と同じ誤り率を与える無フェージング時の受信信号レベルであるといえる．

(2) 2進非同期 FSK と DPSK の無フェージング時のビット誤り率は統一的に

$$P_e = P_e(R) = \frac{1}{2}\exp\left(-\frac{\alpha R^2}{2N}\right) \tag{8.86}$$

と表される．ここで，$\alpha = 1/2$ ならば非同期 FSK，$\alpha = 1$ ならば DPSK であり，N は平均雑音電力を表す．m 分布フェージングの下における非同期 FSK と DPSK の平均ビット誤り率は，式 (8.44) と式 (8.47) より

$$\overline{P_e} = \frac{1}{2(1+\alpha\gamma_0/m)^m} \tag{8.87}$$

で与えられる．ただし，$\gamma_0 = \Omega/2N$ である．

式 (8.87) を式 (8.83) の左辺として用い，また式 (8.86) で R の代わりに L とおいた結果を右辺に代入すると，最適切替レベルは

$$L_\text{opt} = \sqrt{\frac{2mN}{\alpha}\log_e\left(1+\frac{\alpha\gamma_0}{m}\right)} \tag{8.88}$$

と求められる．

8.5 多重無線回線における周波数切替ダイバーシティ

マイクロ波帯を利用した陸上固定の多重回線に用いられている変調方式は，アナログの場合は FM 方式であり，ディジタルの場合は 4 相 PSK のほか 16 QAM，256 QAM などが採用されている．これらのマイクロ波回線では，フェージングによる回線の瞬断を救済するために予備回線に切り替える**周波数切替ダイバーシティ**受信が行われる．周波数切替ダイバーシティは，現用回線数に比べて予備回線数が多くなるほど効果的であるが，周波数利用効率の面から実用のマイクロ波多重回線では，ふつう予備回線は 1 回線である．このような周波数切替ダイバーシティの改善効果については，レイリー分布および m 分布フェージング通信路を対象に，周波数の異なる回線間の電力相関係数が指数形である場合について検討されている．

いま，第 i 番目，j 番目回線の搬送波周波数を f_i，f_j とし，これらの回線の間の電力相関係数 $k_{ij}{}^2$ が周波数差の指数関数形，

$$k_{ij}{}^2 = \exp(-\alpha|f_i - f_j|), \quad \alpha > 0 \tag{8.89}$$

で近似されるものとする．このときには

$$k_{ij}{}^2 = k_{i\,i+1}{}^2 \cdot k_{i+1\,i+2}{}^2 \cdots k_{j-1\,j}{}^2, \quad i < j \tag{8.90}$$

の関係がある．このタイプの相関係数は**単純マルコフ鎖状形相関**とよばれる．

指数形相関係数の条件の下で，m 分布フェージングを受けた受信波包絡線に対する n 変数結合確率密度関数は

$$p(R_1, R_2, \cdots, R_n) = \frac{2^n m^{n+m-1}(R_1 R_n)^m \prod_{i=2}^{n-1} R_i}{\Gamma(m)\left(\prod_{i=1}^{n-1} k_{ii+1}\right)^{m-1} \prod_{i=1}^{n-1}(1-k_{ii+1}{}^2)\Omega^{n+m-1}}$$

$$\cdot \exp\left[-\frac{m}{\Omega}\left\{\frac{R_1{}^2}{(1-k_{12}{}^2)} + \frac{R_n{}^2}{(1-k_{n-1n}{}^2)} + \sum_{i=2}^{n-1}\frac{(1-k_{i-1i}{}^2 k_{ii+1}{}^2)R_i{}^2}{(1-k_{i-1i}{}^2)(1-k_{ii+1}{}^2)}\right\}\right]$$

$$\cdot \prod_{i=1}^{n-1} I_{m-1}\left[\frac{2k_{ii+1} m R_i R_{i+1}}{(1-k_{ii+1}{}^2)\Omega}\right]$$

$$1/2 \leqq m < \infty,\ 0 < R_1,\ \cdots,\ R_n < \infty \tag{8.91}$$

であることが導かれている．ここに，$R_i{}^2$ の平均値はすべて等しく Ω とし，$R_i{}^2$ と $R_{i+1}{}^2$ の間の相関係数を $k_{ii+1}{}^2$ とおいた．

式 (8.91) を用いると，現用 n 回線，予備 1 回線の場合について，少なくとも n 回線が切替レベル以上にある確率が計算できる．$(n+1)$ 変数の確率密度関数を

$$p = p(R_0, R_1, R_2, \cdots, R_n) \tag{8.92}$$

で表し，切替レベルを L とするとき，少なくとも n 回線が切替レベル以上にある確率 $P_{n,1}(L)$ は，

$$P_{n,1}(L) = \int_0^\infty \left[\int_L^\infty \int_L^\infty \cdots \int_L^\infty p\, dR_1 dR_2 \cdots dR_n\right] dR_0$$

$$+ \sum_{i=1}^n \int_0^L \left[\int_L^\infty \int_L^\infty \cdots \int_L^\infty p\, dR_0 dR_1 dR_2 \cdots dR_n dR_i^{-1}\right] dR_i \tag{8.93}$$

と求められる．ただし，R_0 は予備回線の受信包絡線レベルを表す変数で，dR_i^{-1} は $\prod_{j=0}^n dR_j$ から dR_i を除いて積分することを表す．

式 (8.93) において，右辺の第 1 項は現用回線がすべて切替レベル以上にある確率であり，第 2 項は予備回線を用いたために生ずる改善を示す項である．切替レベル L 以下に低下する確率 (低下確率) は次式で表される．

$$P = 1 - P_{n,1}(L) \tag{8.94}$$

図 8.10 は，現用 4 回線 ($k^2 = 0.998$) に相関のない予備 1 回線を配し，フェージング指数 m を変えた場合の低下確率の計算結果を示したものである．改善度評価

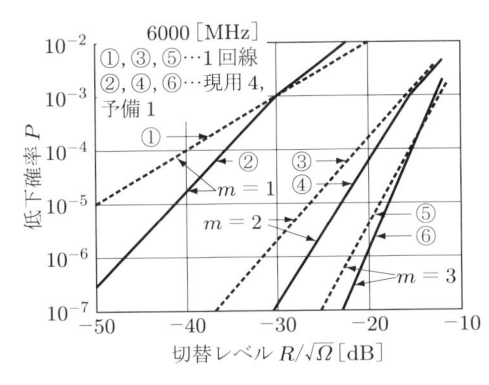

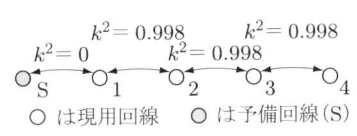

図 8.10 現用4, 予備1回線の場合の低下確率曲線の例
(m 分布フェージング通信路)
(仲上 稔, ほか：電気通信学会雑誌, 50巻,
3号 図15 (1967) より引用)

の基準になる1回線の低下確率を各フェージングの形について破線で示している．このような周波数切替ダイバーシティを用いた回線では，対数で表した低下確率は切替レベル [dB] に対してほとんど直線的に変化し，隣接回線間の相関係数が 0.9 以上になると切替効果は急激に悪くなる．また，予備1回線のとき，現用2回線以上では回線数による低下確率の変化は小さく，切替効果もそれほど変わらない．しかし，フェージングの形によって低下確率はきわめて大きく変化し，フェージング指数が1だけ増すと，約 10 000 分の1になり，切替効果もそれだけ改善される．

演習問題

8.1 仲上-ライスフェージング通信路において，2進FSK非同期受信の平均ビット誤り率の表現を求めよ．また，相関のない M 個のブランチを用いて最大比合成ダイバーシティ受信を行う場合の平均ビット誤り率を導け．

8.2 マイクロ波帯のディジタル回線では，周波数選択性フェージングによって伝送帯域内に生じる振幅偏差が品質劣化の支配的な要因である．帯域内の振幅傾斜が一次傾斜とみなせる場合には，帯域内振幅偏差は伝送帯域両端における受信信号包絡線 R_1 と R_2 の比

$$z = \frac{R_1}{R_2}$$

によって表される．R_1 と R_2 が相関のあるレイリー変数のとき，振幅偏差 z の確率密度関数と分布関数を導け．ただし，R_1 と R_2 の二乗平均値は等しいものとする．

― コラム ―

MIMO 通信路

　無線通信路のフェージング現象による受信 SNR の低下の影響を緩和するために，複数の受信アンテナを用いて，信号を適切に合成する受信ダイバーシティが有効であることを 8 章で述べた．このような無線通信路は，一般に，SIMO (single-input multiple-output) 通信路とよばれる．ここで，複数の受信アンテナだけではなく，複数の送信アンテナも用いる場合を考えよう．この場合，多入力多出力の無線通信路となり，MIMO (multiple-input multiple-output) 通信路とよばれる．図 8.11 に SIMO 通信路と MIMO 通信路の構成を示す．

　MIMO 通信路を活用して，複数 (M 個) の異なる送信信号を同一時間・同一周波数で送信すると，深刻な混信 (送信信号間干渉) を引き起こす．複数 (N 個) の受信信号を観測することができれば，N 個の方程式から成る M 元の連立方程式を考えることができ，$N > M$ であれば，M 個の解を求めることで送信信号の検出が可能となる．このような伝送は，空間分割多重 (space division multiplexing；SDM) 伝送とよばれ，有線ケーブルを無線空間に複数本並べた状況と同じ状況を意図的に作ることができる．原理的には，周波数利用効率を送信本数に応じて線形的に改善可能である．

　また，複数の信号を多重する SDM 伝送をするのではなく，一つの信号を適切に加工した上で複数の送信アンテナから送信することで，受信のみならず送信ダイバーシティ効果を得ることも可能である．ここで，SDM で伝送すべきか，あるいは送受信ダイバーシティを獲得するための伝送のどちらが適しているかといった疑問が生じる．最適な伝送は MIMO 通信路のフェージング伝達関数の状態に大きく依存しており，状態に応じて適応的に切り替えることが重要となる．

　昨今の携帯電話，無線 LAN 等の通信システムでは，MIMO 通信路を活用した SDM 伝送ならびに送受信ダイバーシティ技術により高速伝送を実現している．

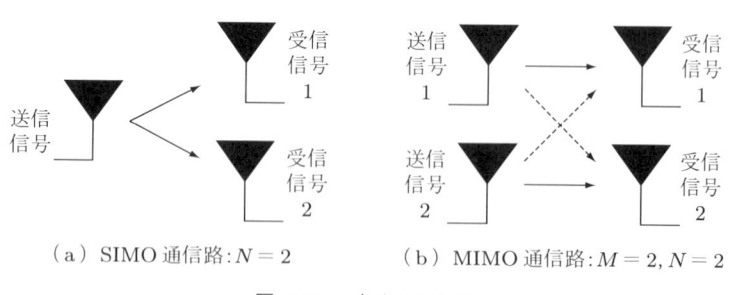

（a）SIMO 通信路：$N = 2$　　（b）MIMO 通信路：$M = 2, N = 2$

図 8.11　多次元通信路

(参考文献 [1])

演習問題解答とヒント

第 1 章

1.1 (1) $B_n = \dfrac{4}{T}\displaystyle\int_0^{T/2} \dfrac{2t}{T}\sin\dfrac{2\pi nt}{T}dt$. $u=t$, $v'=\sin\dfrac{2\pi nt}{T}$ とおいて部分積分法によるか，付録の積分公式 (1) を用いよ．

$$v(t)=-\dfrac{2}{\pi}\sum_{n=1}^{\infty}\dfrac{(-1)^n}{n}\sin\dfrac{2\pi nt}{T}=\dfrac{j}{\pi}\sum_{\substack{n=-\infty\\n\neq 0}}^{\infty}\dfrac{(-1)^n}{n}\exp\left(j\dfrac{2\pi nt}{T}\right)$$

(2) $A_0=\dfrac{2}{T}\displaystyle\int_0^{T/2}\left(1-\dfrac{2t}{T}\right)dt=\dfrac{1}{2}$, $A_n=\dfrac{4}{T}\displaystyle\int_0^{T/2}\left(1-\dfrac{2t}{T}\right)\cos\dfrac{2\pi nt}{T}dt$

$u=1-\dfrac{2t}{T}$, $v'=\cos\dfrac{2\pi nt}{T}$ とおいて，部分積分法を用いよ．

$$v(t)=\dfrac{1}{2}+\dfrac{4}{\pi^2}\sum_{n=1}^{\infty}\dfrac{1}{(2n-1)^2}\cos\dfrac{2\pi(2n-1)t}{T}$$

$$=\dfrac{1}{2}+\dfrac{2}{\pi^2}\sum_{n=-\infty}^{\infty}\dfrac{1}{(2n-1)^2}\exp\left[j\dfrac{2\pi(2n-1)t}{T}\right]$$

(3) $A_0=\dfrac{2}{T}\displaystyle\int_0^{T/2}\cos\dfrac{\pi t}{T}dt=\dfrac{2}{\pi}$, $A_n=\dfrac{4}{T}\displaystyle\int_0^{T/2}\cos\dfrac{\pi t}{T}\cos\dfrac{2\pi nt}{T}dt$

三角関数の積を和に直してから積分せよ．

$$v(t)=\dfrac{2}{\pi}+\dfrac{4}{\pi}\sum_{n=1}^{\infty}\dfrac{(-1)^n}{1-4n^2}\cos\dfrac{2\pi nt}{T}=\dfrac{2}{\pi}\sum_{n=-\infty}^{\infty}\dfrac{(-1)^n}{1-4n^2}\exp\left(j\dfrac{2\pi nt}{T}\right)$$

(4) 積分範囲を $(0,T)$ に選び，付録の積分公式 (5),(6) を用いよ．V_n を導くには式 (1.18) を利用するとよい $(t_0=0)$．

$$v(t)=\left[1-\exp\left(-\dfrac{T}{\tau}\right)\right]\left\{\dfrac{\tau}{T}+2\sum_{n=1}^{\infty}\dfrac{1}{\left(\dfrac{T}{\tau}\right)^2+(2\pi n)^2}\right.$$

$$\left.\cdot\left[\dfrac{T}{\tau}\cos\dfrac{2\pi nt}{T}+2\pi n\sin\dfrac{2\pi nt}{T}\right]\right\}$$

$$=\left[1-\exp\left(-\dfrac{T}{\tau}\right)\right]\sum_{n=-\infty}^{\infty}\dfrac{1}{\dfrac{T}{\tau}+j2\pi n}\exp\left(j\dfrac{2\pi nt}{T}\right)$$

1.2 三角パルス：$V(f)=A\displaystyle\int_{-\tau/2}^{\tau/2}\left(1-\dfrac{2|t|}{\tau}\right)\exp(-j2\pi ft)\,dt$

$$=2A\int_0^{\tau/2}\left(1-\frac{2t}{\tau}\right)\cos 2\pi ft\,dt$$

$u=1-\dfrac{2t}{\tau},\ v'=\cos 2\pi ft$ とおいて，部分積分法を用いよ．

余弦パルス：$V(f)=A\displaystyle\int_{-\tau/2}^{\tau/2}\cos\frac{\pi t}{\tau}\exp(-j2\pi ft)\,dt=2A\int_0^{\tau/2}\cos\frac{\pi t}{\tau}\cos 2\pi ft\,dt$

余弦関数の積を和に直して積分する．

二乗余弦パルス：$V(f)=A\displaystyle\int_{-\tau/2}^{\tau/2}\cos^2\frac{\pi t}{\tau}\exp(-j2\pi ft)\,dt$

$$=2A\int_0^{\tau/2}\cos^2\frac{\pi t}{\tau}\cos 2\pi ft\,dt=A\int_0^{\tau/2}\left(1+\cos\frac{2\pi t}{\tau}\right)\cos 2\pi ft\,dt$$

余弦関数の積は和に直して積分を行う．

片側指数パルス：$V(f)=A\displaystyle\int_0^{\infty}\exp\left[-\left(\frac{1}{\tau}+j2\pi f\right)t\right]dt=\frac{A\tau}{1+j2\pi f\tau}$

両側指数パルス：$V(f)=A\displaystyle\int_{-\infty}^{\infty}\exp\left(-\frac{|t|}{\tau}\right)\exp(-j2\pi ft)\,dt$

$$=2A\int_0^{\infty}\exp\left(-\frac{t}{\tau}\right)\cos 2\pi ft\,dt=\frac{2A\tau}{1+(2\pi f\tau)^2}$$

積分演算には付録の積分公式 (18) を用いよ．

ガウス形パルス：$V(f)=\displaystyle\int_{-\infty}^{\infty}A\exp\left(-\frac{t^2}{2\sigma^2}\right)\exp(-j2\pi ft)\,dt$

$$=A\exp(-2\pi^2\sigma^2 f^2)\int_{-\infty}^{\infty}\exp\left\{-\frac{1}{2\sigma^2}(t+j2\pi f\sigma^2)^2\right\}dt$$

$$=A\exp(-2\pi^2\sigma^2 f^2)\cdot\sqrt{2\pi\sigma^2}$$

積分演算には付録の公式 (12) を用いよ．

あるいは，$V(f)=2A\displaystyle\int_0^{\infty}\exp\left(-\frac{t^2}{2\sigma^2}\right)\cos 2\pi ft\,dt$ と変形し，付録の積分公式 (19) を利用してもよい．

1.3 $V(f)=-\displaystyle\int_{-\infty}^{0}\exp\{(a-j2\pi f)t\}\,dt+\int_0^{\infty}\exp\{-(a+j2\pi f)t\}\,dt=-\frac{j4\pi f}{a^2+(2\pi f)^2}$

$U(f)=\dfrac{1}{2}\left\{\delta(f)-\displaystyle\lim_{a\to 0}\frac{j4\pi f}{a^2+(2\pi f)^2}\right\}=\dfrac{1}{2}\delta(f)+\dfrac{1}{j2\pi f}$

1.4 $\displaystyle\int_{-\infty}^{\infty}\frac{d}{dt}v(t)\exp(-j2\pi ft)\,dt$

$$=\left[v(t)\exp(-j2\pi ft)\right]_{-\infty}^{\infty}+j2\pi f\int_{-\infty}^{\infty}v(t)\exp(-j2\pi ft)\,dt=j2\pi fV(f)$$

$$\int_{-\infty}^{\infty}\left\{\int_{-\infty}^{t}v(\tau)\,d\tau\right\}\exp(-j2\pi ft)\,dt=\int_{-\infty}^{\infty}\left\{\int_{-\infty}^{\infty}v(\tau)u(t-\tau)\,d\tau\right\}\exp(-j2\pi ft)\,dt$$

$$=\int_{-\infty}^{\infty}v(\tau)\left\{\int_{-\infty}^{\infty}\exp(-j2\pi ft)u(t-\tau)\,dt\right\}d\tau$$

$$= \int_{-\infty}^{\infty} v(\tau) \left\{ \frac{1}{j2\pi f} + \frac{1}{2}\delta(f) \right\} \exp(-j2\pi f\tau) \, d\tau = \frac{V(f)}{j2\pi f} + \frac{1}{2}V(0)\delta(f)$$

1.3 の結果を利用する．$u(t)$ は単位ステップ関数である．

1.5 $\displaystyle R(\tau) = \frac{A^2}{T} \int_{-T/2}^{T/2} \cos(2\pi f_0 t + \phi) \cos(2\pi f_0 [t+\tau] + \phi) \, dt$

$\displaystyle \quad\quad = \frac{A^2}{2T} \int_{-T/2}^{T/2} \{\cos 2\pi f_0 \tau + \cos(4\pi f_0 t + 2\pi f_0 \tau + 2\phi)\} \, dt$

$\displaystyle \quad\quad = \frac{A^2}{2} \cos 2\pi f_0 \tau \quad\quad$ ただし，$f_0 = 1/T$

$\displaystyle \quad S(f) = \frac{A^2}{2} \int_{-\infty}^{\infty} \cos 2\pi f_0 \tau \exp(-j2\pi f \tau) \, d\tau = \frac{A^2}{4} \{\delta(f-f_0) + \delta(f+f_0)\}$

1.6 区間 $0 \leqq \tau \leqq T/2$ では $\displaystyle R(\tau) = \frac{1}{T} \int_{-T/4}^{T/4-\tau} A^2 \, dt = \frac{A^2}{2}\left(1 - \frac{2\tau}{T}\right)$

$T/2 \leqq \tau \leqq T$ では $R(\tau) = 0$．自己相関関数は偶関数であるから，

$$R(\tau) = \begin{cases} \dfrac{A^2}{2}\left(1 - \dfrac{2|\tau|}{T}\right), & |\tau| \leqq T/2 \\ 0, & T/2 \leqq |\tau| \leqq T \end{cases}$$

となり，この形が周期 T で繰り返される．解図 1.1 (a) 参照．

演習問題 1.1 (2) 参照．$R(\tau)$ を複素フーリエ級数で表し，フーリエ変換する．

$$S(f) = \int_{-\infty}^{\infty} R(\tau) \exp(-j2\pi f\tau) \, d\tau$$

$$= \frac{A^2}{2} \int_{-\infty}^{\infty} \left\{ \frac{1}{2} + \frac{2}{\pi^2} \sum_{n=-\infty}^{\infty} \frac{1}{(2n-1)^2} \exp\left[j\frac{2\pi(2n-1)\tau}{T}\right] \right\} \exp(-j2\pi f\tau) d\tau$$

$$= \left(\frac{A}{2}\right)^2 \delta(f) + \left(\frac{A}{\pi}\right)^2 \sum_{n=-\infty}^{\infty} \frac{1}{(2n-1)^2} \delta\left(f - \frac{2n-1}{T}\right)$$

解図 1.1 (b) 参照．

解図 1.1

1.7 $\displaystyle R_{12}(\tau) = ABf_0 \int_{-1/2f_0}^{1/2f_0} \cos 2\pi f_0 t \sin 2\pi f_0 (t+\tau) \, dt$

$$= \frac{ABf_0}{2}\int_{-1/2f_0}^{1/2f_0}\left\{\sin(4\pi f_0 t+2\pi f_0\tau)+\sin 2\pi f_0\tau\right\}dt = \frac{AB}{2}\sin 2\pi f_0\tau$$

ただし，$f_0=1/T$

1.8 積分区間は $0\leqq t\leqq T$ に選ぶほうが簡単である．

$$R_{12}(\tau)=\begin{cases}\dfrac{1}{T}\left\{\displaystyle\int_0^{T/2-\tau}\dfrac{t}{T}dt+\int_{T-\tau}^T\dfrac{t}{T}dt\right\}=\dfrac{\tau}{2T}+\dfrac{1}{8}, & 0\leqq\tau\leqq\dfrac{T}{2}\\[2mm]\dfrac{1}{T}\displaystyle\int_{-\tau}^{T/2-\tau}\dfrac{t}{T}dt=\dfrac{1}{T}\left[\dfrac{t^2}{2T}\right]_{-\tau}^{T/2-\tau}=-\dfrac{\tau}{2T}+\dfrac{1}{8}, & -\dfrac{T}{2}\leqq\tau\leqq 0\end{cases}$$

相互相関関数は，基本周期区間において，

$$R_{12}(\tau)=\frac{|\tau|}{2T}+\frac{1}{8},\quad |\tau|\leqq\frac{T}{2}$$

と表され，周期 T で繰り返す周期関数になる．

1.9 積分を変数 t, λ, f の順に行う．

$$R(\tau)=\int_{-\infty}^{\infty}\left\{\int_{-\infty}^{\infty}V(f)\exp(j2\pi ft)\,df\right\}\left\{\int_{-\infty}^{\infty}V(\lambda)\exp\bigl[j2\pi(t+\tau)\lambda\bigr]d\lambda\right\}dt$$

$$=\int_{-\infty}^{\infty}V(f)\,df\int_{-\infty}^{\infty}V(\lambda)\exp(j2\pi\tau\lambda)\delta(\lambda+f)\,d\lambda$$

$$=\int_{-\infty}^{\infty}V(f)V(-f)\exp(-j2\pi\tau f)\,df=\int_{-\infty}^{\infty}|V(f)|^2\exp(j2\pi\tau f)\,df$$

1.10 $0\leqq\tau\leqq T$ の区間では，$R(\tau)=\displaystyle\int_{-T/2}^{T/2-\tau}A^2\,dt=A^2(T-\tau)$

自己相関関数は偶関数であるから，

$$R(\tau)=\begin{cases}A^2(T-|\tau|), & |\tau|\leqq T\\ 0, & |\tau|>T\end{cases}$$

と求められる．エネルギースペクトル密度は次式で表せる．

$$W(f)=\int_{-\infty}^{\infty}R(\tau)\exp(-j2\pi f\tau)\,d\tau=A^2\int_{-T}^T(T-|\tau|)\exp(-j2\pi f\tau)\,d\tau$$

$$=2A^2\int_0^T(T-\tau)\cos 2\pi f\tau\,d\tau$$

$u=T-\tau, v'=\cos 2\pi f\tau$ とおいて，部分積分法を用いると，次の結果が導かれる．

$$W(f)=A^2T^2\left(\frac{\sin\pi fT}{\pi fT}\right)^2=(AT)^2 S_a^{\,2}(\pi fT)$$

第2章

2.1 $P(x)=\dfrac{1}{2}\displaystyle\int_{-\infty}^x\exp(-|x|)\,dx=\begin{cases}\dfrac{1}{2}+\dfrac{1}{2}\displaystyle\int_0^x\exp(-x)\,dx=1-\dfrac{1}{2}\exp(-x), & x\geqq 0\\[2mm]\dfrac{1}{2}\displaystyle\int_{-\infty}^x\exp(x)\,dx=\dfrac{1}{2}\exp(x), & x<0\end{cases}$

$$\psi(\xi) = \frac{1}{2}\int_{-\infty}^{\infty} \exp(-|x|)\exp(-j\xi x)\,dx = \int_{0}^{\infty} \exp(-x)\cos\xi x\,dx = \frac{1}{1+\xi^2}$$

2.2 (1) $\overline{R^n} = \int_{0}^{\infty} R^n \cdot \frac{2m^m R^{2m-1}}{\Gamma(m)\Omega^m}\exp\left(-\frac{mR^2}{\Omega}\right) dR$

変数を $x = R^2$ と変換して, 付録の積分公式 (16) を用いる.

(2) 前問 (1) から $\overline{R^4} = \frac{\Gamma(m+2)}{\Gamma(m)}\left(\frac{\Omega}{m}\right)^2 = \left(1+\frac{1}{m}\right)\Omega^2$

したがって, $\frac{\Omega^2}{(R^2-\Omega)^2} = \frac{\Omega^2}{R^4-\Omega^2} = \frac{\Omega^2}{(1+1/m)\Omega^2-\Omega^2} = m$

(3) $P(R) = \frac{2m^m}{\Gamma(m)\Omega^m}\int_{0}^{R} R^{2m-1}\exp\left(-m\frac{R^2}{\Omega}\right) dR$

変数を $t = mR^2/\Omega$ と変換し, 不完全ガンマ関数の定義式 (2.103) を用いよ.

2.3 $q(z) = \dfrac{d}{dz}\mathrm{prob}\,(x+y\leq z)$ である. したがって, 次のように表される.

$$q(z) = \frac{d}{dz}\int_{-\infty}^{\infty} dx \int_{-\infty}^{z-x} p(x,y)\,dy = \int_{-\infty}^{\infty} p(x, z-x)\,dx$$

ガウス変数の 2 変数結合密度関数は, 平均値 0, 分散 σ^2 のとき, 式 (2.65) で与えられるから,

$$q(z) = \frac{1}{2\pi\sigma^2\sqrt{1-\rho^2}}\int_{-\infty}^{\infty} \exp\left\{-\frac{x^2-2\rho x(z-x)+(z-x)^2}{2\sigma^2(1-\rho^2)}\right\} dx$$

$$= \frac{1}{2\pi\sigma^2\sqrt{1-\rho^2}}\exp\left\{-\frac{z^2}{4\sigma^2(1+\rho)}\right\}\int_{-\infty}^{\infty}\exp\left\{-\frac{1}{\sigma^2(1-\rho)}\left(x-\frac{z}{2}\right)^2\right\} dx$$

$$= \frac{1}{\sqrt{2\pi(2\sigma^2)(1+\rho)}}\exp\left\{-\frac{z^2}{2(2\sigma^2)(1+\rho)}\right\}$$

$q(z)$ はまた, 特性関数を用いて求めてもよい. 特性関数は

$$\psi(\xi) = \int_{-\infty}^{\infty}\int_{-\infty}^{\infty}\exp\{-j\xi(x+y)\}\cdot\frac{1}{2\pi\sigma^2\sqrt{1-\rho^2}}\exp\left[-\frac{x^2-2\rho xy+y^2}{2\sigma^2(1-\rho^2)}\right] dxdy$$

$$= \exp\left[-\frac{\xi^2}{2}(2\sigma^2)(1+\rho)\right]$$

と表されるから, 確率変数 z は分散 $2\sigma^2(1+\rho)$ のガウス分布に従うことがわかる.

 一般的に, 平均値 m_1, m_2, 分散 $\sigma_1{}^2$, $\sigma_2{}^2$ のガウス変数の場合には, $z = x+y$ の特性関数は $\psi(\xi) = \exp\{-j\xi(m_1+m_2) - \xi^2(\sigma_1{}^2 + 2\rho\sigma_1\sigma_2 + \sigma_2{}^2)\}$ となる. それゆえ, z は平均値 m_1+m_2, 分散 $\sigma_1{}^2 + 2\rho\sigma_1\sigma_2 + \sigma_2{}^2$ をもつガウス変数になる.

2.4 (1) $\phi(0) = F(0) = \int_{0}^{\infty} p(R)\,dR = 1$

(2) $\dfrac{d^n}{dz^n}\phi(z) = \dfrac{d^n}{dz^n}\int_{0}^{\infty}\exp(-zR^2)p(R)\,dR = (-1)^n\int_{0}^{\infty} R^{2n}\exp(-zR^2)p(R)\,dR$

$z = 0$ とおくと, 式 (2.87) が得られる. あるいは, $\phi(z)$ を

$$\phi(z) = \int_{0}^{\infty} \exp(-zR^2)p(R)\,dR$$

$$= \int_0^\infty \left\{ 1 - zR^2 + \frac{(zR^2)^2}{2!} - \cdots + (-1)^n \frac{(zR^2)^2}{n!} + \cdots \right\} p(R) dR$$

$$= 1 - z\overline{R^2} + \frac{z^2}{2!}\overline{R^4} - \frac{z^3}{3!}\overline{R^6} + \cdots + (-1)^n \frac{z^n}{n!}\overline{R^{2n}} + \cdots$$

のように展開したのち，n 階微分し，$z=0$ とおいてもよい．

式 (2.84) において，ベッセル関数を展開すると次のようになる．

$$F(\lambda) = \int_0^\infty J_0(\lambda R) p(R) \, dR$$

$$= \int_0^\infty \left\{ 1 - \frac{\lambda^2}{(1!)^2}\left(\frac{R}{2}\right)^2 + \frac{(\lambda^2)^2}{(2!)^2}\left(\frac{R}{2}\right)^4 - \cdots + (-1)^n \frac{(\lambda^2)^n}{(n!)^2}\left(\frac{R}{2}\right)^{2n} + \cdots \right\} p(R) \, dR$$

$$= 1 - \frac{1}{(1!)^2}\left(\frac{\lambda^2}{2^2}\right)\overline{R^2} + \frac{1}{(2!)^2}\left(\frac{\lambda^2}{2^2}\right)^2 \overline{R^4} - \cdots + (-1)^n \frac{1}{(n!)^2}\left(\frac{\lambda^2}{2^2}\right)^n \overline{R^{2n}} + \cdots$$

λ^2 について n 階微分ののち，$\lambda=0$ とおくと，式 (2.88) が得られる．

(3) 式 (2.81) と式 (2.85) から，

$$\phi(z) = \int_0^\infty \exp(-zR^2) p(R) \, dR = \int_0^\infty R \exp(-zR^2) \left\{ \int_0^\infty \lambda J_0(\lambda R) F(\lambda) \, d\lambda \right\} dR$$

変数 R, λ の順に積分する．付録の公式 (24) を用いればよい．

2.5 変数を $x_1 = R\cos\theta$，$x_2 = R\sin\theta$ と変換すると次式が得られる．

$$p(R,\theta) = |J| p(x,y) = \frac{R}{2\pi\sigma^2\sqrt{1-\rho^2}} \exp\left[-\frac{R^2(1-\rho\sin 2\theta)}{2\sigma^2(1-\rho^2)}\right]$$

R の確率密度関数は $p(R) = \int_0^{2\pi} p(R,\theta) \, d\theta$ によって導かれる．付録の積分公式 (11) を利用せよ．

2.6 (1) 例題 2.3 参照．式 (2.114) において，$p(R_1)p(R_2)$ の代わりに式 (2.109) の結合確率密度を代入すればよい．

$$F(\lambda) = \int_0^\infty \int_0^\infty J_0(\lambda R_1) J_0(\lambda R_2)$$
$$\cdot \frac{4R_1 R_2}{\Omega_1 \Omega_2 (1-k^2)} \exp\left[-\frac{1}{1-k^2}\left(\frac{R_1^2}{\Omega_1} + \frac{R_1^2}{\Omega_2}\right)\right] I_0\left[\frac{2kR_1 R_2}{\sqrt{\Omega_1\Omega_2}(1-k^2)}\right] dR_1 dR_2$$

積分演算には，付録の公式 (37) を用いよ．

(2) 振幅 R の確率密度関数は，式 (2.85) から，次式で表される．

$$p(R) = R\int_0^\infty \lambda J_0(\lambda R) \exp\left[-\frac{\lambda^2}{4}(\Omega_1+\Omega_2)\right] I_0\left(\frac{k\lambda^2}{2}\sqrt{\Omega_1\Omega_2}\right) d\lambda$$

付録の積分公式 (32) を用いると，演習問題 2.5 と同じ結果が導かれる．

2.7 低域ランダム過程の場合は次のようになる．

$$R(\tau) = \int_{-\infty}^\infty \frac{a^2}{a^2+(2\pi f)^2} \exp(j2\pi f\tau) \, df = 2\int_0^\infty \frac{a^2}{a^2+(2\pi f)^2} \cos 2\pi f\tau \, df$$

積分演算には付録の積分公式 (9) を用いる．

狭帯域過程の場合には，各項の積分が

$$\int_{-\infty}^{\infty} \frac{\exp(j2\pi f\tau)}{a^2+4\pi^2(f\pm f_c)^2}\,df = \exp(j2\pi f_c\tau)\int_{-\infty}^{\infty}\frac{1}{a^2+4\pi^2 f^2}\cdot\exp(\pm j2\pi f\tau)\,df$$

$$= 2\exp(\pm j2\pi f_c\tau)\int_0^{\infty}\frac{\cos 2\pi f\tau}{a^2+4\pi^2 f^2}\,df = \frac{1}{2a}\exp\left(-a|\tau|\pm j2\pi f_c\tau\right)$$

となるから，$R(\tau) = \dfrac{a}{2}\exp(-a|\tau|)\cos 2\pi f\tau$, $-\infty < \tau < \infty$

2.8 (1) 付録の積分公式 (33) を用いよ．

(2) 電力相関係数は次式で定義される．

$$C(R_1{}^2, R_2{}^2) = \frac{\overline{(R_1{}^2-\Omega)(R_2{}^2-\Omega)}}{\sqrt{\overline{(R_1{}^2-\Omega)^2}}\cdot\sqrt{\overline{(R_2{}^2-\Omega)^2}}} = \frac{\overline{R_1{}^2 R_2{}^2}-\Omega^2}{\sqrt{\overline{(R_1{}^4-\Omega^2)}}\cdot\sqrt{\overline{(R_2{}^4-\Omega^2)}}}$$

付録の積分公式 (35) を用いると，$\overline{R_1{}^2 R_2{}^2} = \Omega^2(1+k^2)$．演習問題 2.2 (1) の関係式で，$m=1$（レイリー変数），$n=4$ とおくと，$\overline{R_1{}^4} = \overline{R_2{}^4} = 2\Omega^2$ である．

ゆえに，$C(R_1{}^2, R_2{}^2) = \dfrac{\Omega^2(1+k^2)-\Omega^2}{\Omega^2} = k^2$

第 3 章

3.1 二乗則回路の出力は次式で表される．

$$v_{\text{DSB}}{}^2(t) = A^2\left(\cos 2\pi f_m t \cos 2\pi f_c t\right)^2$$

$$= \left(\frac{A}{2}\right)^2\left\{1 + \cos 4\pi f_m t + \cos 4\pi f_c t + \frac{1}{2}\cos 4\pi(f_c+f_m)t\right.$$

$$\left. + \frac{1}{2}\cos 4\pi(f_c-f_m)t\right\}$$

中心周波数 $2f_c$ の帯域フィルタ出力は第 3 項である．したがって，1/2 分周器の出力は $v_o(t) = \left(\dfrac{A}{2}\right)^2\cos 2\pi f_c t = c(t)$ となり，基準搬送波が再生される．

3.2 二乗則回路の出力は

$$u(t) = k\{B + A(1+m_0(t))\cos 2\pi f_c t\}^2$$

$$= k\left\{B^2 + 2AB(1+m_0(t))\cos 2\pi f_c t + \frac{1}{2}A^2(1+m_0(t))^2(1+\cos 4\pi f_c t)\right\}$$

と表されるから，後続の低域フィルタ出力は次式のようになる．

$$u(t) = k\left\{B^2 + \frac{1}{2}A^2[1+m_0(t)]^2\right\} = kA^2\left\{\left(\frac{B}{A}\right)^2 + \frac{1}{2} + m_0(t) + \frac{1}{2}m_0^2(t)\right\}$$

直流分を除き，さらに条件 $|m_0(t)| \ll 2$ の下で，証明すべき関係が得られる．

3.3 式 (3.24) の右辺最大値に対して不等式が成り立てばよい．

簡単のため，$f(\theta) = \dfrac{\sin\theta}{1+m\cos\theta}$, $\theta = 2\pi f_m t_0$ とおいて，θ について微分し，最大値を

求める．$f(\theta)$ の最大は $\cos\theta = -m$, $\sin\theta = \sqrt{1-m^2}$ のときである．(最大値を求めているので，$\sin\theta$ は正の符号を選ぶ)

$$f_{\max}(\theta) = \frac{1}{\sqrt{1-m^2}}$$

したがって，証明すべき不等式が得られる．

3.4 (1) $v(t) = \sum_{k=1}^{N} \cos\{2\pi(f_c + f_k)t + \phi_k\}$. $v(t)$ は USB 信号である．

(2) (1)の結果より，LSB 信号は次式で表せる (USB 信号と位相は逆相になることに注意)．

$$v(t) = \sum_{k=1}^{N} \cos\{2\pi(f_c - f_k)t - \phi_k\}$$
$$= \sum_{k=1}^{N} \{\cos(2\pi f_k t + \phi_k)\cos 2\pi f_c t + \sin(2\pi f_k t + \phi)\sin 2\pi f_c t\}$$

(3) DSB 信号は USB 信号と LSB 信号の和であるから，

$$v(t) = \sum_{k=1}^{N} \{\cos(2\pi(f_c + f_k)t + \phi_k) + \cos(2\pi(f_c - f_k)t - \phi_k)\}$$
$$= 2\cos 2\pi f_c t \cdot \sum_{k=1}^{N} \cos(2\pi f_k t + \phi_k)$$

となる．これは搬送波と変調信号の積になっている．

3.5 (1) 同期検波における乗積の結果は

$$v_{\mathrm{VSB}}(t)\cos 2\pi f_c t = \{k\cos 2\pi(f_c - f_m)t + (1-k)\sin 2\pi(f_c + f_m)t\}\cos 2\pi f_c t$$
$$= \frac{1}{2}\cos 2\pi f_m t + \frac{1}{2}k\cos 2\pi(2f_c - f_m)t + \frac{1}{2}(1-k)\cos 2\pi(2f_c + f_m)t$$

となり，後続の低減フィルタには第 1 項の変調信号が得られる．

(2) VSB 信号に大きな振幅の局発搬送波 $A\cos 2\pi f_c t$ を加えると，

$$A\cos 2\pi f_c t + v_{\mathrm{VSB}}(t) = A\cos 2\pi f_c t + k\cos 2\pi(f_c - f_m)t + (1-k)\sin 2\pi(f_c + f_m)t$$
$$= (A + \cos 2\pi f_m t)\cos 2\pi f_c t + (2k-1)\sin 2\pi f_m t \cos 2\pi f_c t$$

と表せる．したがって，包絡線検波の出力は

$$R(t) = \sqrt{(A + \cos 2\pi f_m t)^2 + (2k-1)^2 \sin^2 2\pi f_m t}$$
$$= A\sqrt{1 + \frac{2}{A}\cos 2\pi f_m t + \frac{1}{A^2}\cos^2 2\pi f_m t + \frac{(2k-1)^2}{A^2}\sin^2 2\pi f_m t}$$
$$\approx A\left(1 + \frac{1}{A}\cos 2\pi f_m t\right) = A + \cos 2\pi f_m t, \quad A \gg 1$$

となり，直流成分を除くと変調信号 $m(t) = \cos 2\pi f_m t$ が復元される．

第 4 章

4.1 狭帯域 PM 波：$v_{\mathrm{PM}}(t) \approx A\cos 2\pi f_c t - A k_p m(t)\sin 2\pi f_c t$

$$= \frac{A}{2}\{\exp(j2\pi f_c t)+\exp(-j2\pi f_c t)\}$$

$$+ j\frac{k_p A}{2} m(t)\{\exp(j2\pi f_c t)-\exp(-j2\pi f_c t)\}$$

$$V_{\mathrm{PM}}(f) \approx \frac{A}{2}\{\delta(f-f_c)+\delta(f+f_c)\} + j\frac{k_p A}{2}\{M(f-f_c)+M(f+f_c)\}$$

狭帯域 FM 波：$v_{\mathrm{FM}}(t) \approx A\cos 2\pi f_c t - k_f A \left\{\int_{-\infty}^{t} m(t)\,dt\right\}\sin 2\pi f_c t$

$$= \frac{A}{2}\{\exp(j2\pi f_c t)+\exp(-j2\pi f_c t)\}$$

$$+ j\frac{k_f A}{2}\left\{\int_{-\infty}^{t} m(t)\,dt\right\}\{\exp(j2\pi f_c t)-\exp(-j2\pi f_c t)\}$$

$$V_{\mathrm{FM}}(f) \approx \frac{A}{2}\{\delta(f-f_c)+\delta(f+f_c)\} + j\frac{k_f A}{2}\{G(f-f_c)-G(f+f_c)\}$$

ただし，$G(f)=\dfrac{M(f)}{j2\pi f}$ である．

4.2 $n=\beta+1$ 番目以下のスペクトルに含まれる電力の全電力 $A^2/2$ に対する比を η とすると，式 (4.40)，(4.41) より

$$\eta = J_0^{\,2}(\beta) + 2\sum_{n=1}^{\beta+1} J_n^{\,2}(\beta)$$

と表せる．

$\beta=1$ のとき

$\eta = 0.7652^2 + 2(0.4401^2 + 0.1149^2) = 0.9993\cdots > 0.98$

$\beta=2$ のとき

$\eta = 0.2239^2 + 2(0.5767^2 + 0.3528^2 + 0.1286^2) = 0.9973\cdots > 0.98$

以下同様にして確かめよ．

4.3 $B/\Delta F = 2(1+1/\beta)$． 解図 4.1 参照．

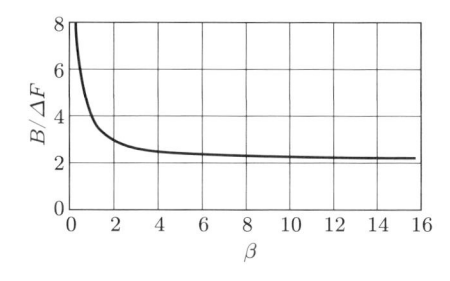

解図 4.1

4.4 (1) 瞬時周波数：$f_i(t) = 2 \times 10^5 + 0.5 \times 50 \cos(2\pi \times 50t)$ [Hz]
したがって，$\Delta F = 25$ [Hz]，$\beta = \dfrac{\Delta F}{f_m} = \dfrac{25}{50} = 0.5$

(2) FM 波を 64 倍の周波数逓倍器に通すと，大括弧内が 64 倍される．それゆえ，出力信号の搬送波周波数は $f_c = 2 \times 10^5 \times 64$ [Hz] $= 12.8$ [MHz]
最大周波数偏移は $\Delta F = 25 \times 64$ [Hz] $= 1.6$ [kHz]，$\beta = 0.5$

　混合器を通過すると，入力信号の搬送波周波数は $12.8 - 10.8 = 2$ [MHz] に移動するが，最大周波数偏移や変調指数はもとのままである．

　48 倍の周波数逓倍器を通すと，出力に現れる FM 波の搬送波周波数は $f_c = 2 \times 48 = 96$ [MHz] になり，$\Delta F = 1.6 \times 48$ [Hz] $= 76.8$ [kHz]，$\beta = 32 \times 48 = 1536$ となる．

4.5 (1) $|m(t)|_{\max} = 6$. 　$m'(t) = -10\pi f_0 \sin 2\pi f_0 t - 10\pi f_0 \sin 10\pi f_0 t$
したがって，$|m'(t)|_{\max} = 20\pi f_0 = 4\pi f_m$
式 (4.98) から $\left(\dfrac{S}{N}\right)_{o(\mathrm{FM})} \bigg/ \left(\dfrac{S}{N}\right)_{o(\mathrm{PM})} = \dfrac{3}{(2\pi f_m)^2} \left(\dfrac{4\pi f_m}{6}\right)^2 = \dfrac{1}{3}$

(2) $|m(t)|_{\max} = 6$. 　$m'(t) = -2\pi f_0 \sin 2\pi f_0 t - 50\pi f_0 \sin 10\pi f_0 t$
したがって，$|m'(t)|_{\max} = 52\pi f_0 = \dfrac{52}{5}\pi f_m$

$$\left(\dfrac{S}{N}\right)_{o(\mathrm{FM})} \bigg/ \left(\dfrac{S}{N}\right)_{o(\mathrm{PM})} = \dfrac{3}{(2\pi f_m)^2} \left(\dfrac{52\pi f_m}{30}\right)^2 = \dfrac{169}{72}$$

(3) $m(t) = \dfrac{1}{4}(3\cos 2\pi f_0 t + \cos 6\pi f_0 t)$, $m'(t) = \dfrac{1}{4}(-6\pi f_0 \sin 2\pi f_0 t - 6\pi f_0 \sin 6\pi f_0 t)$
したがって，$|m(t)|_{\max} = 1$，$|m'(t)|_{\max} = 3\pi f_0 = \pi f_m$

$$\left(\dfrac{S}{N}\right)_{o(\mathrm{FM})} \bigg/ \left(\dfrac{S}{N}\right)_{o(\mathrm{PM})} = \dfrac{3}{(2\pi f_m)^2}(\pi f_m)^2 = \dfrac{3}{4}$$

4.6 $A \gg r(t)$ の場合，瞬時位相角 $kg(t)$ を基準位相にすると，
$$v(t) = A\cos[2\pi f_c t + kg(t)] + r(t)\cos[2\pi f_c t + kg(t) + \theta(t) - kg(t)]$$
$$= \{A + r(t)\cos[\theta(t) - kg(t)]\}\cos[2\pi f_c t + kg(t)]$$
$$- r(t)\sin[\theta(t) - kg(t)]\sin[2\pi f_c t + kg(t)]$$

と表されるから，$v(t)$ の瞬時位相角は次式になる．
$$\phi(t) = kg(t) + \tan^{-1}\dfrac{r(t)\sin[\theta(t) - kg(t)]}{A + r(t)\cos[\theta(t) - kg(t)]}$$

$A \ll r(t)$ の場合には，$kg(t)$ と $\theta(t)$，A と $r(t)$ を交換すればよい．
　$\phi(t)$ は雑音の瞬時位相角 $\theta(t)$ を基準にして，次のように表される．
$$\phi(t) = \theta(t) + \tan^{-1}\dfrac{A\sin[kg(t) - \theta(t)]}{r(t) + A\cos[kg(t) - \theta(t)]}$$

これらの近似式として，証明すべき関係が得られる．

4.7 エンファシスを用いない場合，第 M 番目チャネルの検波後雑音電力は次式で与えられる．

第 4 章

4.1 狭帯域 PM 波：$v_{\text{PM}}(t) \approx A\cos 2\pi f_c t - Ak_p m(t) \sin 2\pi f_c t$

$$= \frac{A}{2}\{\exp(j2\pi f_c t) + \exp(-j2\pi f_c t)\}$$

$$+ j\frac{k_p A}{2} m(t)\{\exp(j2\pi f_c t) - \exp(-j2\pi f_c t)\}$$

$$V_{\text{PM}}(f) \approx \frac{A}{2}\{\delta(f-f_c) + \delta(f+f_c)\} + j\frac{k_p A}{2}\{M(f-f_c) + M(f+f_c)\}$$

狭帯域 FM 波：$v_{\text{FM}}(t) \approx A\cos 2\pi f_c t - k_f A \left\{\int_{-\infty}^{t} m(t)\,dt\right\} \sin 2\pi f_c t$

$$= \frac{A}{2}\{\exp(j2\pi f_c t) + \exp(-j2\pi f_c t)\}$$

$$+ j\frac{k_f A}{2}\left\{\int_{-\infty}^{t} m(t)\,dt\right\}\{\exp(j2\pi f_c t) - \exp(-j2\pi f_c t)\}$$

$$V_{\text{FM}}(f) \approx \frac{A}{2}\{\delta(f-f_c) + \delta(f+f_c)\} + j\frac{k_f A}{2}\{G(f-f_c) - G(f+f_c)\}$$

ただし，$G(f) = \dfrac{M(f)}{j2\pi f}$ である．

4.2 $n = \beta + 1$ 番目以下のスペクトルに含まれる電力の全電力 $A^2/2$ に対する比を η とすると，式 (4.40), (4.41) より

$$\eta = J_0{}^2(\beta) + 2\sum_{n=1}^{\beta+1} J_n{}^2(\beta)$$

と表せる．

$\beta = 1$ のとき

$$\eta = 0.7652^2 + 2(0.4401^2 + 0.1149^2) = 0.9993\cdots > 0.98$$

$\beta = 2$ のとき

$$\eta = 0.2239^2 + 2(0.5767^2 + 0.3528^2 + 0.1286^2) = 0.9973\cdots > 0.98$$

以下同様にして確かめよ．

4.3 $B/\Delta F = 2(1 + 1/\beta)$.　　解図 4.1 参照.

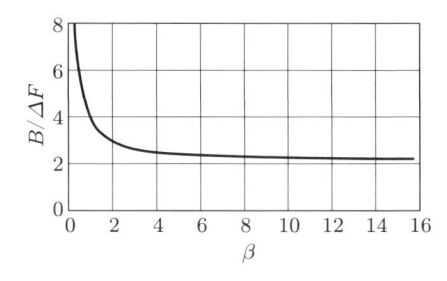

解図 4.1

4.4 (1) 瞬時周波数： $f_i(t) = 2 \times 10^5 + 0.5 \times 50 \cos(2\pi \times 50t)$ [Hz]

したがって，$\Delta F = 25$ [Hz]，$\beta = \dfrac{\Delta F}{f_m} = \dfrac{25}{50} = 0.5$

(2) FM 波を 64 倍の周波数逓倍器に通すと，大括弧内が 64 倍される．それゆえ，出力信号の搬送波周波数は $f_c = 2 \times 10^5 \times 64$ [Hz] $= 12.8$ [MHz]
最大周波数偏移は $\Delta F = 25 \times 64$ [Hz] $= 1.6$ [kHz]，$\beta = 0.5$

混合器を通過すると，入力信号の搬送波周波数は $12.8 - 10.8 = 2$ [MHz] に移動するが，最大周波数偏移や変調指数はもとのままである．

48 倍の周波数逓倍器を通すと，出力に現れる FM 波の搬送波周波数は $f_c = 2 \times 48 = 96$ [MHz] になり，$\Delta F = 1.6 \times 48$ [Hz] $= 76.8$ [kHz]，$\beta = 32 \times 48 = 1536$ となる．

4.5 (1) $|m(t)|_{\max} = 6$．　$m'(t) = -10\pi f_0 \sin 2\pi f_0 t - 10\pi f_0 \sin 10\pi f_0 t$

したがって，$|m'(t)|_{\max} = 20\pi f_0 = 4\pi f_m$

式 (4.98) から $\left(\dfrac{S}{N}\right)_{o(\mathrm{FM})} \bigg/ \left(\dfrac{S}{N}\right)_{o(\mathrm{PM})} = \dfrac{3}{(2\pi f_m)^2} \left(\dfrac{4\pi f_m}{6}\right)^2 = \dfrac{1}{3}$

(2) $|m(t)|_{\max} = 6$．　$m'(t) = -2\pi f_0 \sin 2\pi f_0 t - 50\pi f_0 \sin 10\pi f_0 t$

したがって，$|m'(t)|_{\max} = 52\pi f_0 = \dfrac{52}{5}\pi f_m$

$$\left(\dfrac{S}{N}\right)_{o(\mathrm{FM})} \bigg/ \left(\dfrac{S}{N}\right)_{o(\mathrm{PM})} = \dfrac{3}{(2\pi f_m)^2} \left(\dfrac{52\pi f_m}{30}\right)^2 = \dfrac{169}{72}$$

(3) $m(t) = \dfrac{1}{4}(3\cos 2\pi f_0 t + \cos 6\pi f_0 t)$, $m'(t) = \dfrac{1}{4}(-6\pi f_0 \sin 2\pi f_0 t - 6\pi f_0 \sin 6\pi f_0 t)$

したがって，$|m(t)|_{\max} = 1$，$|m'(t)|_{\max} = 3\pi f_0 = \pi f_m$

$$\left(\dfrac{S}{N}\right)_{o(\mathrm{FM})} \bigg/ \left(\dfrac{S}{N}\right)_{o(\mathrm{PM})} = \dfrac{3}{(2\pi f_m)^2}(\pi f_m)^2 = \dfrac{3}{4}$$

4.6 $A \gg r(t)$ の場合，瞬時位相角 $kg(t)$ を基準位相にすると，

$$v(t) = A\cos[2\pi f_c t + kg(t)] + r(t)\cos[2\pi f_c t + kg(t) + \theta(t) - kg(t)]$$
$$= \{A + r(t)\cos[\theta(t) - kg(t)]\}\cos[2\pi f_c t + kg(t)]$$
$$- r(t)\sin[\theta(t) - kg(t)]\sin[2\pi f_c t + kg(t)]$$

と表されるから，$v(t)$ の瞬時位相角は次式になる．

$$\phi(t) = kg(t) + \tan^{-1}\dfrac{r(t)\sin[\theta(t) - kg(t)]}{A + r(t)\cos[\theta(t) - kg(t)]}$$

$A \ll r(t)$ の場合には，$kg(t)$ と $\theta(t)$，A と $r(t)$ を交換すればよい．

$\phi(t)$ は雑音の瞬時位相角 $\theta(t)$ を基準にして，次のように表される．

$$\phi(t) = \theta(t) + \tan^{-1}\dfrac{A\sin[kg(t) - \theta(t)]}{r(t) + A\cos[kg(t) - \theta(t)]}$$

これらの近似式として，証明すべき関係が得られる．

4.7 エンファシスを用いない場合，第 M 番目チャネルの検波後雑音電力は次式で与えられる．

$$N_o = \frac{N}{A^2 B} \int_{(M-1)f_m}^{Mf_m} f^2\, df = \frac{N}{3A^2 B}\{(Mf_m)^3 - (M-1)^3 f_m^3\} \approx \frac{NM^2 f_m^3}{A^2 B}, \quad M \gg 1$$

エンファシスを用いる場合，変調信号の電力スペクトル密度を $S(f)$ と表すと，プレエンファシス・フィルタ前後の電力は変わらないことから，次式が成立つ．

$$\int_{-Mf_m}^{Mf_m} S(f)\, df = \int_{-Mf_m}^{Mf_m} |H_p(f)|^2 S(f)\, df$$

フィルタの伝達関数を $|H_p(f)|^2 = K f^2 \left(|H_d(f)|^2 = \dfrac{1}{Kf^2}\right)$ とおき，$S(f)$ の形状が平坦であることから，定数 K は $K = \dfrac{3}{(Mf_m)^2}$ と求められる．

ディエンファシス・フィルタの出力雑音電力は次式で与えられる．

$$N_{od} = \frac{N}{A^2 B}\int_{(M-1)f_m}^{Mf_m} f^2 |H_d(f)|^2\, df = \frac{N}{A^2 B}\frac{M^2 f_m^2}{3}\int_{(M-1)f_m}^{Mf_m} df = \frac{NM^2 f_m^3}{3A^2 B}$$

上記の結果より，SN 比改善度 (雑音電力の軽減度) は，$\eta = N_o/N_{od} \approx 3 = 4.8$ [dB] となる．

第5章

5.1 波形 $m(t)$ の周波数スペクトル密度は

$$M(f) = \begin{cases} 1, & |f| \leqq B/2 \\ 0, & |f| > B/2 \end{cases}$$

波形の最高周波数は $B/2$ であるから，$f_s = 2(B/2) = B$，$T_s = 1/B$ となる．

波形 $m^2(t)$ の周波数スペクトル密度は，畳み込み積分によって次式のように表される．

$$M(f) \otimes M(f) = \int_{-\infty}^{\infty} M(\lambda) M(f-\lambda)\, d\lambda = \begin{cases} B - |f|, & |f| \leqq B \\ 0, & |f| > B \end{cases}$$

ゆえに，波形 $m^2(t)$ のナイキスト周波数と時間間隔は $f_s = 2B$，$T_s = 1/(2B)$ である．

波形のナイキスト周波数と時間間隔を知るには最高周波数だけがわかればよい．波形 $m^n(t)$ の最高周波数は $nB/2$ ゆえ，$f_s = nB$，$T_s = 1/(nB)$ となる．

5.2 周期方形パルス列は式 (5.23) で表されるから，その周波数スペクトル密度は

$$S_p(f) = \frac{A\tau}{T} \sum_{n=-\infty}^{\infty} S_a\left(\frac{n\pi\tau}{T}\right) \delta\left(f - \frac{n}{T}\right)$$

となる．したがって，

$$\begin{aligned}
V_{\text{PAM}}(f) &= \int_{-\infty}^{\infty} V(f-\lambda) S_p(\lambda)\, d\lambda \\
&= \frac{A\tau}{T} \sum_{n=-\infty}^{\infty} S_a\left(\frac{n\pi\tau}{T}\right) \int_{-\infty}^{\infty} V(f-\lambda) \delta\left(\lambda - \frac{n}{T}\right) d\lambda \\
&= \frac{A\tau}{T} \sum_{n=-\infty}^{\infty} S_a\left(\frac{n\pi\tau}{T}\right) V\left(f - \frac{n}{T}\right)
\end{aligned}$$

が得られる．

5.3 周期方形パルス列のフーリエ級数表示として，例題 1.1 の式 (1.22) を用いると，PWM 波は次のように表される．

$$v_{\text{PWM}}(t) = \frac{A}{T}(\tau - \Delta\tau \sin 2\pi f_m t)$$
$$+ \frac{2A}{\pi}\sum_{n=1}^{\infty}\frac{1}{n}\sin\left\{\frac{n\pi}{T}(\tau - \Delta\tau \sin 2\pi f_m t)\right\}\cos\frac{2\pi n t}{T}$$

$$= \frac{A}{T}(\tau - \Delta\tau \sin 2\pi f_m t)$$
$$+ \frac{2A}{\pi}\sum_{n=1}^{\infty}\frac{1}{n}\sin\frac{n\pi\tau}{T}\cos\left(\frac{n\pi\Delta\tau}{T}\sin 2\pi f_m t\right)\cos\frac{2\pi n t}{T}$$
$$- \frac{2A}{\pi}\sum_{n=1}^{\infty}\frac{1}{n}\cos\frac{n\pi\tau}{T}\sin\left(\frac{n\pi\Delta\tau}{T}\sin 2\pi f_m t\right)\cos\frac{2\pi n t}{T}$$

ここで，$\cos\left(\dfrac{n\pi\Delta\tau}{T}\sin 2\pi f_m t\right)$，$\sin\left(\dfrac{n\pi\Delta\tau}{T}\sin 2\pi f_m t\right)$ を式 (4.36)，(4.37) のベッセル関数による展開公式を用いて書き直すと，証明すべき表現が得られる．

5.4 量子化出力信号の平均電力は，ガウス分布信号：$S_q = \sigma^2 = \left(\dfrac{2^{n-1}a}{4}\right)^2$

方形波信号：$S_q = \sigma^2 = \left(\dfrac{2^n-1}{2}a\right)^2$　正弦波信号の場合：$S_q = \dfrac{1}{2}\left(\dfrac{2^n-1}{2}a\right)^2$

量子化雑音電力は $N_q = a^2/2$ で変わらない．これらから表 5.2 の量子化 SN 比が求められる．

第 6 章

6.1 (1) $Q(x, 0) = \exp\left(-\dfrac{x^2}{2}\right)\displaystyle\int_0^\infty \exp\left(-\dfrac{t^2}{2}\right) I_0(xt) t\, dt = 1$

付録の積分公式 (27) を用いよ．

(2) $Q(0, y) = \displaystyle\int_y^\infty t\exp\left(-\dfrac{t^2}{2}\right) dt = \left[-\exp\left(-\dfrac{t^2}{2}\right)\right]_y^\infty = \exp\left(-\dfrac{y^2}{2}\right)$

(3) Q 関数の定義式 (6.11) を代入し，変数 x, t の順に積分すればよい．付録の積分公式 (27) 参照．

6.2 (1) $\text{erfc}(-x) = \dfrac{2}{\sqrt{\pi}}\displaystyle\int_{-x}^\infty \exp(-t^2)\, dt = \dfrac{2}{\sqrt{\pi}}\int_{-\infty}^x \exp(-t^2)\, dt$

したがって，

$$\text{erfc}(x) + \text{erfc}(-x) = \frac{2}{\sqrt{\pi}}\left[\int_x^\infty \exp(-t^2)\, dt + \int_{-\infty}^x \exp(-t^2)\, dt\right]$$
$$= \frac{2}{\sqrt{\pi}}\int_{-\infty}^\infty \exp(-t^2)\, dt = 2$$

最後の積分は付録の公式 (12) 参照．あるいは，平均値 0, 分散 1/2 のガウス確率密度関数の正規化の条件 (式 (2.7)) を用いてもよい．

(2) 部分積分法を用いる：$\mathrm{erfc}(x) = \dfrac{2}{\sqrt{\pi}} \displaystyle\int_x^\infty \dfrac{1}{t} \cdot t \exp(-t^2)\,dt$

$= \dfrac{2}{\sqrt{\pi}} \left[\dfrac{1}{t} \cdot \left\{ -\dfrac{1}{2}\exp(-t^2) \right\} \right]_x^\infty + \dfrac{2}{\sqrt{\pi}} \displaystyle\int_x^\infty \dfrac{1}{t^2} \cdot \left\{ -\dfrac{1}{2}\exp(-t^2) \right\} dt$

$= \dfrac{1}{x\sqrt{\pi}} \exp(-x^2) - \dfrac{1}{\sqrt{\pi}} \displaystyle\int_x^\infty \dfrac{1}{t^2} \exp(-t^2)\,dt$

変数 x が大きくなるにつれて，第 1 項が優勢になる．

6.3 P_e を微分して最小値を求める．
$$\frac{d}{d\alpha} P_e = \frac{\alpha}{2} \exp\left(-\frac{\alpha^2}{2}\right) \left[\exp(-\gamma) I_0(\alpha\sqrt{2\gamma}) - 1 \right] = 0$$
したがって，P_e が最小となる条件は，$I_0(\alpha\sqrt{2\gamma}) \exp(-\gamma) = 1$．

6.4 前問と同様に微分すると
$$\frac{d}{d\alpha} P_e = \frac{1}{2\sqrt{2\pi}} \exp\left(-\frac{\alpha^2}{2}\right) \left\{ \exp[-\sqrt{\gamma}(-\alpha\sqrt{2}+\sqrt{\gamma})] - 1 \right\} = 0$$
となるから，P_e が最小になる条件は $\alpha\sqrt{2} - \sqrt{\gamma} = 0$. すなわち，$u_T = A/2$.

6.5 MSK に用いる二つの波形の周波数差は $\Delta F = 1/(2T_b) = f_b/2$，ビットレートは $f_m = f_b$ である．式 (4.16) の定義式との対応から，変調指数は $\beta = \Delta F / f_m = 0.5$ となる．

6.6 シンボルを構成する任意番目のビットに着目すると，正しいシンボルを除いた残りの $2^k - 1$ の系列のうち，$2^{k-1} - 1$ とおりではビットは同じ値になり，残りの 2^{k-1} とおりの組合わせについてはビットが異なる値になる．

6.7 信号を含むフィルタの出力包絡線は仲上 - ライス分布，雑音だけを含む $M-1$ 個のフィルタ出力の包絡線はレイリー分布である．雑音のみを含むフィルタの少なくとも一つ以上の出力がレベル R を超える確率は
$$P_e(R) = 1 - \left[\int_0^R \frac{r}{N} \exp\left(-\frac{r^2}{2N}\right) dr \right]^{M-1} = \sum_{k=1}^{M-1} (-1)^{k+1} {}_{M-1}C_k \exp\left(-\frac{kR^2}{2N}\right)$$
で与えられる．したがって，符号誤り率は次式で表される．
$$P_e = \int_0^\infty P_e(R) \cdot \frac{R}{N} \exp\left(-\frac{R^2+A^2}{2N}\right) I_0\left(\frac{AR}{N}\right) dR$$
$$= \exp\left(-\frac{A^2}{2N}\right) \sum_{k=1}^{M-1} (-1)^{k+1} {}_{M-1}C_k \int_0^\infty \frac{R}{N} \exp\left[-\frac{(1+k)R^2}{2N}\right] I_0\left(\frac{AR}{N}\right) dR$$
積分演算には付録の公式 (27) を用いよ．

6.8 (1) 原点と最大振幅 A をもつ信号点を結ぶ線分を斜辺にもつ二等辺三角形を考える．縦または横の 1 列当たりの信号点の数は $\sqrt{M}$ であるから，$\dfrac{A}{\sqrt{2}} = d_M \dfrac{\sqrt{M}}{2} \dfrac{1}{2}$ が成り立ち，$d_M = \dfrac{\sqrt{2}}{\sqrt{M}-1} A$ が得られる．

(2) ある信号点から見て，最小信号間距離 d_M のところに位置する隣接信号点の数は 2 個，3 個，4 個の 3 種類であり，全体での個数は，それぞれ 4, $4(\sqrt{M}-2)$, $(\sqrt{M}-2)^2$ になる．したがって，M 値 QAM で正しくシンボルが判定される確率は

$$P_c = \frac{1}{M}\left[4P_{c1} + 4(\sqrt{M}-2)P_{c2} + (\sqrt{M}-2)^2 P_{c3}\right]$$

ここで，P_{c1}, P_{c2}, P_{c3} は 16QAM の場合の式 (6.102)〜(6.104) において，d の代わりに d_M としたものである．それゆえ，次の結果が得られる．

$$P_c = \left[1 - \left(1 - \frac{1}{\sqrt{M}}\right)\mathrm{erfc}\left(\frac{d_M}{2\sqrt{2N}}\right)\right]^2$$

シンボル誤り率は

$$P_e = 1 - P_c = 1 - \left[1 - \left(1 - \frac{1}{\sqrt{M}}\right)\mathrm{erfc}\left\{\frac{\sqrt{2\gamma_p}}{2(\sqrt{M}-1)}\right\}\right]^2$$

と求められる．SN 比が大きく，$\gamma_p \gg 1$ の条件の下で，証明すべき関係が成り立つ．

第 7 章

7.1 簡単のために $x = 2\pi BT$ とおき，式 (7.8) を x について微分する．

$$\frac{d}{dx}\frac{\gamma_p}{\gamma_{p\,\mathrm{opt}}} = 2\frac{[2x\exp(-x) + \exp(-x) - 1][1 - \exp(-x)]}{x^2}$$

$$= 2\frac{[2x + 1 - \exp(x)][\exp(x) - 1]}{x^2 \exp(2x)} = 0$$

より，$\gamma_p/\gamma_{p\,\mathrm{opt}}$ が最大となるのは $\exp(x) = 2x + 1$ のときである．解は $x \approx 1.25$，すなわち，$BT \approx 0.2$．この値を式 (7.8) に代入すると，$\gamma_p/\gamma_{p\,\mathrm{opt}} \approx 0.816$

7.2 インパルス応答は式 (7.43) より求められる．

$$h(t) = \begin{cases} k'\exp[a(t-T)], & 0 \leq t \leq T \\ 0, & t < 0,\ t > T \end{cases}$$

伝達関数はインパルス応答のフーリエ変換である．それゆえ，

$$H(f) = \int_0^T k'\exp[a(t-T)]\exp(-j2\pi ft)\,dt = k'\exp(-aT)\frac{\exp[(a-j2\pi f)T] - 1}{a - j2\pi f}$$

7.3 出力応答 $s_o(T)$ は

$$s_o(T) = \int_0^T s(t)h(T-t)\,d\tau = -A^2 \int_0^T \sin 2\pi(f_c + \Delta f)t \sin 2\pi f_c(T-t)\,dt$$

$$= \frac{A^2}{2}\int_0^T \{\cos 2\pi(\Delta ft + f_c T) - \cos[2\pi(2f_c + \Delta f)t - 2\pi f_c T]\}\,dt$$

と表せる．$T \gg 1/f_c$ だから，右辺第 2 項の積分はほとんど 0 とみなしてもよく，次のように近似できる．

$$s_o(T) \approx \frac{A^2}{2}\int_0^T \cos 2\pi(\Delta ft + f_c T)\,dt = \frac{A^2 T}{2}\left(\frac{\sin \pi \Delta fT}{\pi \Delta fT}\right)\cos 2\pi\left(f_c + \frac{\Delta f}{2}\right)T$$

さらに，$\Delta f \ll f_c$ であることから

$$s_o(T) \approx \frac{A^2 T}{2}\left(\frac{\sin \pi \Delta f T}{\pi \Delta f T}\right) \cos 2\pi f_c T$$

となる．周波数が Δf が $1/T$ またはその整数倍離れている信号に対しては $\sin \pi \Delta f T = 0$ となるので，整合フィルタの出力は現れない．したがって，漏話のない検波が可能である．

第8章

8.1 SN比 $\gamma = R^2/(2N)$ の確率密度関数は，式 (2.93) あるいは式 (8.33) から，

$$p(\gamma) = \frac{1+\eta}{\gamma_0} \exp\left\{-\frac{(1+\eta)\gamma}{\gamma_0} - \eta\right\} I_0\left[2\sqrt{\frac{\eta(1+\eta)\gamma}{\gamma_0}}\right]$$

ただし，γ_0 は平均SN比で $\gamma_0 = (R_0^2 + \sigma)/2N$, $\eta = R_0^2/\sigma$

2進FSK非同期受信の平均ビット誤り率は

$$\overline{P_e} = \frac{1}{2}\int_0^\infty \exp\left(-\frac{\gamma}{2}\right)\cdot\frac{1+\eta}{\gamma_0}\exp\left\{-\frac{(1+\eta)\gamma}{\gamma_0}-\eta\right\} I_0\left[2\sqrt{\frac{\eta(1+\eta)\gamma}{\gamma_0}}\right] d\gamma$$

ここで，$\gamma = x^2$ と置き換え，付録の公式 (27) を用いると，次の結果が得られる．

$$\overline{P_e} = \frac{1}{2}\cdot\frac{1+\eta}{1+\eta+\gamma_0/2}\exp\left\{-\frac{1}{2}\cdot\frac{\eta\gamma_0}{1+\eta+\gamma_0/2}\right\}$$

平均ビット誤り率は，式 (2.81) の特性関数を用いると，$\overline{P_e} = \frac{1}{2}[\phi(z)]_{z=1/(4N)}$ と表せる．仲上 - ライス分布の特性関数は式 (2.95) で与えられるから，この関係を用いても同じ結果が得られる．

相関のない M 枝の最大比合成ダイバーシティ受信の場合，出力包絡線の確率密度関数は，

$$p(R) = \frac{2R^M}{\sigma(\sqrt{M}R_0)^{M-1}}\exp\left\{-\frac{R^2+MR_0^2}{\sigma}\right\} I_{M-1}\left(\frac{2\sqrt{M}RR_0}{\sigma}\right)$$

と表される．この分布は一般化された仲上 - ライス分布とよばれる．特性関数は式 (2.95) の M 乗で，

$$\phi(z) = \frac{1}{(1+\sigma z)^M}\exp\left(-\frac{MzR_0^2}{1+\sigma z}\right)$$

となるから，求める平均ビット誤り率は，次のように導かれる．

$$\overline{P_e} = \frac{1}{2}[\phi(z)]_{z=1/(4N)} = \frac{1}{2}\left(\frac{1+\eta}{1+\eta+\gamma_0/2}\right)^M \exp\left\{-\frac{1}{2}\cdot\frac{M\eta\gamma_0}{1+\eta+\gamma_0/2}\right\}$$

8.2 式 (8.27) で $m=1$ とおいて，変数変換 $z = R_1/R_2$, $w = R_2$ を行う．ヤコビアンは $J = \left|\dfrac{\partial(R_1, R_2)}{\partial(z, w)}\right| = w$ となるから，

$$p(z,w) = \frac{4zw^3}{\Omega^2(1-k^2)} \exp\left\{-\frac{(1+z^2)w^2}{\Omega(1-k^2)}\right\} I_0\left[\frac{2kzw^2}{\Omega(1-k^2)}\right]$$

比 z の確率密度関数は付録の積分公式 (23) を用いると,

$$p(z) = \int_0^\infty p(z,w)\,dw = \frac{2(1-k^2)z(1+z^2)}{[(1+z^2)^2 - 4k^2z^2]^{3/2}} = \frac{2(1-k^2)z(1+z^2)}{[(1-z^2)^2 + 4(1-k^2)z^2]^{3/2}}$$

となる. 確率分布関数は次式の積分で表される.

$$P(z) = \int_0^z p(x)\,dx = 2(1-k^2) \int_0^z \frac{x(1+x^2)}{|1-x^2|^3 [1 + 4(1-k^2)x^2/(1-x^2)^2]^{3/2}}\,dx$$

$0 \leqq z < 1$ の場合について変数変換 $t = \dfrac{4(1-k^2)x^2}{(1-x^2)^2}$ を行い,付録の積分公式 (7) によると,次式が得られる. $Z = \dfrac{4(1-k^2)z^2}{(1-z^2)^2}$ とする.

$$P(z) = \frac{1}{4} \int_0^Z \frac{dt}{(1+t)^{3/2}} = \frac{1}{2}\left\{1 - \frac{1-z^2}{\sqrt{(1-z^2)^2 + 4(1-k^2)z^2}}\right\}$$

$$= \frac{1}{2}\left\{1 - \frac{1-z^2}{\sqrt{(1+z^2)^2 - 4k^2z^2}}\right\}$$

$z \geqq 1$ の場合についても同一の結果が得られる.

参 考 文 献

[1] 大鐘 武雄, 小川 恭孝：わかりやすい MIMO システム技術, オーム社, 2008 年.
[2] 小川 英光：標本化定理と染谷 勲, 電子情報通信学会誌, Vol.50, No.8, 2006-08.
[3] 岡 育生：ディジタル通信の基礎, 森北出版, 2009 年.
[4] 岡田 敏美：ペットボトル鉱石ラジオの解体新書, 電子情報通信学会誌, Vol.87, No.8, 2004-08.
[5] 奥井 重彦：電子通信工学のための特殊関数とその応用, 森北出版, 1997 年.
[6] 奥井 重彦：仲上 m フェージングチャネル, 電子情報通信学会誌, Vo.86, No.12, 2003-12.
[7] 奥村 善久, 進上 昌明：移動通信の基礎, 電子通信学会, 1986 年.
[8] 尾佐竹 徇, 戸田 巌：通信方式の基礎, 現代電気工学講座, オーム社, 1982 年.
[9] 越知 博：シミュレーションで学ぶディジタル信号処理, CQ 出版社, 2001 年
[10] 樫木 勘四郎, 森永 規彦, 滑川 敏彦：Switch and Stay ダイバーシチにおける最適切換レベル, 電子通信学会論文誌, Vol. 64-B, No. 3, 1981-03.
[11] 桑原 守二：ディジタルマイクロ波通信, 企画センター, 1985 年.
[12] 小檜山 賢二, 村瀬 武弘, 山後 純一, 小牧 省三, 斉藤 洋一, 中谷 清一郎：256 QAM マイクロ波無線中継方式, 電子情報通信学会誌, Vol. 73, No. 8, 1990-08.
[13] 斉藤 洋一：ディジタル無線通信の変復調, 電子情報通信学会, 1997 年.
[14] 三瓶 政一, 阪口 啓 監修：無線分散ネットワーク, 電子情報通信学会, 2011 年.
[15] 三瓶 政一：ディジタルワイヤレス伝送技術, ピアソンエデュケーション, 2002 年.
[16] 関 英男訳 (S. スタイン, J. J. ジョーンズ著)：現代の通信回線理論, 森北出版, 1976 年.
[17] 瀧 保夫：通信方式, コロナ社, 1964 年.
[18] 竹下 鉄夫, 吉川 英機：通信工学, コロナ社, 2010 年.
[19] 仲上 稔：短波の特性および合成受信の研究, 修教社, 1947 年.
[20] 仲上 稔, 宮垣 嘉也, 来村 俊, 峰松 正気：マイクロ波回線の切替方式における切替効果の研究, 電子通信学会雑誌, Vol. 50, No. 3, 1967-03.
[21] 滑川 敏彦, 曽我部 秀一訳 (J. ハンコック, P. ウインツ著)：信号検出理論, 森北出版, 1974 年.
[22] 平松 哲二：通信方式, 電子通信学会大学シリーズ, コロナ社, 1986 年.
[23] 宮垣 嘉也, 森永 規彦, 滑川 敏彦：非選択性フェージングのある PSK 通信回線におけるダイバーシチ改善効果, 電子通信学会論文誌 (B), Vol. 58-B, No. 9, 1975-09.
[24] 宮脇 一男：雑音解析, 朝倉書店, 1975 年.

[25] 森口 繁一, 宇田川 銈久, 一松 信：数学公式 [I]～[III], 岩波全書, 岩波書店, 1975 年.

[26] 森永 規彦, 宮垣 喜也, 滑川 敏彦：最適受信機 [I]～[V], 電子通信学会雑誌, Vol. 67, No. 5～9, 1984-05～09.

[27] 山中 惣之助, 宇佐美 興一訳 (B. P. ラシイ著)：詳解ディジタル・アナログ通信方式 (上)(下), HBJ 出版局, 1985 年.

[28] 山中 惣之助, 宇佐美 興一訳 (ラシイ著)：通信方式 情報伝送の基礎, マグロウヒルブック, 1986 年.

[29] 和田山 正：誤り訂正技術の基礎, 森北出版, 2010 年.

[30] Bateman, H. : Tables of Integral Transforms, Vols. 1 and 2 (ed. Erdelyi, A., et al.), McGraw-Hill, 1954.

[31] Bateman, H. : Higher Transcendental Functions, Vols. 1～3 (ed. Erdelyi, A., et al.), McGraw-Hill, 1953.

[32] Campbell, G. A. and Foster, R. M. : Fourier Integrals for Practical Applications, D. Van Nostrand, 1967.

[33] Davenport, Jr., W. B. and Root, W. L. : An Introduction to the Theory of Random Signals and Noise, McGraw-Hill, 1958.

[34] Hoyt, R. S. : Probability functions for the modulus and angle of the normal complex variate, BSTJ, Vol.26, No.26, 1947-04.

[35] Lüke, H. D. : The origins of the sampling theorem, IEEE Commun. Mag. 1999-04.

[36] Miyagaki, M., Morinaga, N., and Namekawa, T. : Error probability characteristics for CPSK signal through m-distributed fading channel, IEEE Trans. Commun., COM-26, No. 1, January, 1978.

[37] Morita, K. : Prediction of Rayleigh fading occurrence probability of line-of-sight microwave links, Review of the Electrical Communication Laboratory, Vol. 18, No. 11-12, November-December, 1970.

[38] Nakagami, M. : The m-distribution–a general formula of intensity distribution of rapid fading, Statistical Methods of Radio Wave Propagation (ed. W. C. Hoffman), Pergamon Press, 1960.

[39] Nakagami, M. : On the intensity distribution $(2R/\sqrt{\alpha\beta})\exp[-(R^2/2)(1/\alpha + 1/\beta)]I_0[(R^2/2)(1/\beta - 1/\alpha)]$ and its application to signal statistics, Radio Science, Journal of Research NBS, Vol. 68D, No. 9, September, 1964.

[40] Nuttall, A. H. : Some integrals involving the Q-function, NUSC Technical Report 4297, 1972.

[41] Rice, S. O. : Mathematical analysis of random noise, Bell Systems Technical Journal, Vol. 23, No. 3, 1944 and Vol. 24, No. 1, 1945.

[42] Schwartz, M., Bennett, W. R., and Stein, S. : Communication Systems and Techniques, McGraw-Hill, 1966.

[43] Schwartz, M. : Information Transmission, Modulation, and Noise, International Student Edition, McGraw-Hill Kogakusha, 1970.

[44] Taub, H. and Schilling, D. L. : Principles of Communication Systems, Second Edition, McGraw-Hill, 1986.

付　録

付録1　積分公式

$$\int x \sin ax \, dx = \frac{1}{a^2}(\sin ax - ax \cos ax) \tag{1}$$

$$\int x \cos ax \, dx = \frac{1}{a^2}(\cos ax + ax \sin ax) \tag{2}$$

$$\int \exp(-px) \, dx = -\frac{1}{p} \exp(-px) \tag{3}$$

$$\int x \exp(-px) \, dx = -\frac{px+1}{p^2} \exp(-px) \tag{4}$$

$$\int \exp(-px) \sin ax \, dx = -\frac{a \cos ax + p \sin ax}{p^2 + a^2} \exp(-px) \tag{5}$$

$$\int \exp(-px) \cos ax \, dx = \frac{a \sin ax - p \cos ax}{p^2 + a^2} \exp(-px) \tag{6}$$

$$\int_0^a \frac{dx}{(1+x)^{3/2}} \, dx = 2\left(1 - \frac{1}{\sqrt{1+a}}\right) \tag{7}$$

$$\int_0^a \frac{x^{m-1}}{(1+x)^{m+1/2}} \, dx = \frac{a^m/m}{[(1+a)(1+Z)]^m} \, {}_2F_1(m, \, 1-m; m+1; Z)$$
$$\text{ただし}, \, Z = 2\left(1 - \frac{1}{\sqrt{1+a}}\right), \, m > 0 \tag{8}$$

$$\int_0^\infty \frac{\cos cx}{a^2 + b^2 x^2} \, dx = \frac{\pi}{2ab} \exp\left(-\frac{a}{b}|c|\right), \quad a > 0, \, b > 0 \tag{9}$$

$$\int_{-\infty}^\infty \left(\frac{\sin x}{x}\right)^2 dx = \pi \tag{10}$$

$$\int_0^{2\pi} \exp(z \sin 2\theta) \, d\theta = \frac{1}{2} \int_0^\pi \exp(z \sin \theta) \, d\theta = \pi I_0(z) \tag{11}$$

$$\int_{-\infty}^\infty \exp(-px^2) \, dx = \sqrt{\frac{\pi}{p}}, \quad p > 0 \tag{12}$$

$$\int_{-\infty}^\infty \exp(-px^2) x^{2m} \, dx = \frac{1 \cdot 3 \cdot 5 \cdots (2m-1)}{(2p)^m} \sqrt{\frac{\pi}{p}}$$
$$m = 1, 2, 3, \cdots \quad p > 0 \tag{13}$$

$$\int_0^\infty \exp(-px)\,dx = \frac{1}{p}, \quad p > 0 \tag{14}$$

$$\int_0^\infty \exp(-px) x^{m-1}\,dx = \frac{\Gamma(m)}{p^m}, \quad p > 0,\ m > 0$$
$$m = 1, 2, 3, \cdots \text{ならば} \quad \Gamma(m) = (m-1)! \tag{15}$$

$$\int_0^\infty \exp(-px^2) x^{2m-1}\,dx = \frac{\Gamma(m)}{2p^m}, \quad p > 0,\ m > 0 \tag{16}$$

$$\int_0^\infty \exp(-px) \sin(ax)\,dx = \frac{a}{p^2 + a^2}, \quad p > 0 \tag{17}$$

$$\int_0^\infty \exp(-px) \cos(ax)\,dx = \frac{p}{p^2 + a^2}, \quad p > 0 \tag{18}$$

$$\int_0^\infty \exp(-px^2) \cos(ax)\,dx = \frac{\sqrt{\pi}}{2\sqrt{p}} \exp\left(-\frac{a^2}{4p}\right), \quad p > 0 \tag{19}$$

$$\int_0^\infty \exp(-px) \operatorname{erfc}(a\sqrt{x})\,dx = \frac{1}{p}\left(1 - \frac{a}{\sqrt{p+a^2}}\right), \quad p > 0 \tag{20}$$

$$\int_0^\infty \exp(-px) \operatorname{erfc}(a\sqrt{x}) x^{m-1}\,dx$$
$$= \frac{\Gamma\left(m + \frac{1}{2}\right)}{\sqrt{\pi} m (p+a^2)^m} {}_2F_1\left(\frac{1}{2}, m; m+1; \frac{p}{p+a^2}\right), \quad p > 0,\ m > 0 \tag{21}$$

$$\int_0^\infty \exp(-px) I_0(ax)\,dx = \frac{1}{\sqrt{p^2 - a^2}}, \quad p > a > 0 \tag{22}$$

$$\int_0^\infty \exp(-px) I_0(ax) x\,dx = \frac{p}{(p^2 - a^2)^{3/2}}, \quad p > a > 0 \tag{23}$$

$$\int_0^\infty \exp(-px^2) J_0(ax) x\,dx = \frac{1}{2p} \exp\left(-\frac{a^2}{4p}\right), \quad p > 0 \tag{24}$$

$$\int_0^\infty \exp(-px^2) J_1(ax)\,dx = \frac{1}{a}\left[1 - \exp\left(-\frac{a^2}{4p}\right)\right], \quad p > 0 \tag{25}$$

$$\int_0^\infty \exp(-px^2) J_0(ax) x^{m-1}\,dx = \frac{\Gamma\left(\frac{m}{2}\right)}{2p^{\frac{m}{2}}} {}_1F_1\left(\frac{m}{2} : 1 : -\frac{a^2}{4p}\right), \quad p > 0,\ m > 0 \tag{26}$$

$$\int_0^\infty \exp(-px^2) I_0(ax) x\,dx = \frac{1}{2p} \exp\left(\frac{a^2}{4p}\right), \quad p > 0 \tag{27}$$

$$\int_0^\infty \exp(-px^2) I_0(ax) x^3\,dx = \frac{1}{2p^2}\left(1 + \frac{a^2}{4p}\right) \exp\left(\frac{a^2}{4p}\right), \quad p > 0 \tag{28}$$

$$\int_0^\infty \exp(-px^2) I_{m-1}(ax) x^m \, dx = \frac{a^{m-1}}{(2p)^m} \exp\left(\frac{a^2}{4p}\right), \quad p > 0, \; m > 0 \tag{29}$$

$$\int_0^\infty \exp(-px^2) J_0(ax) J_0(bx) x \, dx = \frac{1}{2p} I_0\left(\frac{ab}{2p}\right) \exp\left(-\frac{a^2+b^2}{4p}\right), \quad p > 0 \tag{30}$$

$$\int_0^\infty \exp(-px^2) I_0(ax) J_0(bx) x \, dx = \frac{1}{2p} J_0\left(\frac{ab}{2p}\right) \exp\left(\frac{a^2-b^2}{4p}\right), \quad p > 0 \tag{31}$$

$$\int_0^\infty \exp(-px^2) I_0(ax^2) J_0(2bx) x \, dx = \frac{1}{2\sqrt{p^2-a^2}} \exp\left(-\frac{pb^2}{p^2-a^2}\right) I_0\left(\frac{ab^2}{p^2-a^2}\right),$$
$$p > a > 0 \tag{32}$$

$$\int_0^\infty \int_0^\infty \exp(-px^2 - qy^2) I_0(2axy) xy \, dxdy = \frac{1}{4(pq-a^2)}, \quad p > 0, \; q > 0 \tag{33}$$

$$\int_0^\infty \int_0^\infty \exp(-px^2 - qy^2) I_0(2axy) (xy)^2 \, dxdy$$
$$= \frac{1}{8(1-k^2)^2 \sqrt{p^3 q^3}} [2\boldsymbol{E}(k) - (1-k^2)\boldsymbol{K}(k)]$$
ただし，$k^2 = a^2/pq, \; p > 0, \; q > 0$ \hfill (34)

$\boldsymbol{K}(k)$ と $\boldsymbol{E}(k)$ はそれぞれ第1種，第2種の完全楕円積分である．

$$\int_0^\infty \int_0^\infty \exp(-px^2 - qy^2) I_0(2axy)(xy)^3 \, drdy = \frac{pq + a^2}{4(pq-a^2)^3}, \quad p > 0, \; q > 0 \tag{35}$$

$$\int_0^\infty \int_0^\infty \exp(-px^2 - qy^2) I_{m-1}(2axy)(xy)^m \, dxdy = \frac{\Gamma(m) a^{m-1}}{4(pq-a^2)^m},$$
$$p > 0, \; q > 0, \; pq > a^2, \; m > 0 \tag{36}$$

$$\int_0^\infty \int_0^\infty \exp(-px^2 - qy^2) J_0(ax) J_0(by) I_0(2cxy) xy \, dxdy$$
$$= \frac{1}{4(pq-c^2)} I_0(X) \exp(-Y)$$
ただし，$X = \dfrac{abc}{2(pq-c^2)}, \quad Y = \dfrac{pb^2 + qa^2}{4(pq-c^2)} \quad p > 0, \; q > 0, \; pq > c^2$ \hfill (37)

付録2　ベッセル関数 $J_n(\beta)$ の表

n \ β	1	2	3	4	5	6	7	8	9	10
0	0.7652	0.2239	−0.2601	−0.3971	−0.1776	0.1506	0.3001	0.1717	−0.0903	−0.2459
1	0.4401	0.5767	0.3391	−0.0660	−0.3276	−0.2767	−0.0047	0.2346	0.2453	0.0435
2	0.1149	0.3528	0.4861	0.3641	0.0466	−0.2429	−0.3014	−0.1130	0.1448	0.2546
3	0.0196	0.1289	0.3091	0.4302	0.3648	0.1148	−0.1676	−0.2911	−0.1809	0.0584
4	0.0025	0.0340	0.1320	0.2811	0.3912	0.3576	0.1578	−0.1054	−0.2655	−0.2196
5	0.0000	0.0070	0.0430	0.1321	0.2611	0.3621	0.3479	0.1858	−0.0550	−0.2341
6	0.0000	0.0012	0.0114	0.0491	0.1310	0.2458	0.3392	0.3376	0.2043	−0.0145
7	0.0000	0.0000	0.0025	0.0152	0.0534	0.1296	0.2336	0.3206	0.3275	0.2167
8	0.0000	0.0000	0.0005	0.0040	0.0184	0.0565	0.1280	0.2235	0.3051	0.3179
9	0.0000	0.0000	0.0001	0.0009	0.0055	0.0212	0.0589	0.1263	0.2149	0.2919
10	0.0000	0.0000	0.0000	0.0002	0.0015	0.0070	0.0235	0.0608	0.1247	0.2075
11	0.0000	0.0000	0.0000	0.0000	0.0004	0.0020	0.0083	0.0256	0.0622	0.1231
12	0.0000	0.0000	0.0000	0.0000	0.0001	0.0005	0.0027	0.0096	0.0274	0.0634
13	0.0000	0.0000	0.0000	0.0000	0.0000	0.0001	0.0008	0.0033	0.0108	0.0290
14	0.0000	0.0000	0.0000	0.0000	0.0000	0.0000	0.0002	0.0010	0.0039	0.0120
15	0.0000	0.0000	0.0000	0.0000	0.0000	0.0000	0.0001	0.0003	0.0013	0.0045

索引

■ 英数字

16QAM 159
16QAM のシンボル誤り率　160
AD 変換器　126
AM　60, 75
ASK　132
CDMA　130
CN 比　75, 97, 135
DA 変換器　126
DFT　28
DPSK　147
DPSK のビット誤り率　149
DPSK の平均ビット誤り率 (フェージング通信路)　196, 198, 209
DSB　60
DSB の同期検波　62
DSB-SC　61
ED　186
FDM　78
FDMA　130
FFT　28
FM　83
FM 検波器　94
FSK　140
FSK の同期検波　142
FSK のビット誤り率　142, 144, 185
FSK の非同期 (包絡線) 検波　141
FSK の平均ビット誤り率 (フェージング通信路)　196, 197, 198
LDPC　164
LSB　61
M 進信号　151
M 値 QAM　163
M 値 QAM のシンボル誤り率　163
m 分布　45, 59, 192, 197
m 分布の確率分布関数　45
m 分布の確率密度関数　45, 192

m 分布の多変数 (n 変数) 確率密度関数　210
m 分布の特性関数　45
m 分布の 2 変数 (結合) 確率密度関数　193
MASK　152
MDPSK　153
MFSK　152, 163
MIMO 通信路　212
MPSK　152, 158
MPSK のシンボル誤り率　158
MSK　155, 157
NBFM　86
OFDMA　130
OOK　132
OOK の同期検波　137
OOK のビット誤り率　135, 138, 185
OOK の非同期 (包絡線) 検波　137
OQPSK　155
PM　83
PAM　114
PCM　120
PPM　118
PSK　144
PSK の同期検波　152
PSK のビット誤り率　146, 185
PSK の平均ビット誤り率 (フェージング通信路)　196, 198, 207, 209
PWM　118
QAM　73, 159
QPSK　153
RC 高域フィルタ　9
RC 低域フィルタ　9, 167
RL 低域フィルタ　167
RLC 帯域フィルタ　170
SDM　212
SIMO 通信路　212
SN 比　73, 97, 135

索　引

SN 比改善度　103
SSB　69, 77
SSB の同期検波　71
SSB-SC　69
TDM　125
TDMA　130
USB　61
VCO　83
VSB　72, 77
VSB の同期検波　72
WBFM　88

■ あ 行

アームストロングの間接法　93
誤り訂正　164
位相オフセット　63
位相シフトキーイング　144
位相推移法　70
位相スペクトル　2
位相の確率密度関数　54
位相変調 (PM)　83
一様フェージング　189
一様分布　33, 54, 56
インパルス列　7
インパルス応答　21, 169, 171, 175, 176
ウィーナー - ヒンチンの定理　48
エキスパンダ　127
エネルギー検出　186
エネルギースペクトル密度　19
エルゴード過程　30
オフセット QPSK　155
オンオフキーイング　132
オンオフパルス　121

■ か 行

ガウス形パルス　14
ガウス雑音　52
ガウスの超幾何関数　198
ガウスフィルタ　168
ガウス分布　32
ガウス分布の確率分布関数　32
ガウス分布の確率密度関数　32, 37, 137, 138, 143, 145
ガウス分布の特性関数　37

ガウス分布の 2 変数 (結合) 確率密度関数　40
ガウス分布の 2 変数 (結合) 特性関数　40
ガウス分布の多変数 (n 変数) 確率密度関数　42
ガウス分布の多変数 (n 変数) 特性関数　42
確定過程　1
角度ダイバーシティ　200
角度変調　82
確率素分　31
確率分布関数　31
確率密度関数　32
下側波帯 (LSB)　61
カーソンの法則　90
片側指数パルス　14
カットオフ周波数　10
過変調　65
可変容量ダイオード　93
カルネン - レーベ展開　182
完全楕円積分　234
ガンマ関数　45
期待値　30
逆ハンケル変換　43
逆フーリエ変換　12
逆ラプラス変換　43
狭帯域 FM (NBFM)　86
狭帯域雑音　51
強度 (インパルスの)　7
共分散　39
共分散行列式　41
局発搬送波　62, 71, 72, 73, 108, 145
切替ダイバーシティ　201
空間ダイバーシティ　199
空間分割多重伝送　212
繰り返し符号　164
クリック雑音　105
警報誤り　135
結合モーメント　39
検波　62
広帯域 FM　88
高速フーリエ変換　28
合流形超幾何関数　45
コグニティブセンシング　186
コグニティブ無線　186

誤差関数　32
誤差補関数 (余関数)　32, 138, 139, 163
コヒーレンス時間幅　190
コヒーレンス帯域幅　190
コヒーレント検波　62, 65, 137, 142, 144
コンパンダ　127
コンプレッサ　127

■さ 行

最小シフトキーイング　155
再生中継器　122
最大位相偏移　84
最大周波数偏移　84
最大比合成ダイバーシティ　201
最適切替レベル　208
最適受信機　181
最適信号検出　166
最適スレショルド　136
最適フィルタ　174
雑音　29
雑音軽減度　103
差動位相シフトキーイング　147
三角パルス　13, 179
残留側波帯変調　72
時間ダイバーシティ　200
時間平均　29
自己相関関数　22, 47
指数形相関係数　210
指数パルス　14
指数分布　36
指数分布の確率分布関数　57
指数分布の確率密度関数　57
指数分布の特性関数　57
指数変調　82
自然標本化　115
時分割多元接続　130
時分割多重伝送　125
時変線形フィルタ　188
シャノン限界　160, 164
周期　1
周期波形　1
集合平均　29
周波数オフセット　63
周波数切替ダイバーシティ　209

周波数シフトキーイング　140
周波数スペクトル　3
周波数スペクトル密度　12
周波数ダイバーシティ　199
周波数逓倍器　94
周波数分割多元接続　130
周波数分割多重伝送　78
周波数変調　83
周波数弁別器　94
周辺積分　39
主搬送波　80
シュワルツの不等式　173
準最適フィルタ　166
瞬時周波数　83
乗積検波器　62
乗積的　189
上側波帯　61
ショット雑音　29
信号棄却の誤り　135
信号対雑音電力比 (SN 比)　73
振幅シフトキーイング　132
振幅スペクトル　2
振幅制限器　97
振幅変調　60
シンボル誤り率　153
スイッチアンドステイ方式　207
ステレオ AM ラジオ放送　73
ステレオ FM ラジオ放送　108
スパイク雑音　105
スペース (信号)　133, 140, 145, 147
スレショルド効果　76, 100
正規化電力　10
正弦積分　171
整合フィルタ　175
正領域ランダム変数　43
整流検波器　67
積分器　11, 83
積分放電フィルタ　178
線形系　8
選択ダイバーシティ　200
選択性フェージング　189
相関係数　39, 151, 184
相関受信機　179
相互エネルギースペクトル密度　24

相互相関関数　23, 49
相互電力スペクトル密度　23, 49

■ た 行

帯域内振幅偏差　211
ダイバーシティ　199
多元接続　130
多重路広がり　190
畳み込み (積分)　18
畳み込み符号　164
多変数 (n 変数) 確率分布関数　41
多変数 (n 変数) 確率密度関数　41
多変数 (n 変数) 特性関数　42
ターボ符号　164
単位インパルス　13
単位ステップ関数　7, 26
単位ステップパルス　13
単純マルコフ鎖状形相関　209
単側波帯搬送波抑圧変調　69
単側波帯変調　69
遅延検波　147
中心極限定理　52
直線変調器　66
直交　151
直交位相 PSK　153
直交周波数分割多元接続　130
直交振幅変調　73, 159
通常の振幅変調　60, 64, 75
通信路符号化　164
低域信号　60
低域直交成分　52
低域同相成分　52
ディエンファシス　102
定常過程　30
低密度パリティチェック符号　164
デルタ関数 (ディラックの)　6, 18
電圧可変リアクタンス法　93
電圧制御発振器　93
伝達関数　8
電力スペクトル　11
電力スペクトル密度　20, 23, 48
電力相関係数　59, 209
等価低域フィルタ　188
同期検波　62, 137

等利得合成ダイバーシティ　201
特性関数　36, 43
特性関数法　37
独立　39, 202
ドップラー広がり　190

■ な 行

ナイキスト間隔　112
ナイキストの標本化周波数　111
仲上 - ホイト分布　58, 59
仲上 - ホイト分布の確率密度関数　58
仲上 - ライス分布　44, 55, 59, 192
仲上 - ライス分布の確率分布関数　44
仲上 - ライス分布の確率密度関数　44, 134, 142, 149, 192, 194
仲上 - ライス分布の特性関数　45
2 次元フーリエ変換　40
二乗則回路　37, 80
二乗余弦パルス　14, 132
2 変数 (結合) 確率分布関数　39, 46
2 変数 (結合) 確率密度関数　39
2 変数 (結合) 特性関数　40
ノイマンの加法定理　47

■ は 行

パイロット搬送波 (信号)　63, 71, 108
白色雑音　50, 74, 97, 167, 175
パーシバルの定理　19
パルス位置変調　118
パルス振幅変調　114
パルス幅変調　118
パルス符号変調　120
パルス変調　109
半ガウス分布　192
ハンケル変換　43
ハンケル変換形の特性関数　43, 193
搬送波　60
搬送波再生回路　63
搬送波対雑音電力比　75
反平行　151
非線形変調器　66
非選択性フェージング　189
非周期 (孤立) 波形　12
ビット誤り率　133, 153

非同期 (包絡線) 検波　67, 133, 141
微分器　83
被変調波　60
標本化　110
標本化関数　5
標本化定理　109
ヒルベルト変換　70
フィルタ法　69
フェージング　43, 59, 187
フェージング通信路　188
フォスター‑シーリーの周波数弁別器　96
不完全ガンマ関数　45
複素形のフーリエ級数　2
複素共役　3, 9
複素包絡線　188
復調　60, 62
副搬送波　80
符号化　120
符号分割多元接続　130
フラットトップ標本化　117
フーリエ級数　1
フーリエ係数　2
フーリエ変換　12
プレエンファシス　102
ブロック符号　164
分配器　126
分散　34
平均値　29, 34
平均シンボル誤り率 (フェージング通信路)　195
平均ビット誤り率 (フェージング通信路)　195, 197
平衡変調器　61
ベイズ検定法　181
ベースバンド信号　60, 108
ベッセル関数　44, 88
ペットボトル AM ラジオ　81
ヘテロジニアス型　186
変形ベッセル関数　45
変調　60
変調指数　84, 156
変調信号　60
変調率　65
偏波ダイバーシティ　199

方形パルス　13, 16
包絡線検波器　67
保護時間　129
保護帯域　79
保持回路　116

■ ま 行
マーカムの Q 関数　45, 135, 163
マーク (信号)　133, 140, 145, 147
モーメント　34
モーメント母関数　36

■ や 行
ヤコビアン　41
ゆう度比　183
余因数　41
余弦パルス　14
予備回線　209
4 相 PSK のシンボル誤り率　154
4 相 PSK の平均誤り率 (フェージング通信路)　207

■ ら 行
ラプラス変換　43
ラプラス変換形の特性関数　43
ランダム過程　29
離散フーリエ変換　28
両側指数パルス　14
両極性パルス　121
量子化　120
量子化 SN 比　124
量子化雑音　120
両側波帯搬送波抑圧変調　61
両側波帯変調　60
両立性　73, 116
累積分布関数　31
レイリー分布　35, 44, 192
レイリー分布の確率分布関数　44
レイリー分布の確率密度関数　35, 44, 134, 142, 192, 194
レイリー分布の特性関数　44
レイリー分布の 2 変数 (結合) 確率密度関数　46
レイリー分布の 2 変数 (結合) 特性関数　46
漏話　79, 126, 186

著者略歴

滑川　敏彦（なめかわ・としひこ）
- 1945 年　大阪帝国大学工学部通信工学科卒業
- 1950 年　大阪大学大学院特別研究生了
- 1955 年　神戸大学助教授
- 1961 年　大阪大学助教授
- 1962 年　工学博士（大阪大学）
- 1968 年　大阪大学教授
- 1986 年　大阪大学名誉教授
- 1987 年　姫路独協大学教授
- 1998 年　姫路独協大学名誉教授

奥井　重彦（おくい・しげひこ）
- 1963 年　神戸大学工学部電気工学科卒業
- 1966 年　神戸大学大学院工学研究科修士課程（電気工学専攻）了
- 1971 年　神戸市立工業高等専門学校講師
- 1976 年　鈴鹿工業高等専門学校講師
- 1981 年　鈴鹿工業高等専門学校助教授
- 1982 年　工学博士（大阪大学）
- 1984 年　鈴鹿工業高等専門学校教授
- 2003 年　鈴鹿工業高等専門学校名誉教授

衣斐　信介（いび・しんすけ）
- 2002 年　鈴鹿工業高等専門学校専攻科（電子機械工学専攻）了
- 2004 年　大阪大学大学院工学研究科博士前期課程（通信工学専攻）了
- 2006 年　大阪大学大学院工学研究科博士後期課程（通信工学専攻）了
- 2006 年　博士（工学）（大阪大学）
- 2006 年　大阪大学助手
- 2007 年　大阪大学助教
- 2015 年　大阪大学准教授
- 2019 年　同志社大学准教授
- 2021 年　同志社大学教授

編集担当　水垣偉三夫（森北出版）
編集責任　石田　昇司（森北出版）
組　　版　アベリー
印　　刷　ワコー
製　　本　協栄製本

通信方式（第 2 版）　　　© 滑川敏彦・奥井重彦・衣斐信介　2012
- 1990 年 7 月 27 日　第 1 版第 1 刷発行　【本書の無断転載を禁ず】
- 2011 年 9 月 25 日　第 1 版第 17 刷発行
- 2012 年 7 月 27 日　第 2 版第 1 刷発行
- 2024 年 2 月 10 日　第 2 版第 7 刷発行

著　　者　滑川敏彦・奥井重彦・衣斐信介
発 行 者　森北博巳
発 行 所　森北出版株式会社
　　　　　東京都千代田区富士見 1-4-11（〒 102-0071）
　　　　　電話 03-3265-8341／FAX 03-3264-8709
　　　　　https://www.morikita.co.jp/
　　　　　日本書籍出版協会・自然科学書協会　会員
　　　　　JCOPY ＜（一社）出版者著作権管理機構 委託出版物＞

落丁・乱丁本はお取替えいたします．

Printed in Japan／ISBN978-4-627-72662-8

MEMO